JN011701

読み終えた瞬間、空が美しく見える気象のはなし

荒木健太郎

気象学者・雲研究者

ダイヤモンド社

The Weather Story
that Make You Realize
the Beauty of the Sky

by Kentaro Araki

はじめに

雨上がりの夕空にかかる鮮やかな虹の架け橋、深紅に染まる盛大な朝焼け、夏の青い空に湧き立つような白い雲、何かよいことが起こりそうな虹色の雲——そんな魔法のような空の風景を目にして、心が動かされたという経験はありますでしょうか。

空は、心を映し出す鏡です。

嬉しいことがあったときに見上げた青空は、まるでお祝いをしてくれているかのように感じますし、悲しいことがあって落ち込んでいるときに降る雨は、空が一緒に泣いて悲しい気持ちを洗い流してくれるような優しさを感じます。一方で、心配事があるときに、見慣れない形の雲を見て、不安に思ってしまうということもあるかもしれません。

私たちは空の下で生きており、空を見上げることで多様な思いを繰り広げられるのです。

そんな空の現象を科学的に扱い、自然への理解を深めようという学問が、「気象学」です。

雨乞《あまご》いは紀元前三五〇〇年頃から行われていたという記録もあるように、古くから気象は人々の生活に身近なものでした。特に農業や漁業、自然災害など、人間が生きていくために気象は重要なものです。

古代ギリシャの哲学者アリストテレスは、『気象論』で自然科学を論じています。彼の気象についての考察は「観察」すること、つまりは空を見上げることからはじまっていました。

実は、これは今でも全く変わっていません。気象学では、地球を覆う空気である「大気」の流れや、雲、雨、雪、雷などを、まずは観測をすることで、それらへの理解を深めようとしています。そして、観測するということは、天気予報の精度を高めることにもつながっています。

天気予報のなかった時代には、空や雲を見て経験則的に天気の変化が予想されてきましたが、コンピュータサイエンスやIT技術の発達した現代では、誰もがスマートフォンで天気予報やリアルタイムの雨雲の状況などを知ることができるようになりました。

一方で、そこに至るまでの道のりは平坦《へいたん》なものではありませんでした。

気象学は古代ギリシャで自然哲学としてはじまったものの、自然は神の領域であって人が神の営みを解明することは許されないという、当時のキリスト教の姿勢によって停滞します。

その後、印刷技術の発明に伴う科学革命によって気象学が歩みを進められるようになり、観測データをもとに大気の運動も予測できるようになってきました。また、第二次世界大戦時にはレーダーなどの観測技術やコンピュータの発達が加速し、現代に至るまで日進月歩で発展し続けているのが気象学なのです。

そのような現代でも、気象学ではよくわかっていないことが非常に多くあります。そのあたりに浮かぶ雲ですら、詳しい微物理《びぶつり》構造など、仕組みが未解明ということもあるのです。

私は雲研究者として、日々、雲の研究に取組んでいます。空を見上げたときに目に映る風景に、まだ科学的に解き明かされていない謎が詰まっている――そう思うと、私はどうしようもなくワクワクしてしまうのです。

もちろん、これまでの気象学の歩みから理解できている現象は多くあります。

一昔前までは「地球温暖化なんて本当に起こっているのか」と議論されていましたが、非常に多くの科学研究の積み重ねにより、気候変動に関する政府間パネル（ＩＰＣＣ）が二〇二一年八月に発表した第六次評価報告書では、「人間の影響が大気、海洋、及び陸域を温暖化させてきたことには疑う余地がない」とまで記述されるようになりました。

天気予報の精度も着実に高まってきています。観測網の充実とコンピュータの能力の急速な発達により、気象予測の技術開発が進められてきたためです。

それでも、天気予報は外れることがありますし、ピンポイントの正確な予測が難しい現象は多くあります。それは、「私たちがまだ気象のことを理解しきれていない」からなのです。

気象学は天気予報という形で私たちの生活に大きく関わり、災害などから身を守るための防災という役割を持っているだけでなく、地球温暖化などの地球環境の現在・未来を正しく理解するという側面も持つ、実践的な学問です。地球科学の一つとして、地学や工学との関わりも深いのですが、農学や経済学、医学などにも関連します。

そして、気象という物理現象を説明するために、数式を使って現象を記述し、それをシミュレーションなどにも利用して天気予報を作っているのです。

気象学を学ぶと、人生がより豊かになると私は考えています。

空の現象の仕組みを知っていると、美しい空や雲の風景に出会いやすくなるだけでなく、突然の雨などに濡《ぬ》れて困ることが少なくなったり、災害から身を守ることにつながったりします。何となく「今日は雲が多いな」くらいに見えていた空にどのような名前の雲があり、今空がどうなっているのかがわかるようになる――つまり、「空の解像度が上がる」のです。

少しの知識を持っているだけで、世界が変わって見えてくるようになります。だんだん面白くなってきて数式を使って物理的にも理解できるようになると、概念的な理解から数値的な理解にまで及び、さらに面白くなってきます。
学べば学ぶほど楽しくなるのが、気象学なのです。

そんな気象学の面白さを伝えたくて執筆したのが、本書です。

本書では、まず第1章で、生活の中で出会える気象について紹介します。お風呂や味噌汁、コーヒー、アイスキャンディーなど、様々な場面で気象学によって説明できる現象があり、それらと実際の空で見られる現象との関係について解説します。

第2章では、雲の楽しみ方を取り上げます。アニメーション作品で描かれている雲についての考察や、実際の空に浮かんでいる雲からの大気の状態の読み取り方、面白い雲の仕組みや、空の上手な撮り方について説明します。

第3章では、美しい空の現象の仕組みや、出会い方について解説します。虹や彩雲《さいうん》、天使の梯子《はしご》、焼けた空にブルーモーメントなどの現象から、太陽や月にまつわる諸現象についても紹介します。この章を読むと、美しい空に出会いやすくなることでしょう。

第4章では、曇りや雨の日の空の楽しみ方や、天気を崩す空の仕組みなどについて紹介します。特に雨や雪、雲、霧に注目し、それらの空をいかに測るか、そしてどのように天気予報を行うのかについても解説します。

第5章では、気象学の歴史と、基本的な気象の仕組みについて説明します。気象学が対象とするもの、気象学の発展、そして雲、雨、雪、気温、気圧、風、大雨や大雪、竜巻、台風、地球温暖化と気候変動などを、写真と図解を交えて紹介します。

そして第6章では、天気予報に注目します。なぜ天気予報が外れるのか、産業との関わり、雲や空を見て天気の変化を予想する方法、天気予報を発表する気象予報士の制度、天気予報の精度向上のために行っている雲研究者（私）の取組みなどについて紹介します。

本書はどの項目からでも読みはじめられます。巻頭付録には、雲と虹をさらに楽しむための「フローチャート」を用意しました。巻末には、気象用語の復習や確認に便利な索引もつけています。さらに学びを深めるための読書案内もご用意しました。

本書が目指しているのは、気象学の成り立ちから発展、現在わかっている気象の仕組みを俯《ふ》瞰《かん》しながら、読者の皆さんが生活の中でも気象学をより身近に感じ、そして空をもっと楽しむきっかけを作ることです。

本書を読み終えたあと、皆さんの見上げた空が、より美しく見えるようになっていたら、雲研究者としてこれほど嬉しいことはありません。

荒木健太郎

目次

第3章　虹や彩雲や月を愛でる

第4章　たとえ、天気が崩れても

第5章　感動する気象学

第6章　天気予報はこんなにも面白い

第1章

体感する気象学

味噌汁で感じる雲のしくみ

食卓を彩る味噌汁は、雲の仕組みを食事の際にも体験できるすばらしい教材です。

まずは、お椀に注がれた味噌汁の湯気に注目してください。熱い汁の表面に接した空気は温められると同時に、

味噌汁のドラマ

汁の表面からは水蒸気がどんどん供給されます。こうして味噌汁の表面付近にできた暖かく湿った空気は、周囲の空気に比べて密度が小さく軽いため上昇します。

空気は上昇するにつれて冷えていきますが、冷えたことによって空気に含むことのできる水蒸気の量が減るため、飽和して凝結《ぎょうけつ》し（気体の水である水蒸気が液体の水になって）、水滴ができます。これが「湯気」です。飽和とは、空気が水蒸気を限界まで含んでいる状態のことです。湯気はさらに上昇すると、周囲の乾燥した空気と混ざりあい、蒸発します。

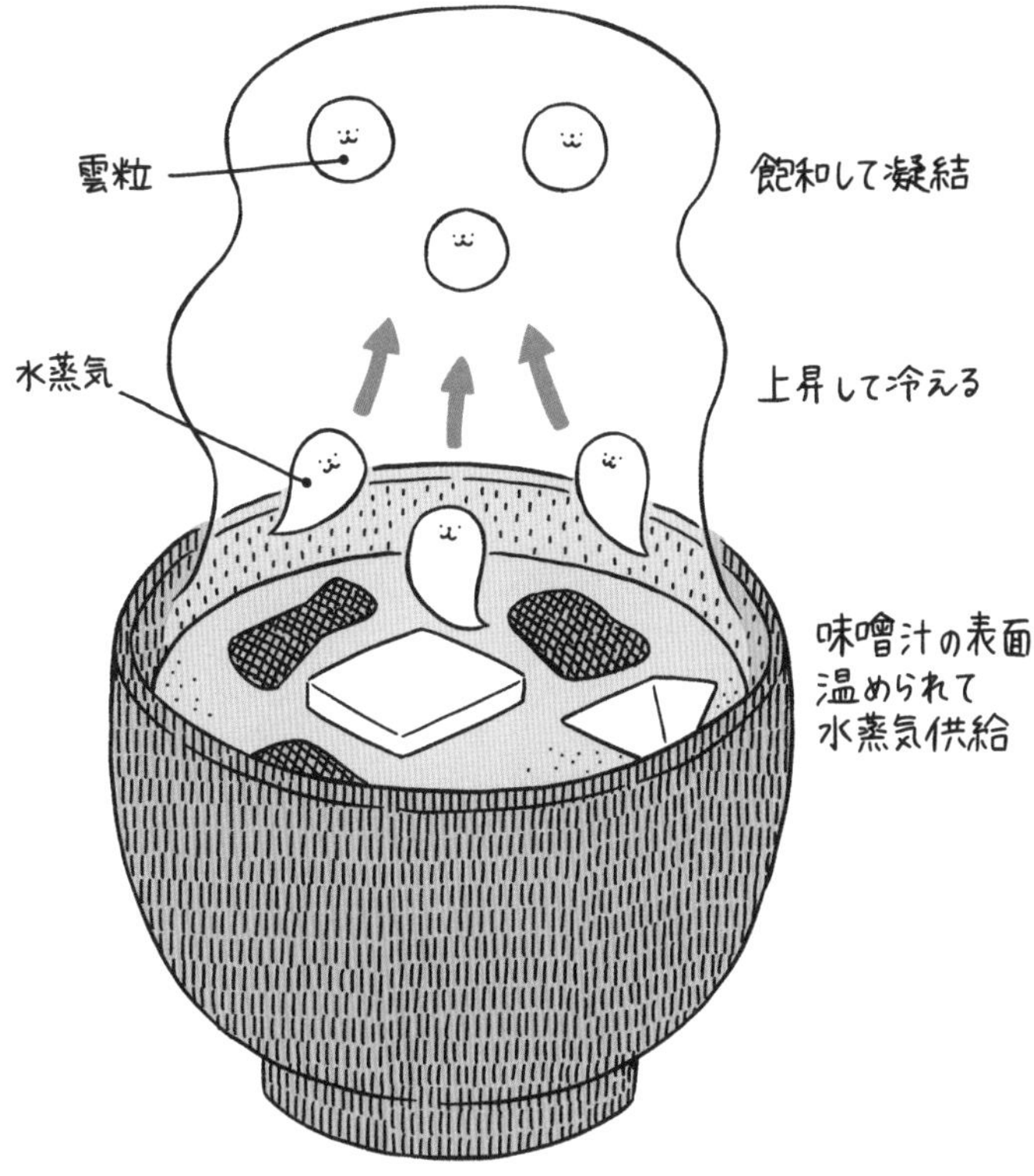
雲粒
飽和して凝結
水蒸気
上昇して冷える
味噌汁の表面で
温められて
水蒸気供給

雲と味噌汁は似ている

実は雲でも同じ物理現象が起こっています。

雲とは「空に浮かんでいる水や氷の粒の集合体」です。湯気も同じ性質を持っており、水蒸気が凝結して水滴（雲粒《うんりゅう》）が生まれるためには、核（雲凝結核《くもぎょうけつかく》）になるものも必要です。

試しに湯気の立っている味噌汁の上に、火のついた線香を近づけてみましょう。

すると、一気に湯気がもわもわと湧き立ちます。これが「雲核形成《うんかくけいせい》」の瞬間です。上昇した水蒸気が線香の煙という核を得たことで凝結して雲粒になる――これが雲のできるプロセスです。

焼肉店のスープの湯気

焼肉店で頼んだスープから激しく湯気が出ていることがありますが、これも同じ現象です。湯気の量を見て「熱いかも……」と覚悟してスープに口をつけたら思ったほど熱くなかった、という経験をした方もいるかもしれません。

多くのお客さんが肉を焼いている店内には煙が充満しています。そのため、雲の核になる大気中の微粒子、「エアロゾル」に満ちているのです。そうした環境では雲粒が多く形成されやすく、通常より多くの湯気が出るのです。

そのほかにも、タバコの煙をホットコーヒーの入ったカップの上に近づけても、湯気が大量発生します。

積雲

味噌汁の「熱対流」

味噌汁では、雲の仕組みに関係するもう一つの「空のドラマ」も感じることができます。

熱い味噌汁をお椀に注ぎ、じっと観察してください。味噌汁の流れには、下から上に盛り上がる流れと、上から下に向かう流れがあることに気がつくと思います。

これは、味噌汁の中で上昇流と下降流が発生して、熱がぐるぐる回る「熱対流《ねったいりゅう》」が起きている様子です。下と上の温度差が一定の値を超えると、熱対流が発生するのです。

夏によく見られる「積雲《せきうん》（綿雲《わたぐも》とも呼ばれる雲）」も同じ状況で生まれています。積雲は「太陽が照って地面が温まることで、

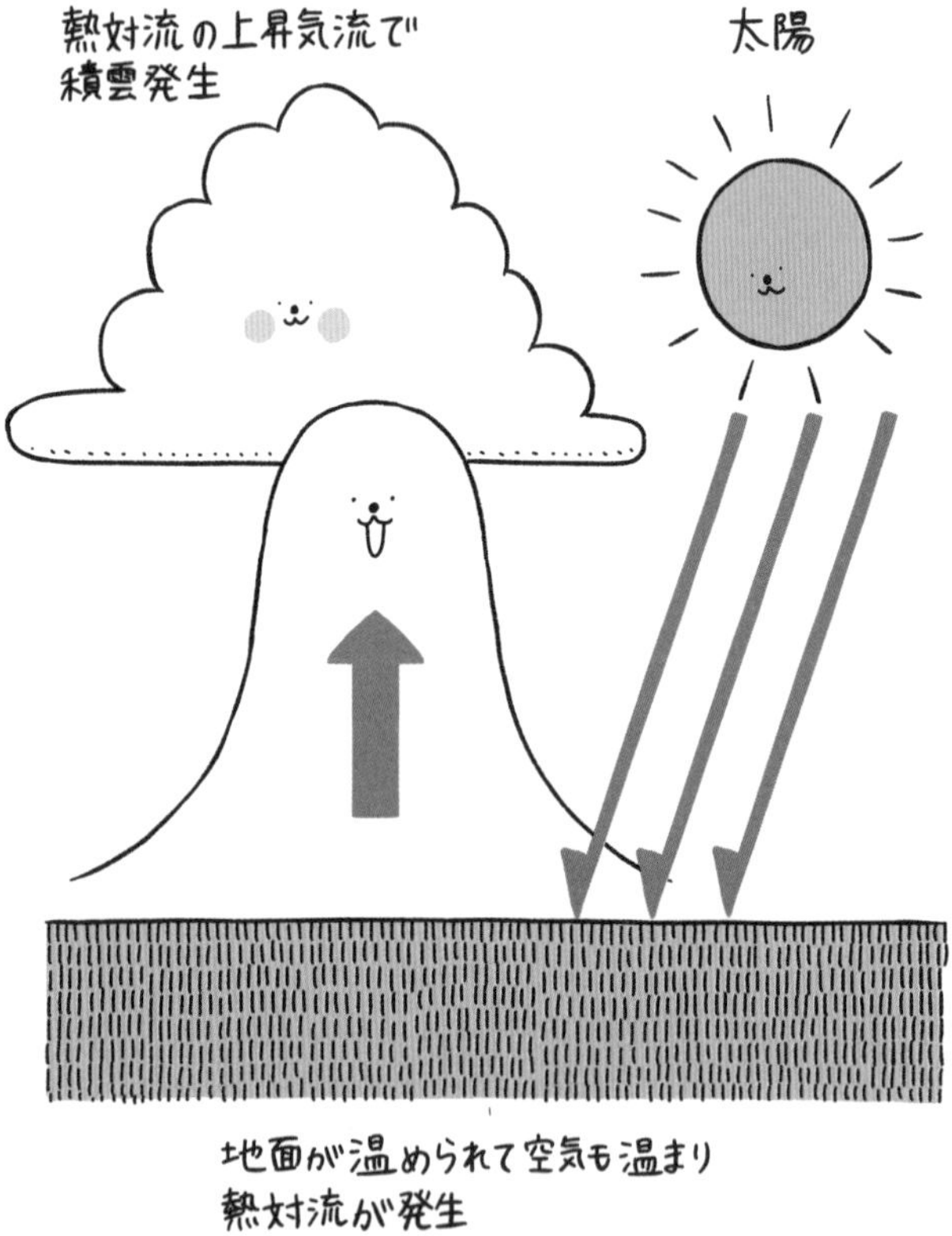
熱対流の上昇気流で
積雲発生
太陽
地面が温められて空気も温まり
熱対流が発生

積雲ができる仕組み

地表付近の空気が温められて上昇し、その先でできる雲」です。だから、同じような場所にできては消えてを繰り返します。味噌汁のお椀の中と同じです。

味噌汁が冷めると上下の温度差が小さくなり、熱対流も次第に弱まります。大気中の熱対流も同様です。同じような場所で「積雲ができては消える」を繰り返していたところに、さらに上空に厚い雲などがかかって日差しが弱まると、地表の温度が下がるため、熱対流は途端に弱まって積雲ができなくなります。「冷めた味噌汁」状態になるのです。

晴れた空の積雲は、熱対流が起きている証拠です。味噌汁は「空の模型」といえるほど、気象の物理現象が豊富に詰まっています。

お椀に注いだ直後は、上昇する湯気で雲核形成を楽しめますし、お椀の中では熱対流が観察できます。

そして最後に大切なことがあります。味噌汁は、冷めはじめて対流が弱まる様子を確認しつつも、冷めきる前においしくいただきましょう。

朝、樹々の茂る公園にて

休日や通勤途中に立ち寄る公園――実はこんな身近な場所でも、気象＝大気の現象に出会えます。ちなみに、「大気の状態が不安定」のように、天気予報でも当たり前に使われる「大気」は、「地球を覆っている空気」という意味です。

朝の公園の湯気

さて、ある日の雨上がりの朝、公園を散歩していると、切り株の上から湯気のようなものが出ているのを見つけました。これは味噌汁の湯気と同様に、雲粒ができる瞬間とよく似ています。

なぜ、切り株に湯気ができるのでしょうか。

太陽からの光は、まず光が当たった物体を温めます。朝の公園では、切り株が日光を浴びて

切り株の湯気

温められ、次に切り株に接した空気にも熱が伝わります。その温められた空気に、切り株から蒸発した水蒸気が多く供給されます。そして、切り株より上の空気はそれほど温まっていないため、混ざって温度が下がることによって飽和し、水蒸気が凝結して湯気となるのです。

湯気が白く見える理由

切り株から立ちのぼる湯気の水滴は、雲粒と同じくらいの大きさがあり、当たった光は様々な方向に散らばります（散乱）。湯気が白く見えるのは、あちこちに散らばった様々な色の光が重なって私たちの目に届くからです。

切り株の近くでは、湯気の水滴が多く、

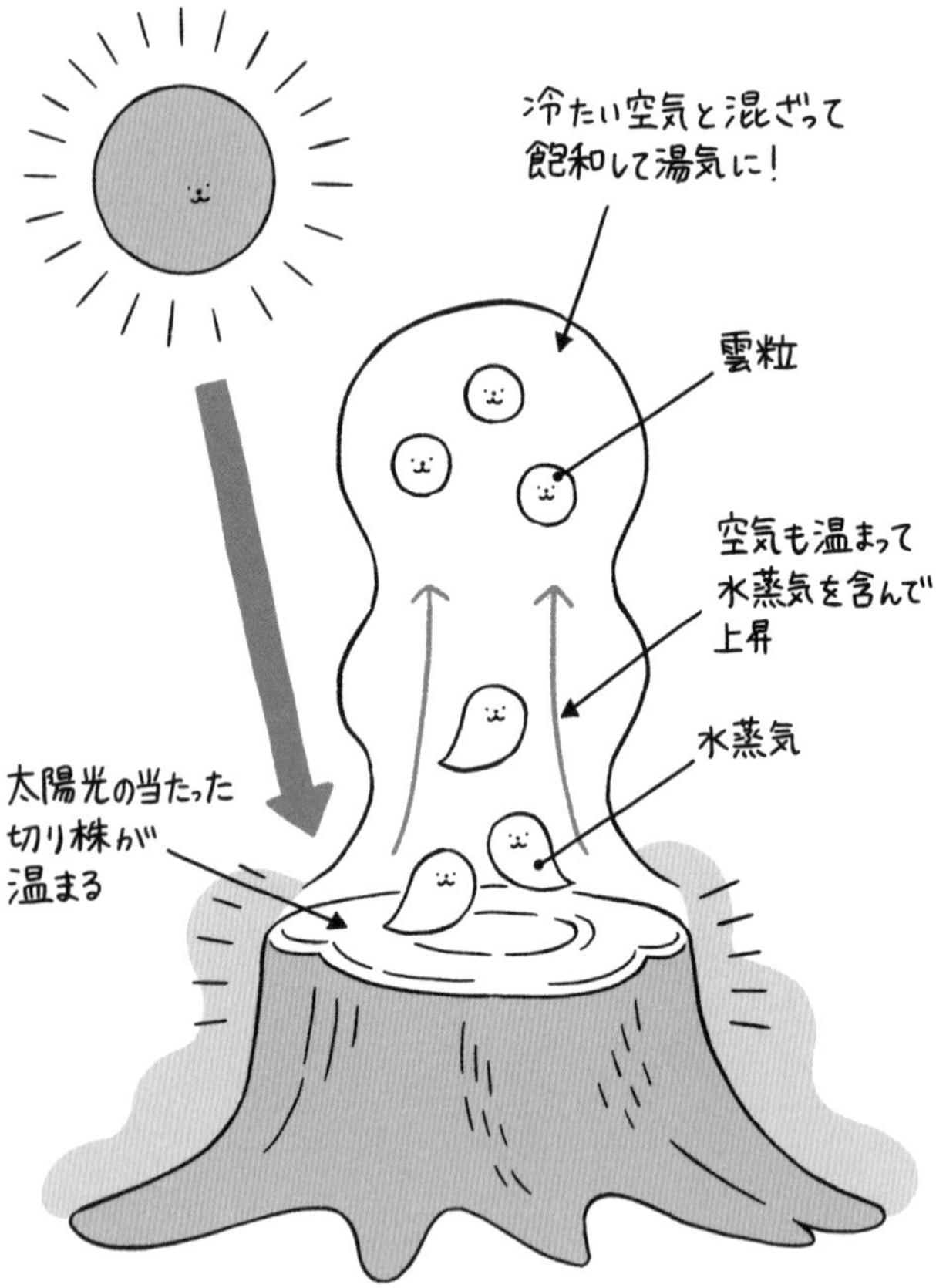
冷たい空気と混ざって
飽和して湯気に！
雲粒
空気も温まって
水蒸気を含んで
上昇
水蒸気
太陽光の当たった
切り株が
温まる

切り株に湯気ができる仕組み

光を強く散乱するために白色が濃く見えますが、湯気が上昇するにしたがって周囲の乾燥した空気と混ざって蒸発するため、白色が薄くなり、だんだん見えなくなります。

空に浮かぶ積雲も、周囲の空気と混ざると蒸発して消えていくという点で、湯気と似たプロセスを持っています。

温められた空気は密度が小さくなり、周囲よりも軽くなるため、上向きの流れ＝上昇気流が発生します。切り株の湯気がどれくらいの速さで上昇しているかを映像から解析した上で「湯気と周囲との温度差がどれくらいあるのか」を計算したところ、湯気のほうが周囲よりも約五度高いことがわかりました。気象条件によっても温度は変化しますが、実際に切り株から立ちのぼる湯気に手をかざしてみると、周囲に比べて少し温かいと感じます。

木漏れ日に包まれて

公園は、気象に関する様々な物理現象が見られる格好のスポットです。

植物は呼吸をしているため、雨上がりなどには水を吸った木が水蒸気を吐き出すようになり、木が多いとそれだけ多くの水蒸気が空気中に供給されます（蒸発散）。空気中の水蒸気の量が増えると飽和して、森林雲《しんりんぐも》と呼ばれる霧のような雲が現れることもあります。

朝、樹木の茂る公園では、天使の梯子《はしご》のような現象に出会うこともあります。夜間に地面か

公園の天使の梯子

ら熱が逃げて地上付近の気温が下がる放射冷却（二六五頁）に加えて、植物からの水蒸気の供給もある朝の森では空気がよく湿り、靄《もや》がかかりやすい状況です。

細かな水滴が空気中に浮いているため、そこに日光が当たると光の経路が可視化され、天使の梯子とも呼ばれる「薄明光線《はくめいこうせん》」になるのです（一六八頁）。

このように、森では地表付近の空気の層が特徴的なため、この層は「森林キャノピー層」と呼ばれています。また、都市でも「都市キャノピー層」という層ができます。「キャノピー」はもともと、仏像や昔の高貴な人が使用していたベッドの上についている天蓋《てんがい》という意味で、気象学では空の一部や全部が建物や植物の枝葉で覆われた空間のことを指しています。

池で見る大気重力波

子どもの頃、公園の池に小石を投げ入れ、広がる波紋を眺めて楽しんだことはありませんか。このとき生まれる波は、空でも起きている現象です。

池に向かって石を投げると、石は水面に落ち、落ちたところで水面が上下します。水面は石の落下とともに凹んだあと、すぐに上向きに盛り上がり、また重力で押し戻される、という運動を繰り返すことで、水面に波ができて周囲に伝わります。これは「重力波《じゅうりょくは》」といい、大気中にも発生します。

なお、重力波というと、天文学における重力波（gravitational wave）を想像される方もいると思います。これは一九一六年に物理学者アルベルト・アインシュタイン（一八七九―一九五五）が一般相対性理論に基づいて予言したもので、時空（重力場《じゅうりょくば》）の歪《ゆが》みの時間変動が波として高速で伝わる現象です。

一方で、大気における重力波（gravity wave）は流体力学で扱われているもので、液体表面において重力を復元力として生じる波のことです。

上空で空気が波打つと、波の山の部分で水蒸気を含む空気が持ち上げられて雲ができます。波の谷間にあたる部分では空気が下降するため、雲は蒸発して消える――この流れに沿って雲は波が連なったような波状雲《はじょううん》になる、つまり雲は、空気の流れを可視化して、私たちが大気中の波を認識できるようにしてくれているのです。

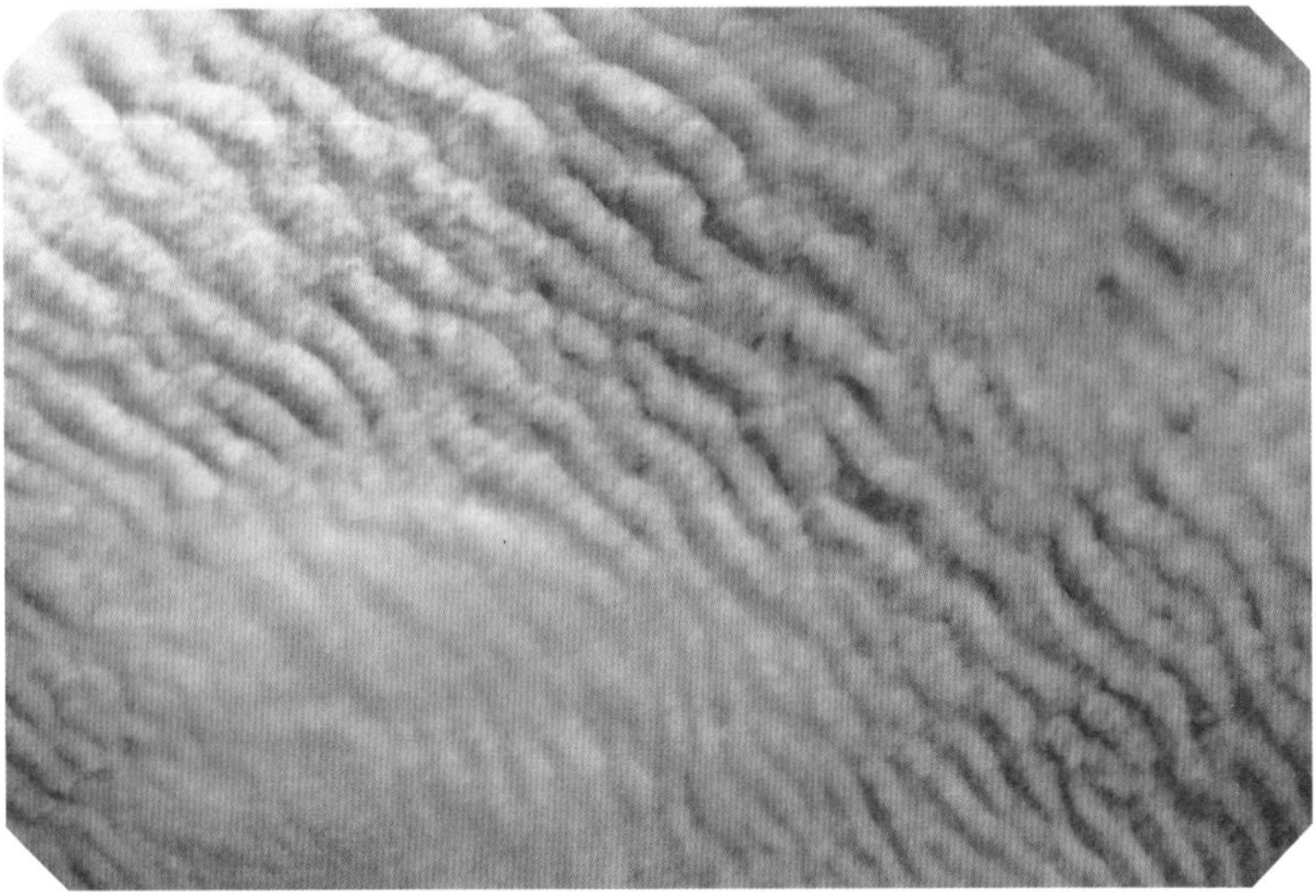

大気重力波を可視化する波状雲

大気重力波《たいきじゅうりょくは》は、登山者にとって見逃せない重要な現象です。山で見かけるレンズ状の雲（一一二頁）は、天気が崩れる目安になるのです。山は天気が変わりやすく、登山中でも悪天候になるのを予想するのに有効です。

大気重力波自体は、どこにでもある気象です。空気を振動させる重力波には様々な種類があり、山の風下で発生することもあれば、積乱雲《せきらんうん》の上昇気流・下降気流が伝わって波打ちながら広がるものもあります。

公園の池で石を投げたときにも、空気の流れを感じるようになれば、あなたは気象マニアへの一歩を踏み出したといえるでしょう。

遥かなる空の旅

飛行機の旅を楽しむ

上空から空を眺める飛行機の旅では、地上では出会えない空の表情を楽しむことができます。そのとき一番重要なのが、「飛行機のどの座席を予約するか」です。翼が視界にかからない窓側の座席が第一条件です。次に、

フライトの時間と経路、太陽との位置関係をチェックします。

たとえば朝の時間帯に羽田空港から新千歳空港に向けて出発するフライトの場合、進行方向は北なので太陽は右側（東側）にあります。このとき、左右どちらの列に席を取るべきかは、皆さんが出会いたい「現象」によって変わります。

太陽と反対側の席に座ったときに見られる代表的な現象が「ブロッケン現象」です。フライト中、機体の下に積雲や層積雲《そうせきうん》などの雲があると、乗っている飛行機の影が雲に映るのと同時

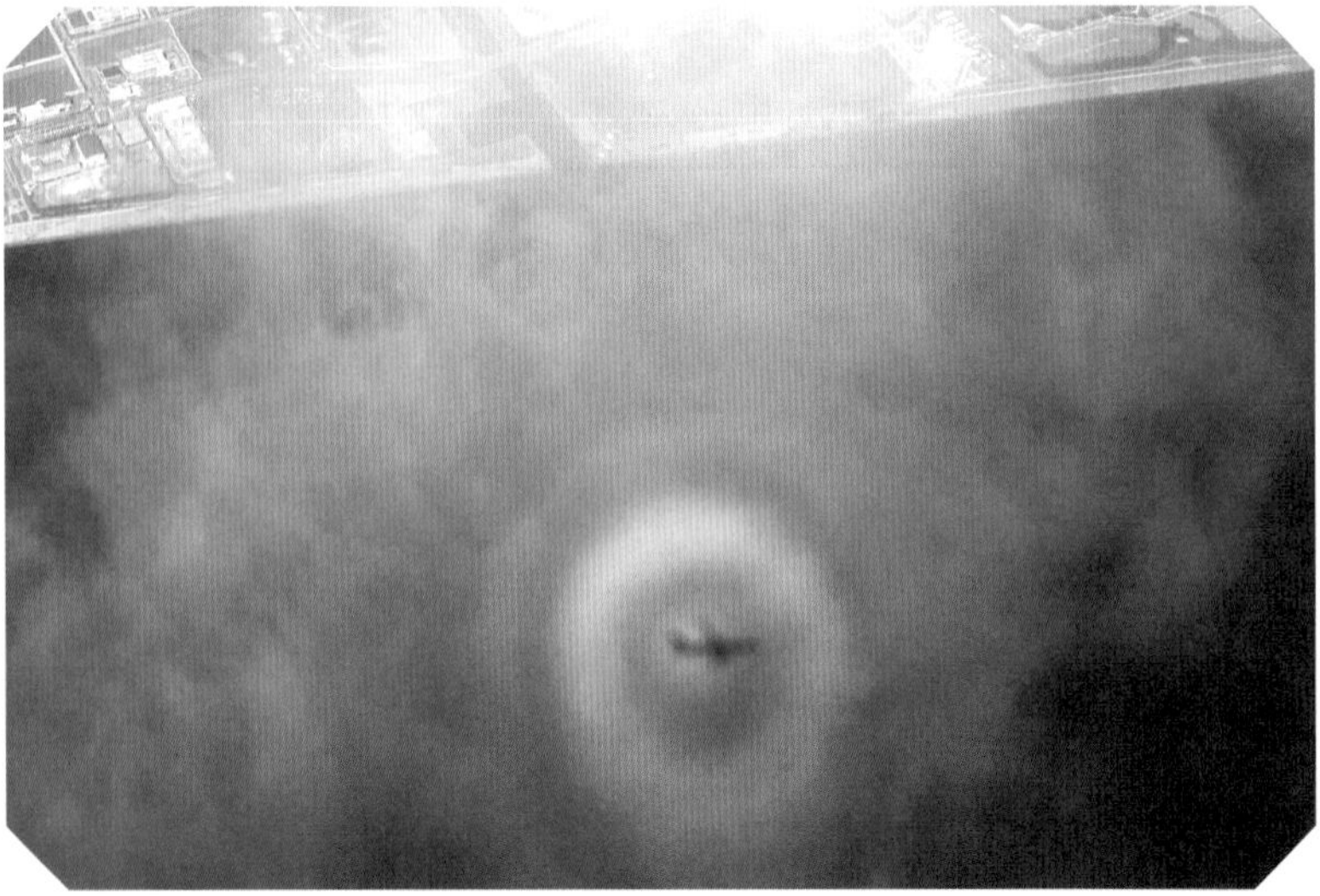

ブロッケン現象

に、その影を中心とした虹色の光の環＝光《こう》輪《りん》ができます。

これは、水滴でできた雲の粒を太陽光が回り込む（回折《かいせつ》する）ことによって、影を中心に環状の虹色の光が現れるものです。もともとはドイツのブロッケン山でよく見られたことから「ブロッケン現象」と呼ばれています。積雲や層積雲があると高確率で発生するため、出会いやすい現象です。

また、太陽の反対側の席では、窓側の空だけで雨が降っていると、虹も見ることができます。しかも、飛行機からであれば、丸い虹と出会う可能性があるのです。

虹の本来の姿は、太陽を背にしてちょうど飛行機の影がある位置、「対日点《たいじつてん》」を中心とした円状です（一三九頁）。地上の場合、対日点が地平線より下にあるため、空にか

白虹

かる円の一部しか見えませんが、飛行機からの場合、運がよければ虹の円をまるごと見られることがあります。

また、積雲や層積雲などの雲があるときは、離陸後あるいは着陸前、飛行機が雲の外に出るか出ないか、ギリギリ雲の中にいるときに窓の外に注目すると、円状の「白《しろ》虹《にじ》」に出会えることがあります（一四六頁）。

空の虹色のフルコース

太陽側の席で出会える現象も多く、機体が昇った空に薄雲《うすぐも》が広がっているときなどには、様々な現象を同時に見られることがあります。

地上から空を見上げた場合、太陽の周りに円状の「ハロ」（一五五頁）ができますが、

ハロ、幻日、幻日環

地平線が空を遮るため、ハロ以外の「アーク」と呼ばれる虹色の現象は地上からは空が見えている場所にだけ現れることになります。一方、空から眺める場合、遮るものがないため、とても多くのアークに出会えます。太陽の周りにはハロ、その左右に「幻日《げんじつ》」、それらをつなぐ「幻日環《げんじつかん》」。さらに、太陽の上には「上部タンジェントアーク」、下には「下部タンジェントアーク」。てんこ盛りのフルコースを楽しむことも可能です（一五七頁）。

深く、吸い込まれるような空の青

飛行機に乗るとき、味わってほしいのが「空の青さ」です。

青い空

空は高いほど青く、地平線近くでは白っぽくなります。これは、地表近くにはチリなどの微粒子（エアロゾル）や水蒸気といった光を散乱するものが多いためです。

空が青いのは、私たち人間の目で認識できる光である「可《か》視《し》光線《こうせん》」のうち青い光が散らばっているためです（一三六頁）。

エアロゾルが多い空の下のほうでは様々な色の光が盛んに散乱し、複数の色の光が重なった結果、白っぽく見えるのです。

反対に、高い空にいるときに上を見ると、すごく深い青になっています。水蒸気やエアロゾルの量が極端に少ない上空では、青そのものがダイレクトに目に届くからです。深く吸い込まれるような青に包まれるのも空の旅の楽しみです。

また、飛行機の窓から下を見ると、海上

は晴れているのに、陸上では雲ができている光景に出会うことがあります。それは、海と陸では比熱《ひねつ》が異なるからです。

海よりも陸のほうが比熱は小さく、「温まりやすく冷めやすい」という特性があります。比熱とは「ものの温度を上げるのに必要な熱量」のことで、陸の比熱は海と比べて四〜五分の一くらいです。日中に日差しを浴びた陸の地表は急速に温まり、熱対流が発生します（二三頁）。その熱対流による「上昇気流」が低い空に積雲を発生させるのです。

つまり、陸のほうが海よりも大気の状態が不安定になりやすいということです。海は、日中でも温まるのに時間がかかるため、海上の大気は比較的安定しています。積雲を発生させる対流が起こりにくいのです。

雲の状況、特に積雲の発生状況を見れば、どこで大気の状態が不安定になって熱対流が発生しているのか、どこが安定しているのかがわかります。

飛行機に搭乗する前には、これから空の旅でどんな風景に出会えそうか、気象衛星画像（二三一頁）をチェックするのも楽しいです。

航路の低い空に雲が広がっていればブロッケン現象に出会えることが期待できますし、高い空に氷の雲が多くあれば、その上空で眩《まぶ》しく輝く雲海が待っていることが想像できます。

お風呂の気象学

雲のことを絶えず考える日々を過ごしている雲研究者は、一日の終わりのリラックスタイム——入浴中にも、気がつくと「雲の物理現象」について考えています。

まず気になるのは、浴室の鏡や窓にできる「結露」です。お湯を張った浴槽にしばらくつかっていると、鏡や窓ガラスが曇ります。

浴室で降る雨

これは、浴室内の空気が浴槽のお湯によって温められるとともに水蒸気を供給され、飽和に近い状態になっているところに、相対的に冷たい状態の鏡や窓ガラス付近で空気が冷やされ、鏡や窓ガラスの表面で水蒸気が凝結して水滴がつくためです。

寒い日に室内を温めると窓ガラスが結露するのと同じですね。そして、結露は雲粒ができるのと同様の現象でもあります。

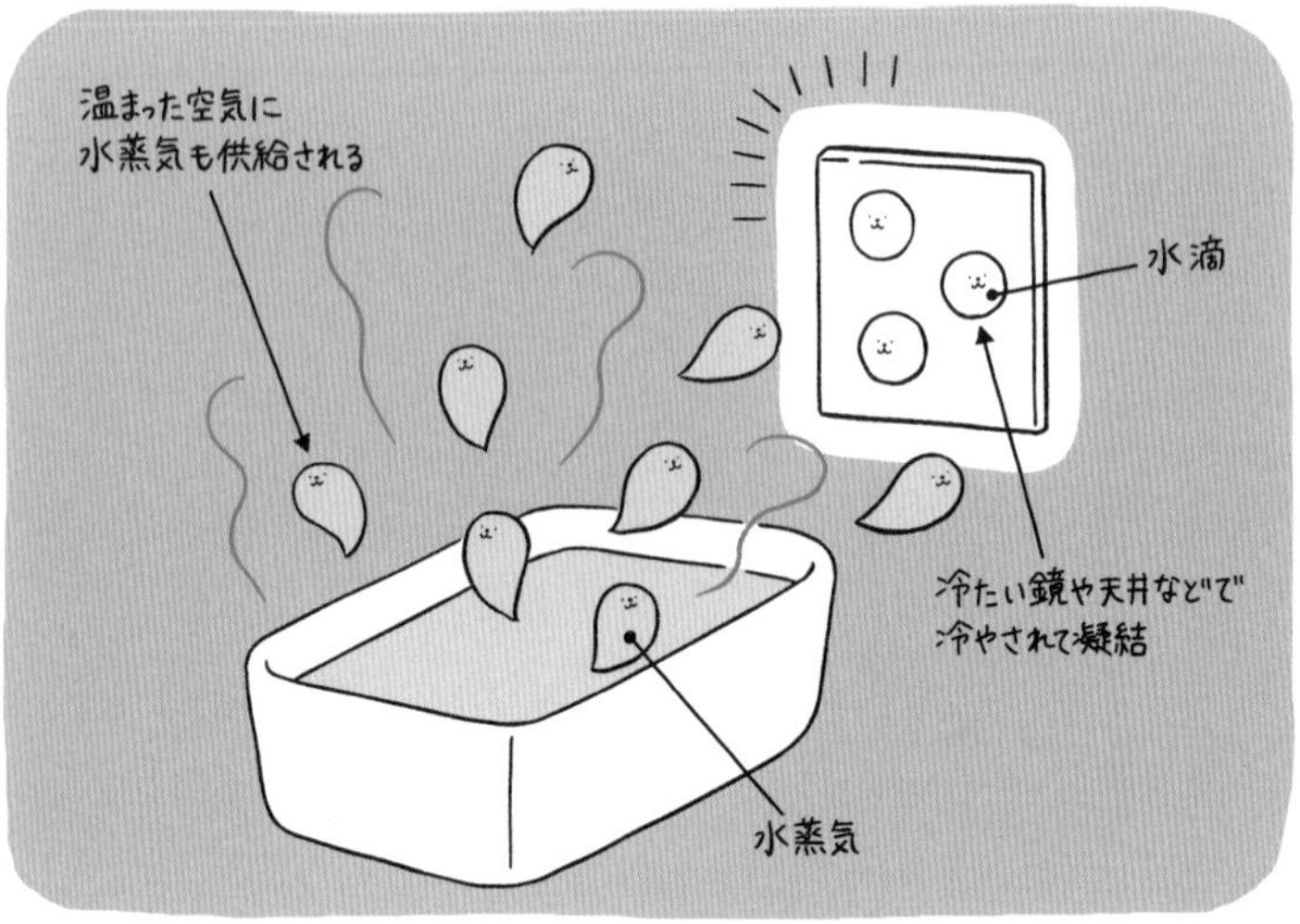
温まった空気に
水蒸気も供給される
水滴
冷たい鏡や天井などで
冷やされて凝結
水蒸気

浴室と雲の物理現象（初級編）

　また、湯船にしばらくつかっていると、天井や窓にできた水滴が大きくなっていくのがわかります。一つひとつの水滴は、最初は小さいのに、時間が経つにつれ大きくなります。湯船から水蒸気が供給され続け、水滴が表面から水蒸気を吸う「凝結成長」が起こるためです。

　しかし、大きくなるほど成長のスピードは落ちて、窓の水滴はある程度の大きさまでしか成長できず、しばらくの間、落下したくてもできないというもどかしい時間を過ごすことになります。

　水滴を落下させるには、フッと息を吹きかけてみましょう。すると、水滴同士がくっついて一つにまとまり、加速度的に成長する「衝突・併合成長」が起きて、一気に落下します。

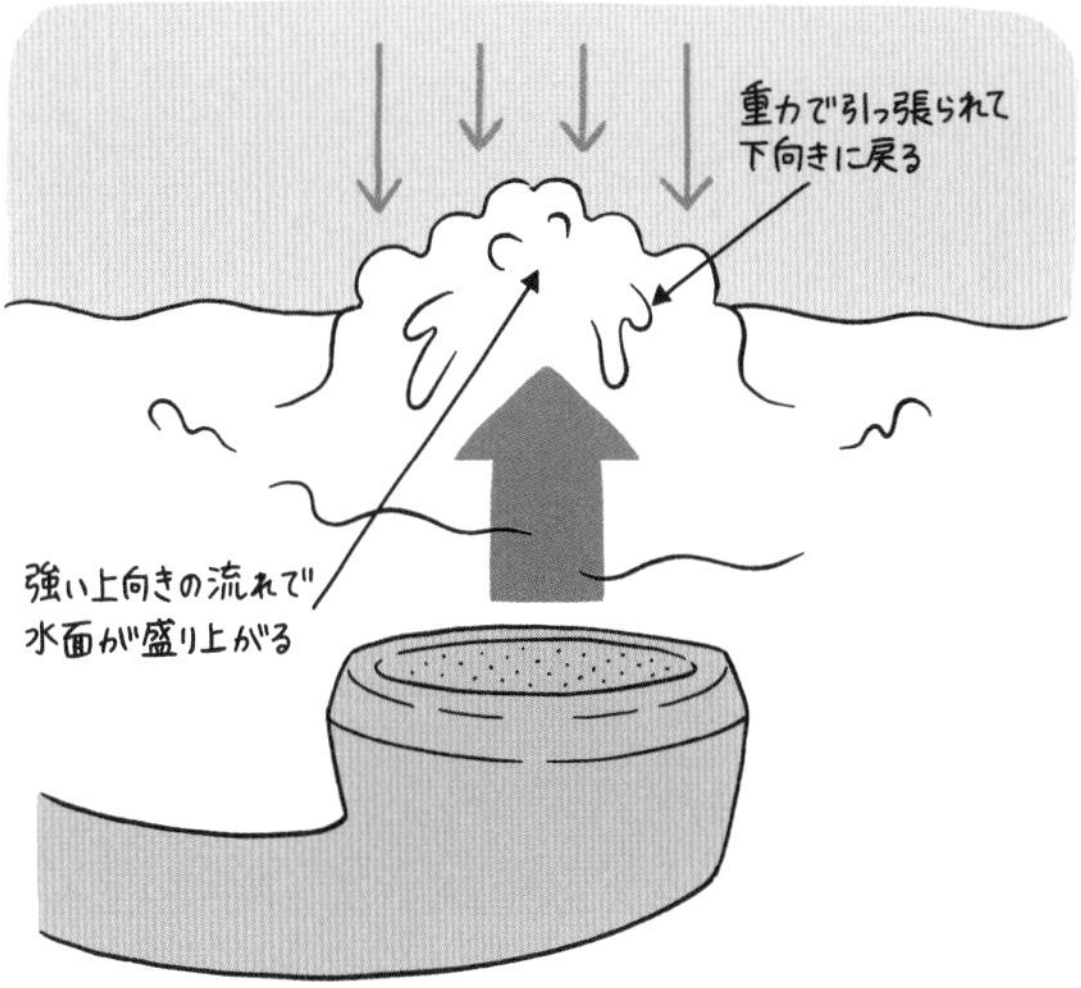
重力で引っ張られて
下向きに戻る
強い上向きの流れで
水面が盛り上がる

浴室と雲の物理現象（中級編）

実は、これは雲の中で雨が成長するプロセスと全く同じなのです（二五六頁）。

浴室の天井や窓から落下する水滴は、まさに雲から降る雨と同じ成長過程をたどっています。お風呂上がりに冷たい水を飲むときには、グラスにも注目してください。氷水を入れたグラスの側面でも同様に結露が発生して、水滴同士があわさると流れ落ちていきます。生活の中の様々な場面で雲と雨を感じられるのです。

お湯で感じる空気の流れ

お風呂で体験する気象学は雲と雨の物理だけにとどまりません。浴槽や洗面器のお湯を空に見立てれば、さらにダイナミックな雲の動きや大気の流

オーバーシュートする積乱雲とかなとこ雲

れを再現することができます。

最初に紹介するのは、積乱雲の「オーバーシュート」という現象を再現する方法です。

まず浴槽のお湯の中に、お湯の出ている状態のシャワーヘッドを入れ、上向きにします。ただし、シャワーヘッドの機種によっては水没させると故障の原因になることがあるようなので、その点だけは事前に確認しておきましょう。

上向きのシャワーヘッドにより、水面からボコボコとシャワーのお湯が盛り上がります。水面より少し上まで盛り上がったお湯は、重力ですぐに水面に押し戻されていきます。まるで、積乱雲のオーバーシュートを見ているようです。

「かなとこ雲《ぐも》」という雲があります。

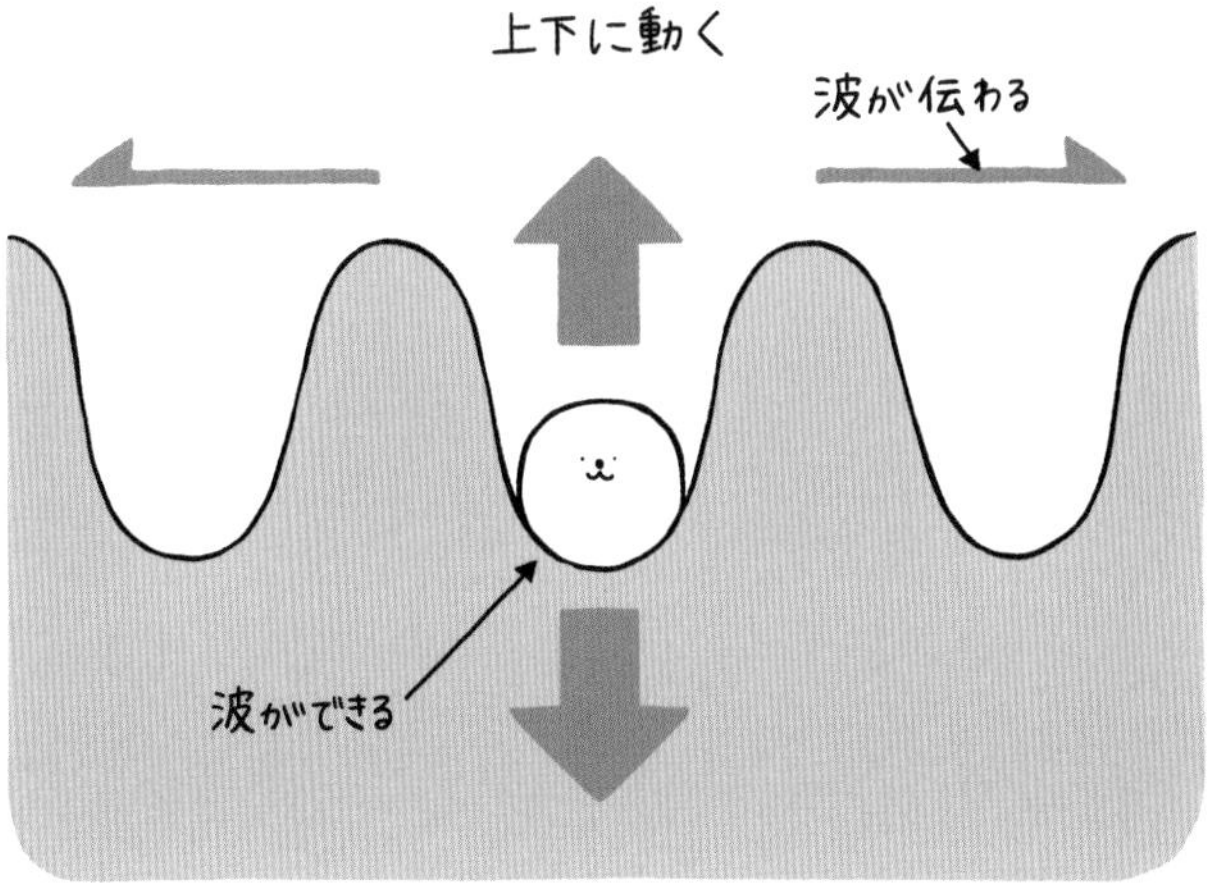

大気重力波の仕組み

かなとこ雲は、積乱雲が限界の高さまで発達して、行き場をなくして横に広がった部分の雲のことです。積乱雲の最盛期には、特に強い上昇気流が発生し、限界（「かなとこ雲」の天井）をわずかに突破するのですが、すぐに押し戻されてしまいます。これが「オーバーシュート」です。

オーバーシュートは「通常の範囲を飛び出る」という意味で、浴槽のお湯に現れるシャワーの盛り上がりは、まさにオーバーシュートの再現です。

また、このとき水面には、大気重力波と同様の「波」も現れます。浴槽のお湯のオーバーシュートによる上下運動がきっかけとなり、水面に波ができるのです。この波も重力波の一つで、オーバーシュートを中心に円状に広がっていきます。

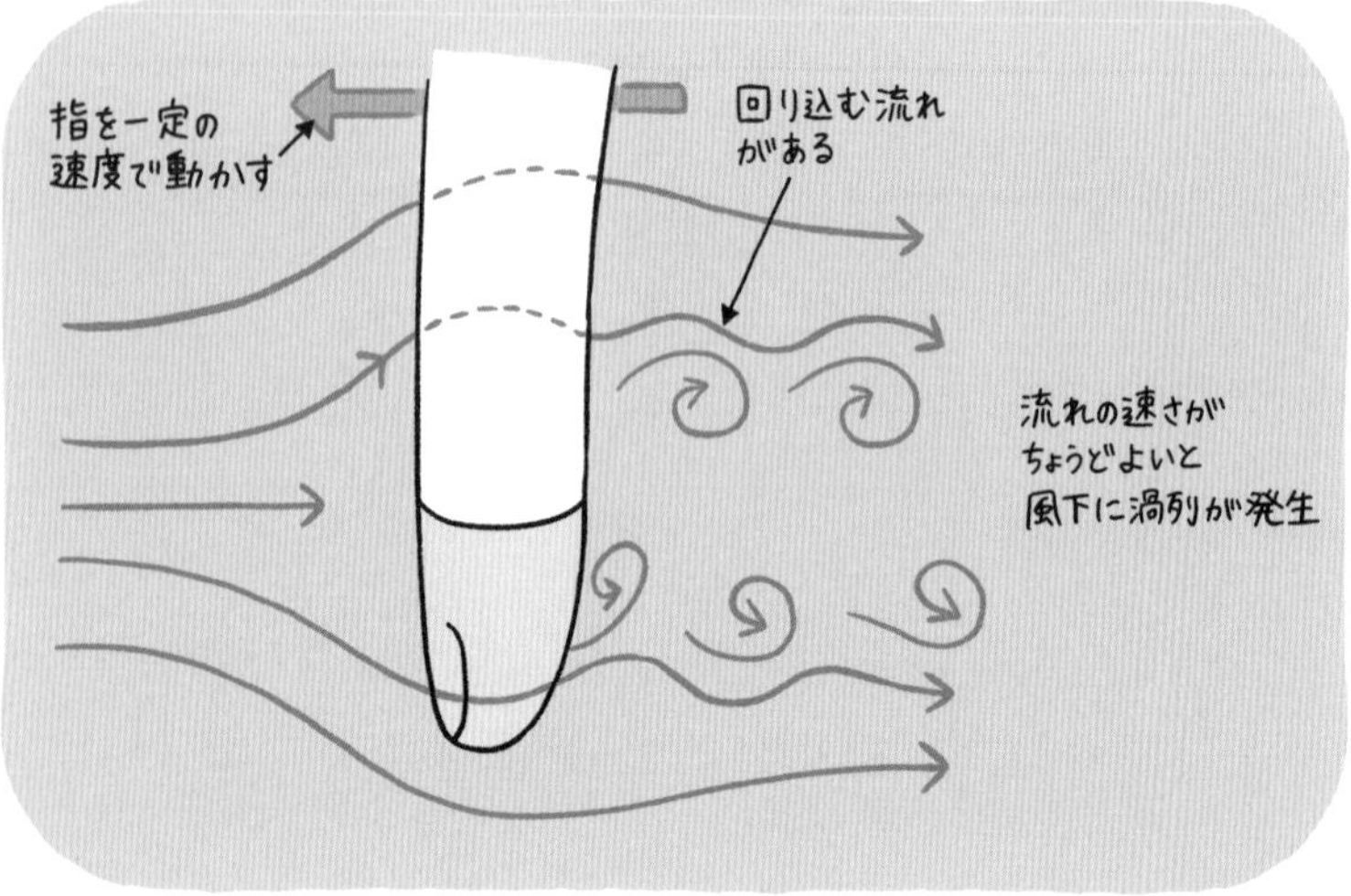

指を一定の
速度で動かす
回り込む流れ
がある
流れの速さが
ちょうどよいと
風下に渦列が発生

カルマン渦列の仕組み

台風などの非常に強い上昇気流を伴う積乱雲の上部にも、大気重力波が広がることがあり、まさに同じような現象が発生しています。浴槽内で発生した波は浴槽の壁に当たって反射し、また浴槽内を進みます。複数の波が重なり、一部分だけ高くなる状況を、ぜひ観察してください。

ウズウズする カルマン渦列

続いては、洗い場で大気の流れを感じてみましょう。渦《うず》を見るとウズウズしてしまう「渦愛好家」である私のおすすめは、洗面器のお湯で「渦」を作ることです。

洗面器にお湯を張り、そこで石鹸を少し泡立てます。薄い泡で覆われた水面に対し

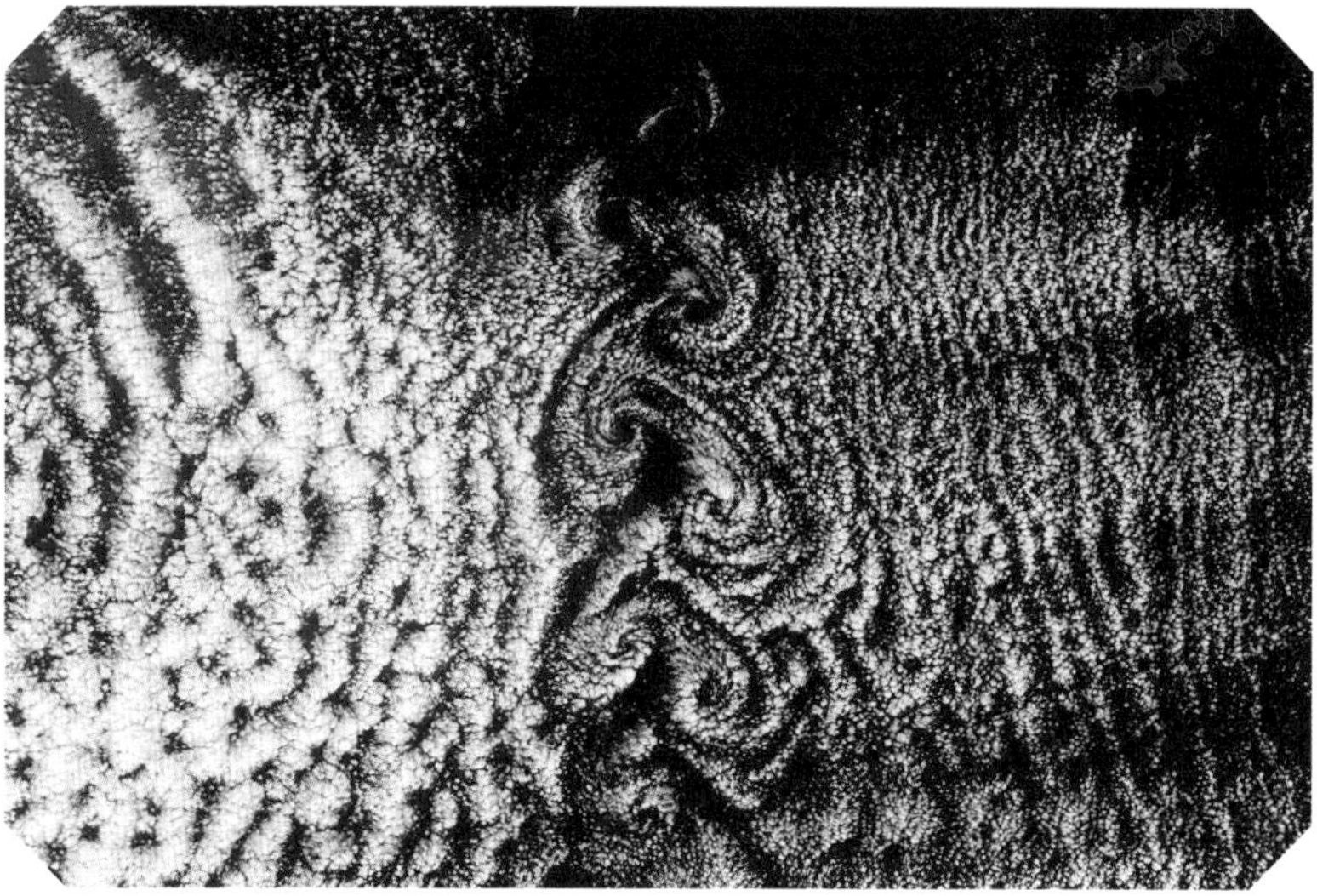

カルマン渦列

て垂直に指を入れ、一定の速度で横に真っ直ぐに動かすと、指を迂回《うかい》しようとした流れが渦を作っているのが見えます。これは、大気がある方向に流れているとき、島などの障害物を迂回することで、風下側にできる「カルマン渦列《うずれつ》」と同じものです。

日本の西に高気圧、東に低気圧のあるいわゆる「西高東低」、冬型の気圧配置のとき、韓国の済州島《チェジュとう》や鹿児島県の屋久島の風下には、しばしばこのカルマン渦列の雲ができます。

冬型の気圧配置では、ユーラシア大陸から日本に向かって寒気が吹き出し、この寒気はまず日本海や東シナ海の上で雲を作ります。寒気の層は済州島や屋久島の山頂よりも低く薄いため、島を乗り越えられずに回り込み、回り込んだ流れが風下側に左右のペアの渦列を作るのです。このカルマン渦列は渦一つが直径二〇～四〇キロメートルの大きさがあり、地上からは確認が難しいかもしれません。

洗面器のお湯に入れた指は、済州島や屋久島と同様の役目を果たしています。お湯が静かな状態で指を入れて同じ速度で動かすと、流れができます。その流れの後ろ側が大気における風下側であり、そこに小さな渦がいくつも現れるのを確認できると思います。

ちなみに、風が強いときに電線などから「ひゅうひゅう」と音が聞こえることがあります。これは「エオルス音《おん》」と呼ばれ、この名前は古代ギリシャの風神であるアイオロスに由来しています。実は、エオルス音は、電線の風下にできるカルマン渦列が電線の振動を促すことで生まれているのです。身近なところに同じ仕組みの渦があるということに、流体力学の楽しさを感じます。

渦は気象を理解するのに重要な要素です。

入浴中には、どこに渦ができそうか、空気の流れを想像しながら楽しんでください。それと、お風呂の気象学を楽しんでいるとついつい長風呂になりやすいので、のぼせないように注意しましょう。入浴後は、栓を抜いたあとに渦を巻きながらお湯が排水口に流れていく様子もお楽しみください。

「流れ」を感じる

空気は目には見えませんが、常に動き、流れています。これを日常生活で体感できる場面をいくつか紹介します。大気の状態が不安定な日に、横に長く伸びたロール状の雲が発生することがあります。

水道で想う積乱雲の心

どんより暗くて、どこか不穏な雰囲気を漂わせたこの雲は、上から見ると弧状になっていて、アークウラウド（アーク雲《ぐも》／アーチ雲《ぐも》）と呼ばれます。アーククラウドが通り過ぎるときには決まってガスト（突風）が発生するため、注意が必要です。

この雲は積乱雲から発生します。積乱雲の内部では固体の水である雪や霰《あられ》が融けたり、雨が蒸発したりしています。それに伴って熱が吸収されて、空気が冷えます。冷えた空気は周囲と比べて重いため、雲の中では下降気流が起こります。さらに、落下する雨粒や霰、雹《ひょう》が空気を

アーククラウド

引きずり下ろすことで(ローディング)、冷たい下降気流が強まります。

下降気流が地表に達するときに「ダウンバースト」という突風が発生し、周りに噴き出した冷気の先端では「ガストフロント(突風前線)」という小規模な前線が発生します。ガストフロントの先端で持ち上げられた空気は雲を発生させるものの、先端を越えると下降して雲が消えます。

このため、ガストフロントに沿ってアーククラウドが発生するのです。

アーククラウドの元になっている積乱雲の中での下降気流に「引きずり下ろされる感」は、私たちが水道で手を洗うときにも感じることができます。

水道の蛇口をひねり、勢いよく出る水にそっと触れると、水の圧力で手が下に引っ

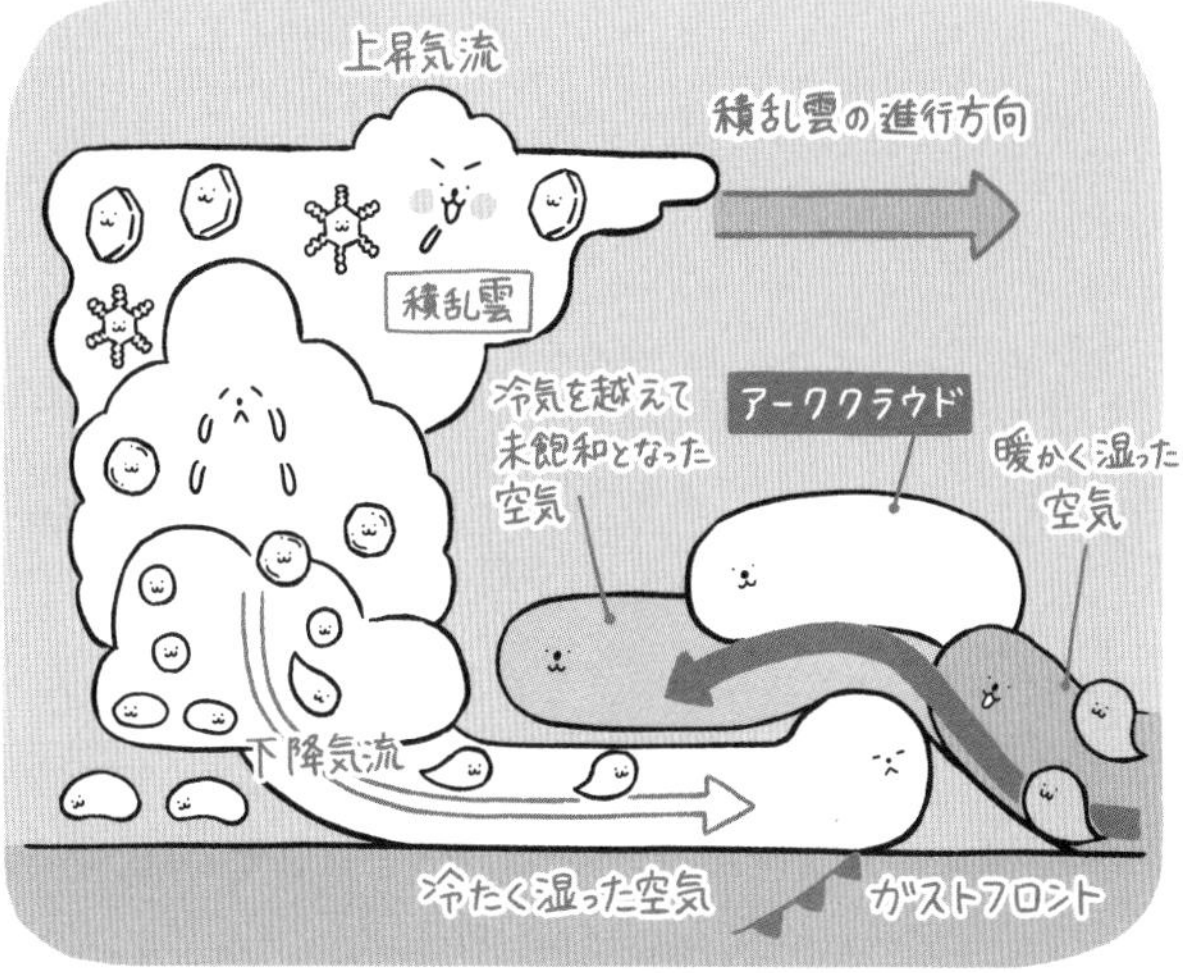

アークワラウドができる仕組み

張られるように感じます。これは、積乱雲の中の空気が引きずられる現象と同じです。さらにたとえると、洗い終わった手がひんやりとするのは、雨上がりに空気がひんやりと感じるのと同じ仕組みです。

積乱雲の中で起こる雪や霰の融解と雨の蒸発によって空気は冷やされますし、さらには、降った雨が地表で蒸発する際にも熱が奪われ、空気が冷えるのです。

満たされる渦への心

空気の流れは「渦」として現れては、また消えていきます。生まれては消える渦の動きは、建物の陰など身近なところでも発生しています。

建物の内側で角になっているところなど

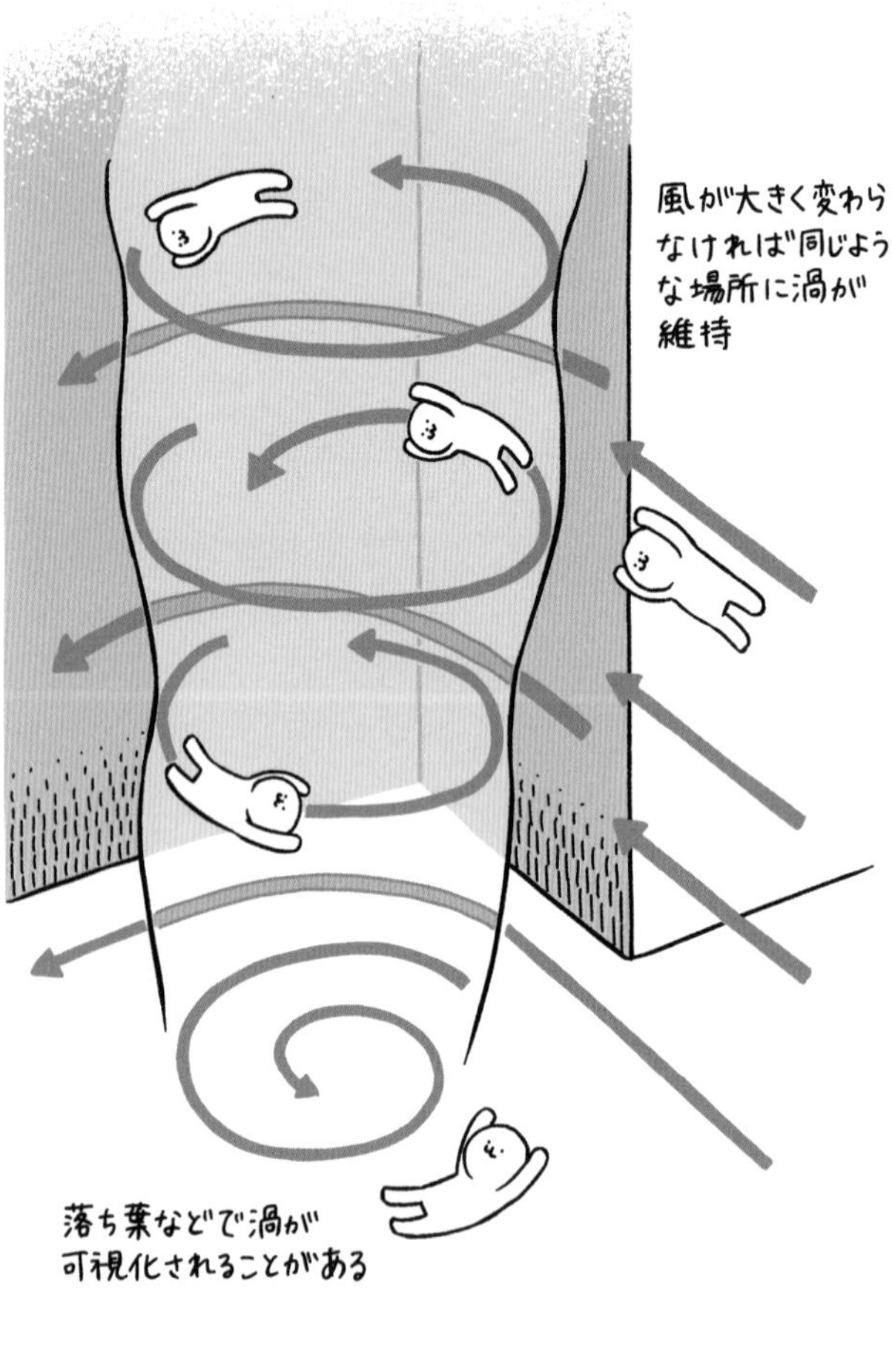
風が大きく変わらなければ同じような場所に渦が維持
落ち葉などで渦が可視化されることがある

建物の角にできる渦の仕組み

に風が吹き込むと、建物の形に沿って渦巻ができることがあります。枯れ葉や花びら、ビニール袋などが落ちていると、クルクルと回って渦が可視化されるため、わかりやすいと思います。

こういう渦を見かけると、「渦愛好家」の私は中に入りたくなります。建物の角にできる渦は、風が大きく変化しなければある程度の時間は持続するので、絶好の「渦スポット」といえます。渦の中に入ると、渦への心が満たされます。落ち葉がぐるぐる巻き上げられている渦の中心に入ることができれば、まるで魔法使いになったかのような動画が撮れるかもしれません。

学校のグラウンドなどで砂埃が巻き上げられる「つむじ風《かぜ》（塵旋風《じんせんぷう》）」は、太陽が照って地面が温められたときに起こります。風がぶつかるなどして地上に弱い渦ができたとき、温められた地表の空気が上昇すると、その上昇気流で渦が引き伸ばされるため、縦に長く回転も速いつむじ風となるのです。

フィギュアスケート選手のスピンを思い出してください。手を広げているときにはグルングルンとゆっくり回りますが、手を胸にあてて小さくなると、回転が一気に速くなります。

回転半径が小さくなると回転速度は上がるのです（角運動量《かくうんどうりょう》保存《ほぞん》の法則）。同様に、上向きに引き伸ばされた渦は回転半径が小さくなり、回転の速いつむじ風になります。つむじ風が砂を激しく巻き上げるような場合はさすがに危ないので、決して中に入らないでください。

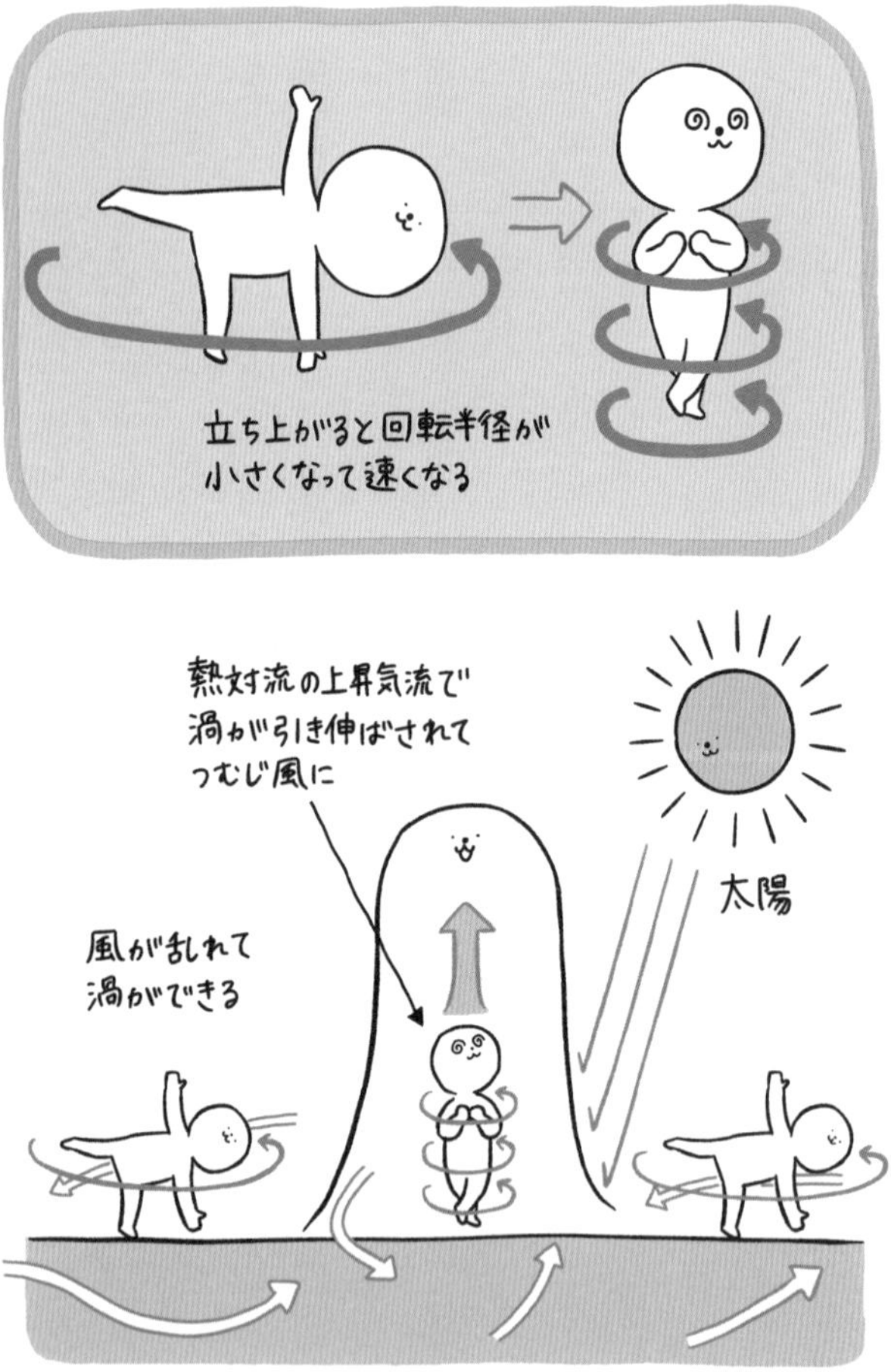
立ち上がると回転半径が
小さくなって速くなる
熱対流の上昇気流で
渦が引き伸ばされて
つむじ風に
太陽
風が乱れて
渦ができる

フィギュアスケートのスピンとつむじ風の仕組み

珈琲で味わう エルニーニョと積乱雲

空で起きているドラマは、日常生活でも簡単に感じることができます。ふとした瞬間に、空で起きている空気の流れと似た現象を見つけると、嬉しくなってしまうのが気象研究者の性《さが》ですね。

ホット珈琲の渦

食後のコーヒーには楽しさが隠れています。カップに入ったホットコーヒーをスプーンでかき回し、そこにミルクを入れてください。

すると、ミルクによってコーヒーの流れが可視化されて渦が見えます。これは、地球の上空でできる渦と似た仕組みで起きています。

渦巻いているカップの中をじっくりと観察してみましょう。ミルクを入れた直後、カップの壁面に近いところは、少し流れが遅くなっていると思います。

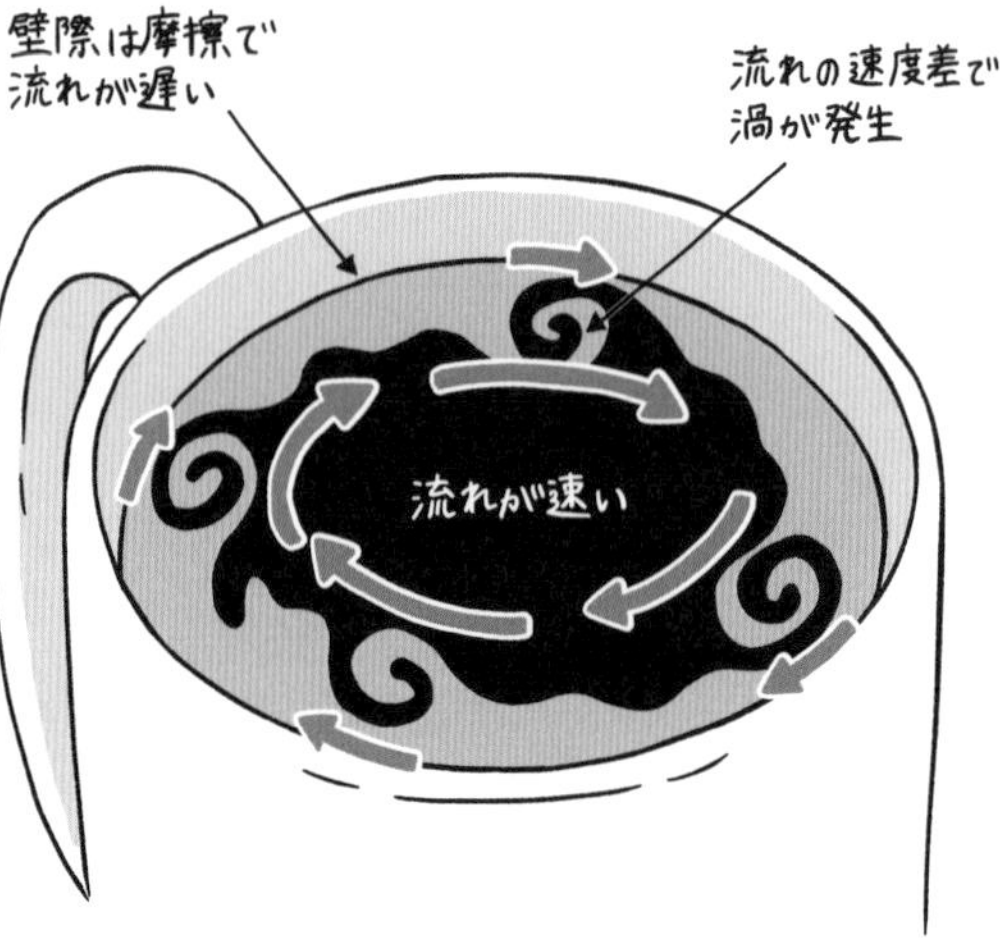
壁際は摩擦で
流れが遅い
流れの速度差で
渦が発生
流れが速い

ホットコーヒーと渦

理由は、カップと接する部分に摩擦が発生するためです。それに比べて、カップの中央付近は摩擦が起こらないため、流れは速いままです。こうして内側と外側で生まれた速度差によって渦ができるのです。このような渦のでき方は「水平シア不安定」といい、「シア」は英語でずれていることを指しています。空も同様で、大気の流れの速度差によって渦が生まれて「低気圧」として発達することがあります。

一方、ミルクを入れてしばらくすると、カップの中心付近で、下から上にコーヒーが湧き上がっているのが確認できると思います。これは「エクマン・パンピング」という、エルニーニョ現象やラニーニャ現象の原因の一つとなっている海の流れと似た現象です。

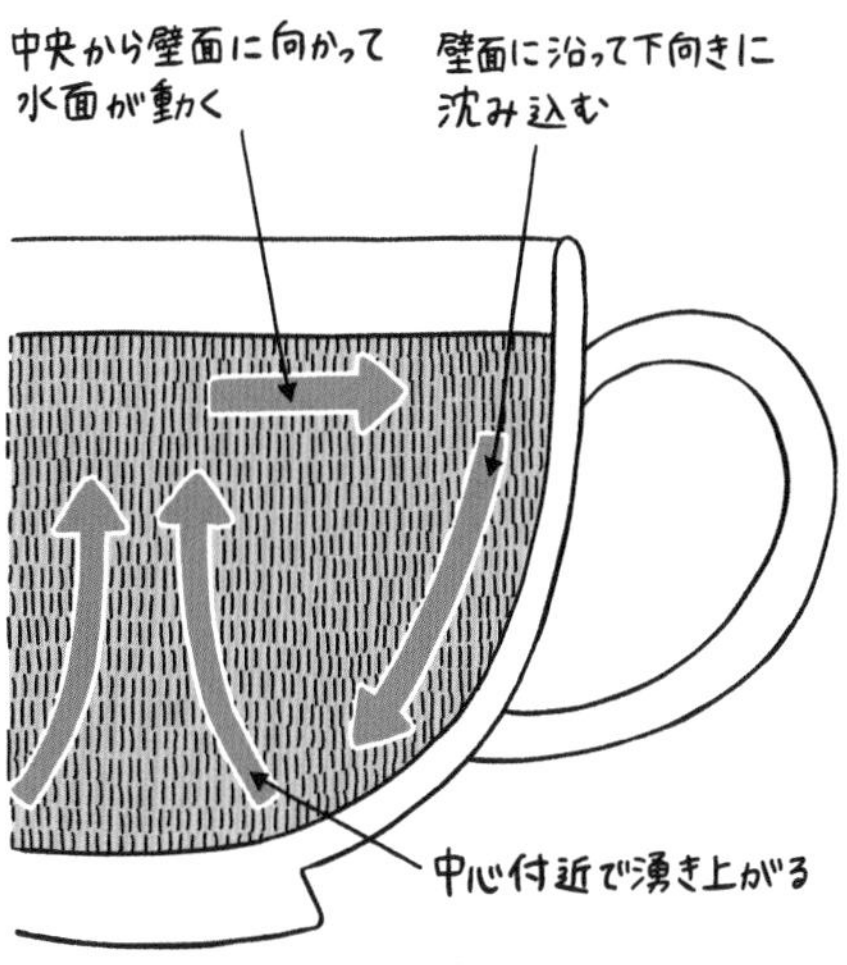
中央から壁面に向かって
水面が動く
壁面に沿って下向きに
沈み込む
中心付近で湧き上がる

コーヒーカップの縦の断面で見た湧昇の仕組み

エルニーニョ現象は、太平洋赤道域の日付変更線付近から南米沿岸にかけて海面水温が平年より高い状態が続く現象で、逆に低い状態が続く現象をラニーニャ現象といいます。

遥か遠くの海を想う

ラニーニャ現象が発生するとき、ペルー沖で東風が強く吹くことで、南米沿岸付近の海水が下から上に持ち上げられる湧昇《ゆうしょう》現象、「エクマン・パンピング」が起こっています。深層の冷たい海水が海面近くまで上昇するため、海面水温が低くなるのです。

コーヒーの場合、コーヒーをぐるぐるとかき混ぜることでカップに沿って回転する流れに加え、コーヒー上部ではカップの壁側に向かう流れが起きます。カップの壁面では摩擦が生じ、コーヒーの下部では中心付近に向かう流れが生まれて、中心付近で湧昇が起こります。

エルニーニョ・ラニーニャ現象の「エクマン・パンピング」では、海水は東風でかかる力と、地球の自転の影響で北半球では進行方向に対して直角右向きに働く力（二七二頁）、摩擦力が釣りあっている状態で動きます。このときの海水の動きは深さによって変化し、それにより海水の湧昇が起こるのです。

ホットコーヒーを飲むときには、ぜひ表面の渦を眺めて低気圧を感じ、エルニーニョ現象などが発生する海の様子を想像してください。エルニーニョ・ラニーニャ現象は世界中の天候に影響を及ぼすことから（三一一頁）、カップの中に世界の空も感じられるかもしれません。

アイス珈琲とダウンバースト

アイスコーヒーでも、空を感じることができます。

コンビニエンスストアやカフェなどで、透明なカップやグラスに入ったアイスコーヒーを買ったら、カップの壁の近くにゆっくりとミルクを入れ、カップの横からその様子を観察しましょう。ミルクは、まずカップの下に向かってゆっくりと落下しますが、底に近づくにつれ落下のスピードが上がり、底についた瞬間、一気に横に広がります。

これを見ている気象研究者が何を想像しているか、おわかりいただけたでしょうか——そう、

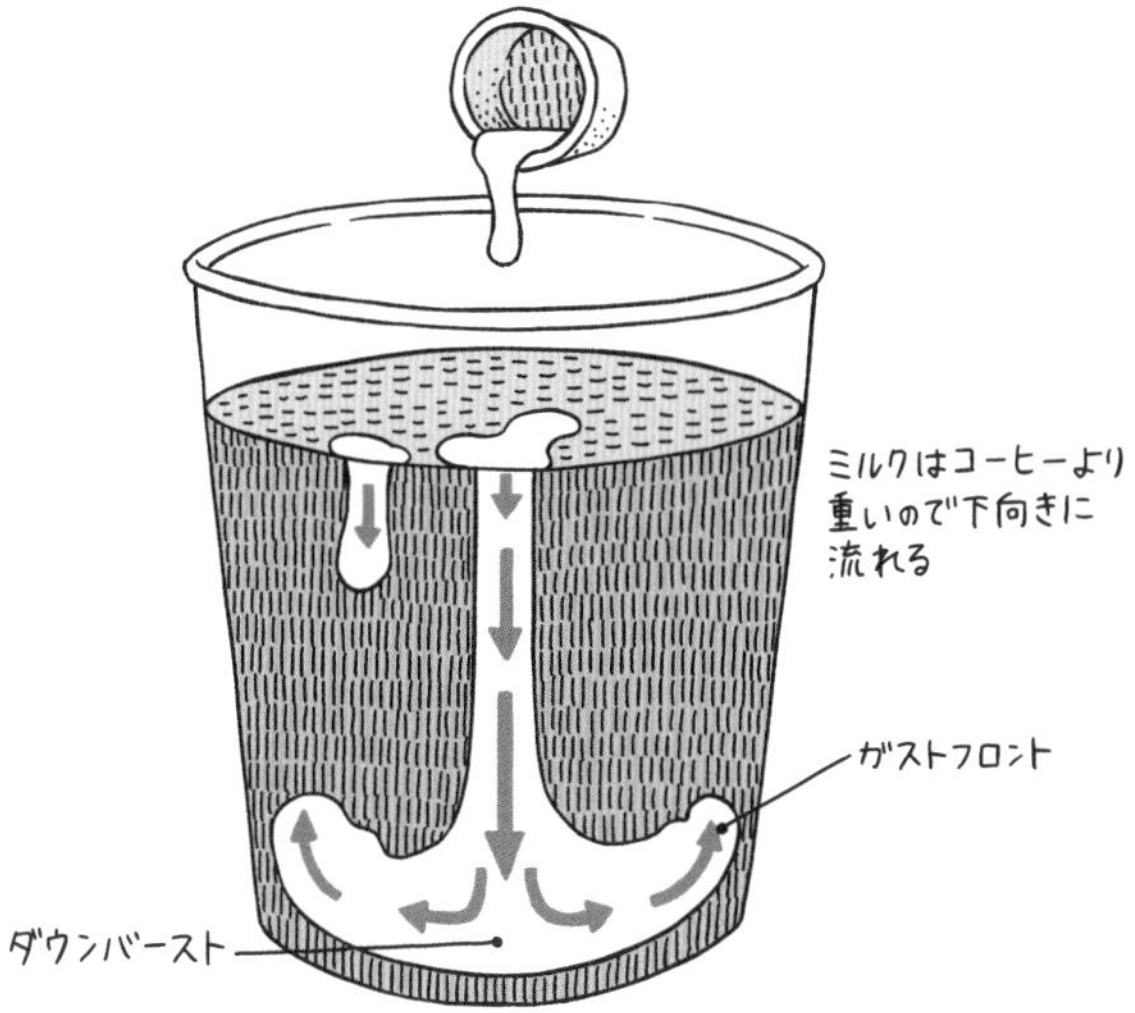
ミルクはコーヒーより
重いので下向きに
流れる
ガストフロント
ダウンバースト

アイスコーヒーとダウンバースト・ガストフロント

積乱雲の下降気流です。

積乱雲の中では冷たく重い下降気流が生まれ、地表に達する際にダウンバーストやガストフロントを発生させます（二九二頁）。

アイスコーヒーのカップの底でも突風は起きています。ミルクが下向きに加速して底に達するときにダウンバーストが起こり、ミルクが横に広がるときにガストフロントができています。重いミルクが周囲のコーヒーを持ち上げているのです。

ある日、仕事仲間とアイスコーヒーを飲んでいました。私がカップを眺めながら「ダウンバースト！」と喜ぶと「絶対やると思った」と笑われました。気象関係者は共感してくれると思うのですが、やってみると結構面白いです。機会があればぜひ一緒に楽しみましょう。

アイスを食べる前に……

気象の物理現象を観察できる身近な事例として、暑い夏などにぜひ注目していただきたいのは、棒つきのアイスキャンディーです。

アイスキャンディーを袋から取り出したら、まずアイスの下あたりを見てみましょう。下のほうから白い湯気のような「もわもわ」が下に向かって流れ落ちて、スーッと消えていませんか。これも「雲」です。

アイスキャンディーの白いもわもわの謎

アイス周辺の空気が、アイスに冷やされることにより、もともと含んでいた水蒸気が飽和を超えて凝結し、水の粒となって雲ができます。

冷えた空気は重いので下に落ち、下降気流になります。落下する際に雲粒も一緒に落ちるため、もわもわが流れ落ちるのです。そのとき、温度が高く乾燥した周囲の空気と混ざるため、

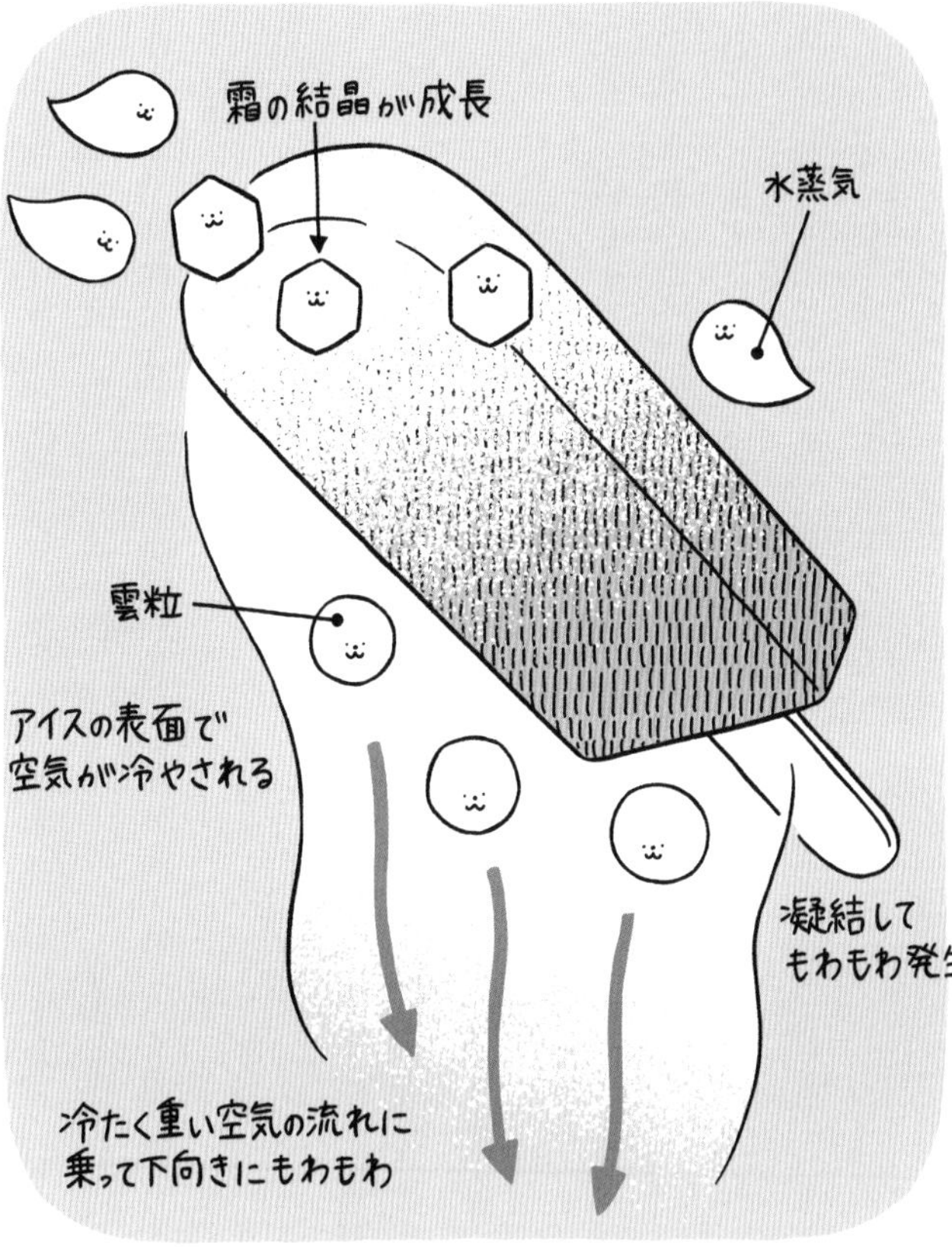
霜の結晶が成長
水蒸気
雲粒
アイスの表面で
空気が冷やされる
凝結して
もわもわ発生
冷たく重い空気の流れに
乗って下向きにもわもわ

アイスキャンディーにできる雲・霜

途中で蒸発して見えなくなります。

これは、空気が冷やされることで水蒸気が凝結し、発生する層雲《そううん》と同じ仕組みです。地表面に接した層雲は「霧」と分類されます。よくある霧は、雨上がりの夜間に地上が冷えると発生するものの、朝になって太陽が照ってくると空気が混ざって蒸発して消えてしまいます。アイスの雲と同じなのです。

氷の結晶との出会い

雲を確認したあとは、アイスの表面に注目してください。袋から取り出した直後はアイスの色が鮮明に見えますが、しばらく経つと全体が白っぽくなります。

これは「霜」です。アイスに接した周囲の空気がアイスによって冷やされ、水蒸気がアイスの表面にくっつき、氷の粒が成長して白くなります。雲の中で氷や雪の結晶が成長するのと同じ仕組みです（二五七頁）。

このとき成長する霜はさほど大きくなりませんが、アイスが冷凍保存されている間に成長する霜は大きくなるため、結晶の構造がはっきりと見えます。袋を開けてすぐ、アイスの表面にどんな霜の結晶がいるか、探してみてください。

アイスキャンディーの表面を観察するのは、高い空に浮かぶ雲の中の出来事を間近で目撃しているともいえるのです。

蜃気楼を追いかけて

生活の中で感じる気象の神秘の一つが「蜃気楼《しんきろう》」です。

蜃気楼は、温度の違う大気の層が重なって広がっているときに、光が屈折することで生まれる現象です。冷たい空気は暖かい空気よりも光を大きく曲げる性質があるため、温度差のある空気の層が上下に重なると、屈折率の違いによって虚像が生まれるのです。

ろうそくの火のすぐ上では景色が揺らめいて見える「陽炎《かげろう》」という現象が起こりますが、これも空気の温度が局所的に大きく変わっていることが理由です。

蜃気楼という名の虚像

蜃気楼にはいくつかの種類があります。地平線や水平線近くにあるものがそのまま上に伸びて見えるものと、反転した像が上に伸びて見える二つの「上位蜃気楼」、そして反転した像が下に向かって伸びる「下位蜃気楼」の三つがよく知られています。

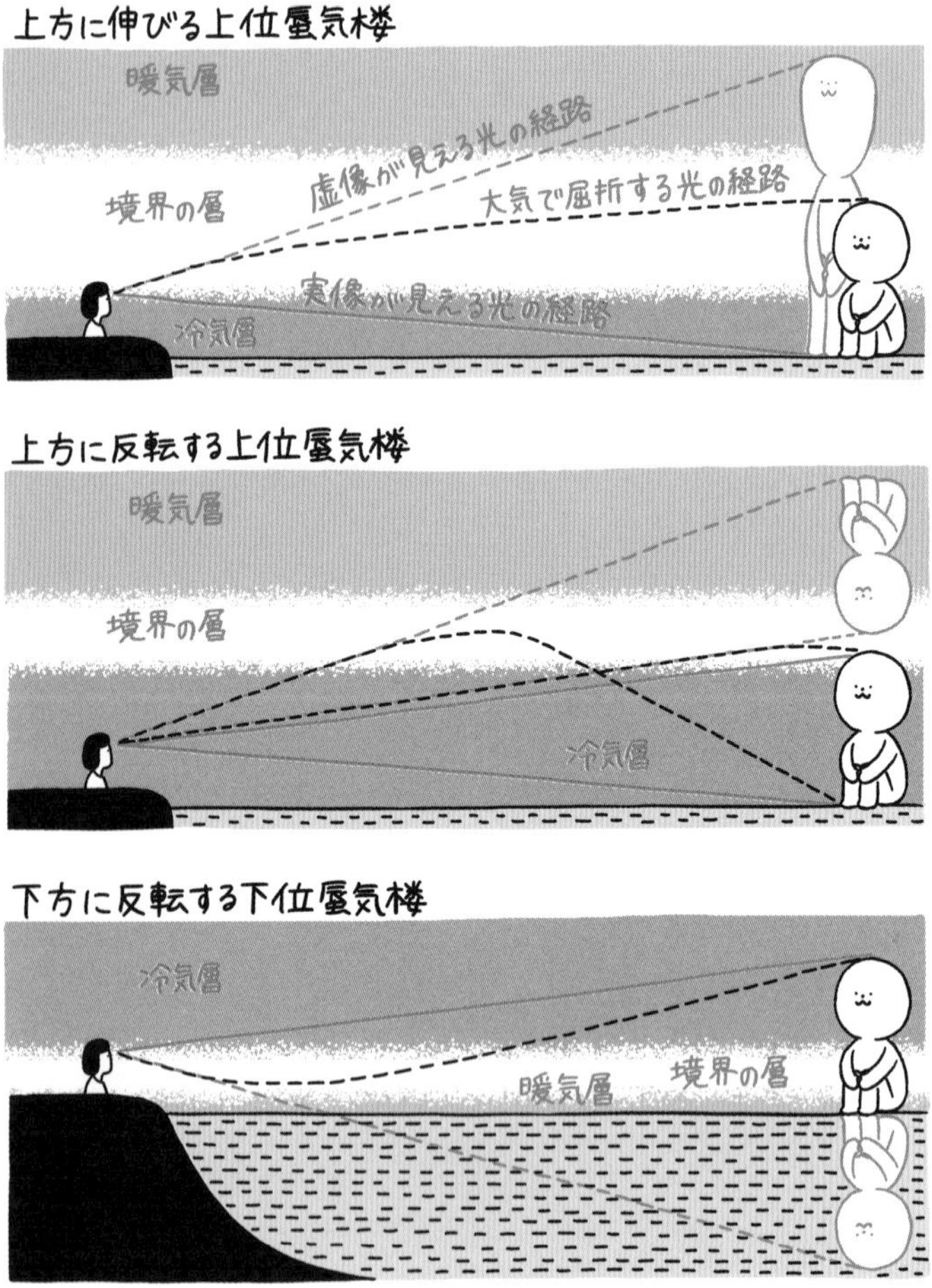
上方に伸びる上位蜃気楼
暖気層
虚像が見える光の経路
境界の層
大気で屈折する光の経路
実像が見える光の経路
冷気層
上方に反転する上位蜃気楼
暖気層
境界の層
冷気層
下方に反転する下位蜃気楼
冷気層
暖気層
境界の層

蜃気楼の仕組み

一番下の写真は伊勢湾で撮影された下位蜃気楼です。海と接している陸が島のように浮いて見えます（浮島《うきしま》現象）。陸が浮いているように見えるのは、海面上の風景が下向きに反転しているためです。

この現象が発生しやすいのは、冬、比較的温かい海上に強い寒気が入ってきたときです。水温が安定している海面付近には暖かい空気の層があり、そのすぐ上に冷たい空気の層ができると、冷たいほうに向かって光が曲がります。本来ならば海が見えるはずの海面にその上の景色の像が下向きに反転して現れるのです。

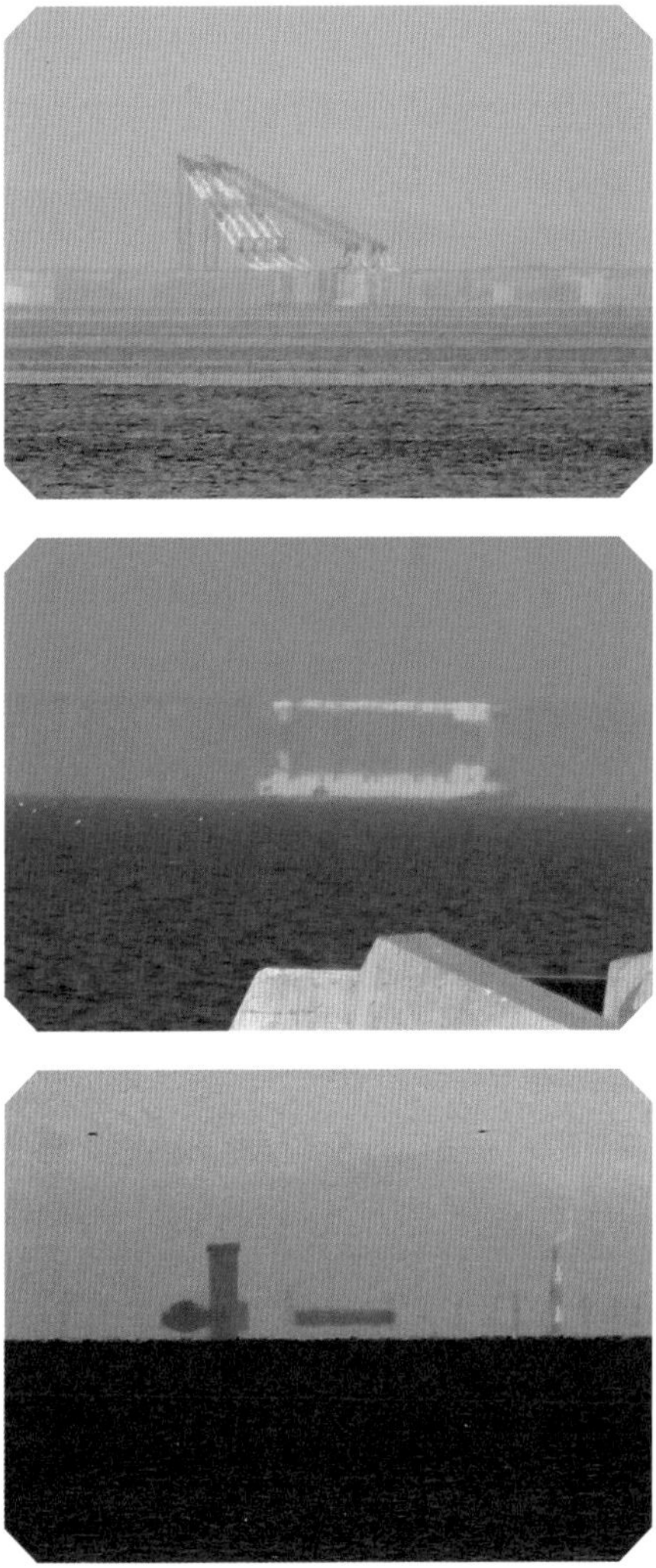

伊勢湾の蜃気楼
（上から順に、上方に伸びる上位蜃気楼、上方に反転する上位蜃気楼、下方に反転する下位蜃気楼）

地表近くが冷たく、その上に暖かい空気の層があるときには、遠くの景色が地表から上方向に伸びたり反転したりする上位蜃気楼が起こります。上位蜃気楼には、発生しやすいスポットがあり観光名所になっています。

貴重な蜃気楼

有名なのが富山湾です。三月下旬から六月上旬、移動性高気圧が日本の東に抜けた時期、北寄りの弱い風が吹くような晴れた日の昼頃に発生しやすいといわれています。富山県魚津市には「蜃気楼」や「ミラージュ」の名を冠した施設が多く、経田《きようでん》漁港からミラージュランドまでの海岸道路は散策もできる「蜃気楼ロード」として整備され、魚津埋没林博物館には展望台も用意されています。

伊勢湾も、上位蜃気楼の目撃例は多いのですが、詳しい発生条件はよくわかっていません。伊勢湾のある三重県四日市市には、江戸時代後期に製作されたとされる「大入道《おおにゆうどう》」という、ろくろ首のような妖怪の巨大なからくり人形があり、県指定有形民俗文化財となっています。身の丈四・五メートル、伸び縮みする首の長さ二・七メートルで、高さ約二メートルの山車《だし》に立ち、全高は約九メートルあります。からくり人形としては日本一の大きさです。大入道の由来には諸説ありますが、伊勢湾に見えた上位蜃気楼が元になっているのではないかという説もあります。たしかに、ニョロニョロと長い首は、上に伸びる蜃気楼を思わせます。

また、熊本県の八代海《やつしろかい》では、旧暦八月一日に「不知火《しらぬい》」と呼ばれる不思議な蜃気楼「神秘の火」が起こるという伝承があります。そのため八代海は不知火海《しらぬいかい》とも呼ばれています。海上に灯《とも》る漁船の光源が左右に分かれたり、水平線上に連なったり、上下に分裂したりして見える現象で、旧暦八月一日の午前一時頃から三時頃にかけての干潮のときに発生し、晴天で昼夜の気温差が大きいほど現れやすく、雨や風の強い日には現れないということです。

詳しい発生条件は未解明ですが、横方向に伸びるのは、水平方向に空気の温度差があることがポイントなのではないかと考えられています。たとえば、暖かい空気があるところに山のほうから冷たい空気が流れてきて、その境目で光の屈折が起きている——これも不知火の説明の一つになるかもしれません。

なお、『日本書紀』では、九州巡幸中、八代海上で方向がわからなくなった景行《けいこう》天皇が、遠方に灯された火によって陸地に導かれます。「誰が火を灯してくれたのか」と尋ねたものの、誰も知らぬ火（不知火）であったという逸話が記されています。

道路で出会える「逃げ水」

蜃気楼は特別な現象と思われがちですが、実は誰でも気軽に出会える身近な現象です。

晴れた日の昼頃、雨も降っていないのに、道路の先に水たまりのようなものが見えた経験はありませんか？

これは「逃《に》げ水《みず》」と呼ばれる、下位蜃気楼の仲間です。

逃げ水

日中、陽が差すと、アスファルトの路面が熱くなります。すると路面のすぐ上の空気は温められ暖気の層ができますが、それより上はそこまで熱くはならないため、激しい温度差が生まれます。

この温度差によって、下位蜃気楼と同じ仕組みで逃げ水が見られるのです。路面すれすれのところに見える水たまりのようなものは、道路の上の風景が下向きに反転しているのです。逃げ水はあくまで遠くの路面上に現れるもので、近づけば離れていきます。

逃げていく水たまりだから「逃げ水」なのです。路面と上の空気の間に温度差ができれば、季節を問わず日中に出会えます。

もしかすると、皆さんも気づかないうちに、蜃気楼を見ているかもしれません。

超入門・雲のしくみ

そもそも雲とは一体なんでしょうか。

雲とは、「無数の水滴や氷の結晶が集まったもの」です。小さな水や氷の粒が集合体として空に浮かんで見えているのが雲なのです。

雲の正体

光は波の性質を持っており、山や谷があります。一つの山から次の山までの長さを「波長」と呼びます。可視光線の波長は雲粒より小さいため、雲粒に当たると光の色に関係なく、四方八方に散らばります。これを「ミー散乱」といいます。散らばると様々な色の光が重なるため、雲は白く見えるのです。

薄い雲は真っ白に見えますが、低い空の雲など多くの雲は底の部分が灰色になっています。これは、光が雲の中で散乱されすぎて、弱まってしまっているためです。

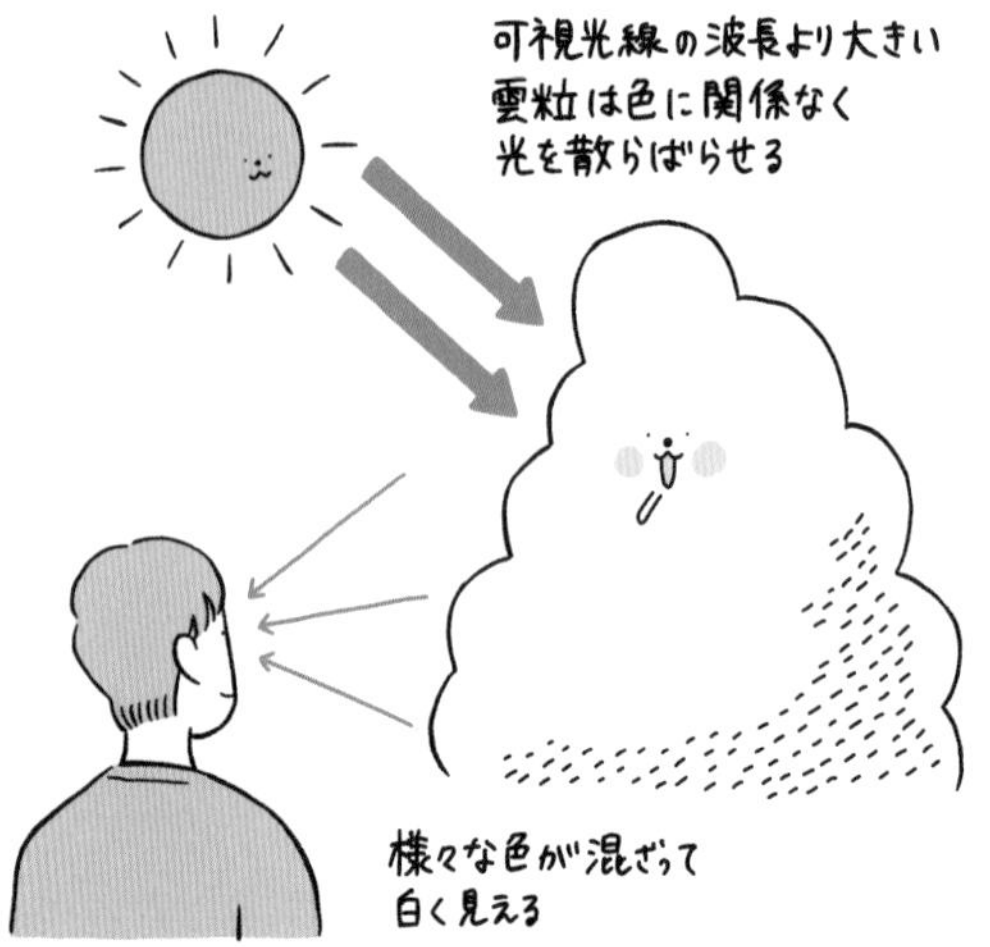
可視光線の波長より大きい
雲粒は色に関係なく
光を散らばらせる
様々な色が混ざって
白く見える

ミー散乱の仕組み

地球には重力があるため、重さのあるものは重力に引っ張られて落ちるはずですが、なぜ雲は空に浮かんでいるのでしょうか。それは、空には雲粒を持ち上げる上昇気流があるからです。

典型的な雲粒の半径は、約〇・〇一ミリメートル程度と非常に小さく、髪の毛の太さの五分の一ほどの大きさです。目に見える雨粒が半径一ミリメートルほど、シャープペンシルの芯の四倍くらいですから、雲粒の小ささがわかります。

落下する雲粒は重力と空気抵抗が釣りあっている状態で、一定の速さで落ちてきます。この一定の速度を「終端《しゅうたん》速度」といいます。典型的なサイズの雲粒の場合は、落下の終端速度が一秒あたり数ミリメートルから数センチメートルと非常に小さいの

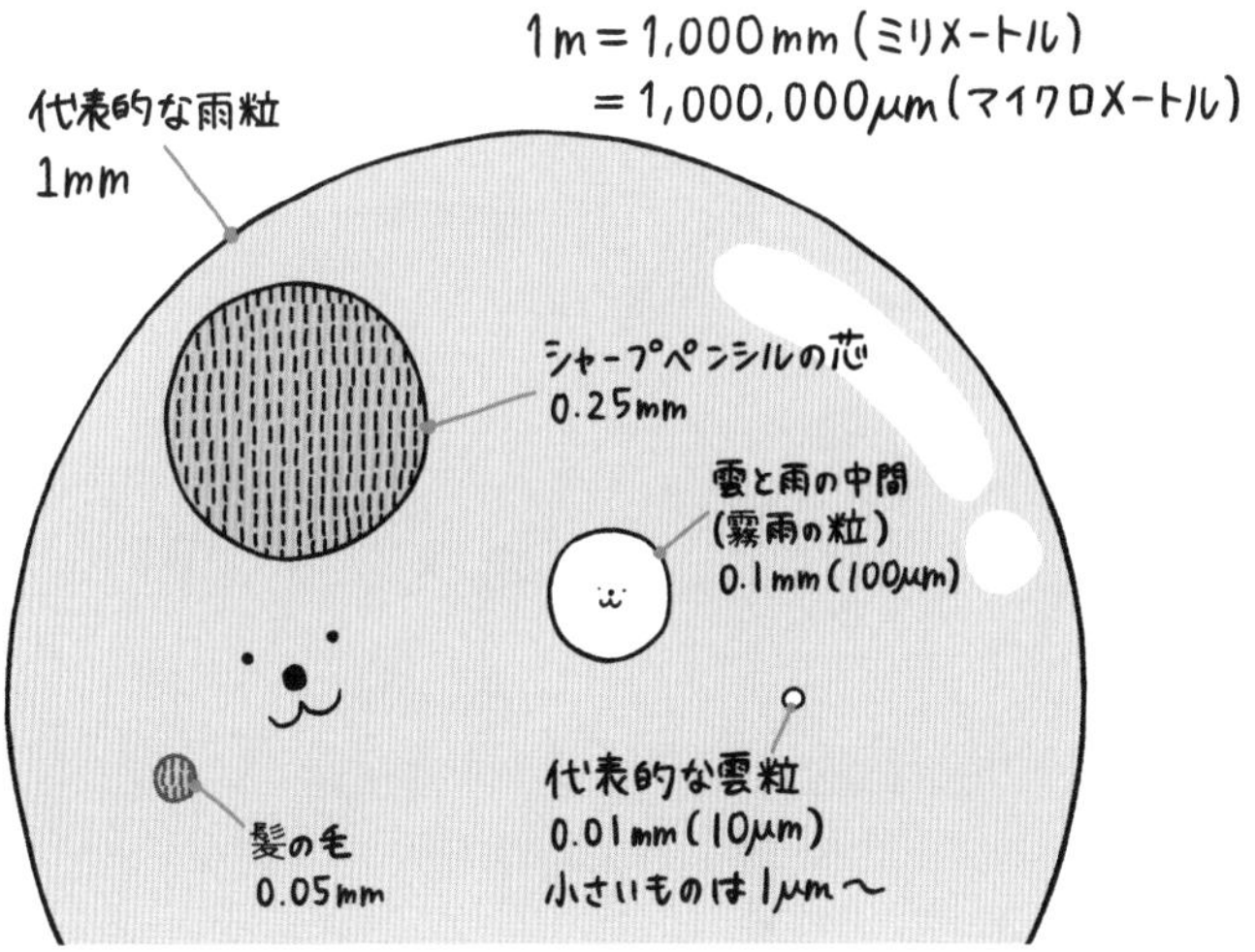

雲粒と雨粒の大きさ（半径）

です。大気中では至るところで空気が乱れ、上昇気流が起きているため、気流と終端速度が釣りあっていると、落ちることができずに浮かんだままになるというわけです。

　これが、雲が空に浮かんでいる理由です。

雲と水の関係

　雲を作っているのは、水や氷の粒、つまり水です。大気中では、水が状態を変えて存在します。気体の水蒸気はエネルギーが高く、液体の水、固体の氷の順にエネルギーが低い状態になります。気体から液体に凝結する際にはエネルギーを低くしなければならず、必要のなくなったぶんのエネルギーが熱（潜熱《せんねつ》）として外に放出されます。

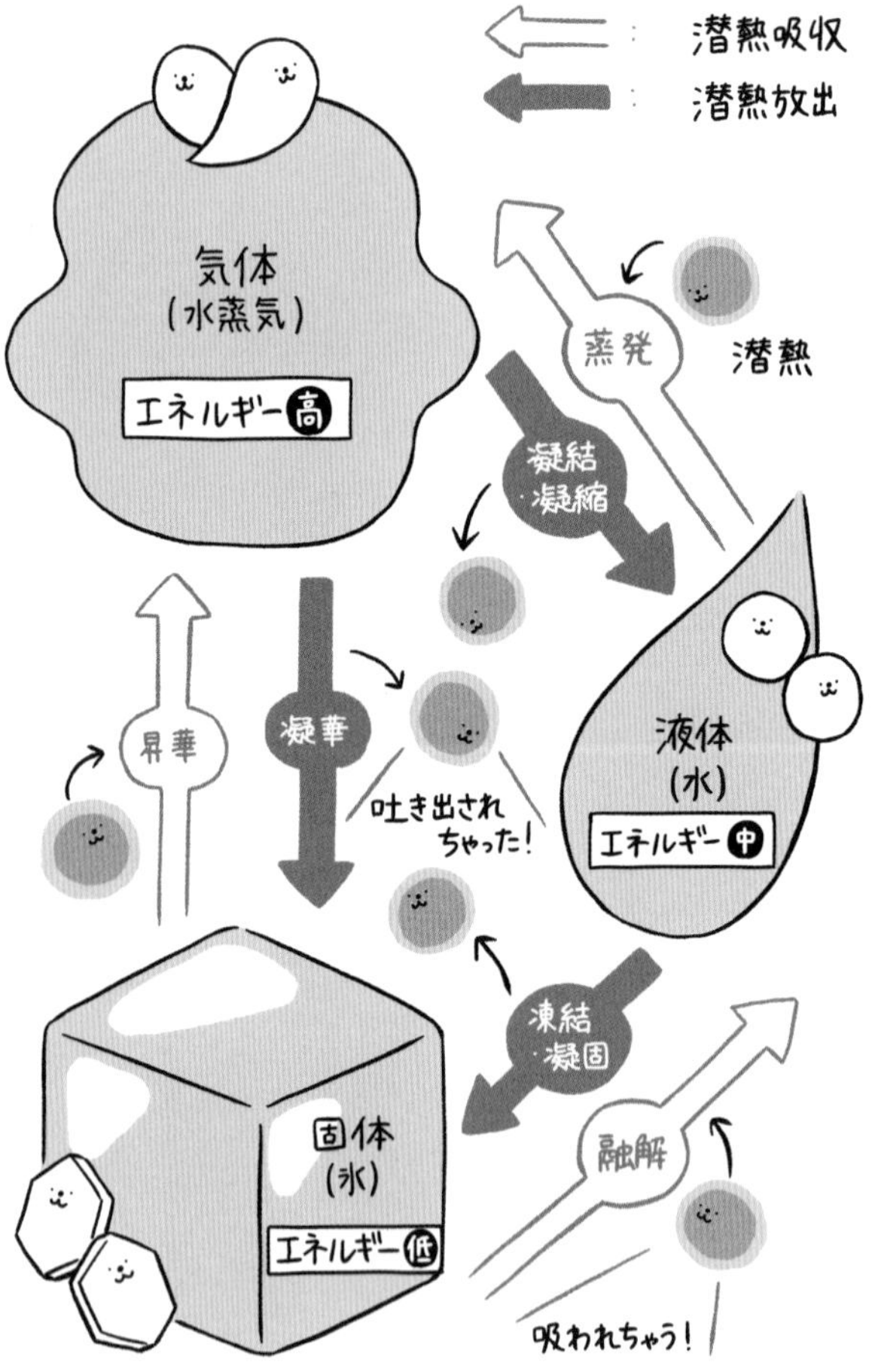
潜熱吸収
潜熱放出
気体
(水蒸気)
エネルギー高
蒸発
潜熱
凝結・凝縮
液体
(水)
エネルギー中
昇華
凝華
吐き出されちゃった!
凍結・凝固
融解
固体
(氷)
エネルギー低
吸われちゃう!

水の状態の変化

液体から固体、氷になるときも同様に潜熱が外に放出されます。ということは、雲ができているところは、同じ高度の周囲の空気に比べ、実は少しだけ温かいのです。発達した積乱雲の内部などは、凝結が盛んに起こっていますから、周囲に比べて温度が数度ほど高くなっています。これは台風の発達などに影響します（三〇三頁）。

逆に、雪が融けて雨になったり、雨が蒸発したりするなど、固体から液体、液体から気体に変化すると、潜熱が吸収されて気温が下がります。通り雨のあとに少し肌寒くなるのがまさにこれです。

雲はどのように生まれるか

「雲がどのようにできるのか」――空気の塊のキャラクター「パーセルくん」をモデルに説明しましょう。

温度の高い空気（パーセルくん）は、水蒸気を多く含むことができます。パーセルくんは「飲みたがり」です。水蒸気を満足する程度に飲んだ湿度一〇〇パーセントの「飽和」の状態を好みます。飽和していない＝湿度が一〇〇パーセントに達していないパーセルくんは、「未飽和」の状態です。この状態のパーセルくんは、水蒸気を満足するまで飲み続けます。

飽和しているときは「平衡状態《へいこう》」で、パーセルくんに出入りする水蒸気の速さが同じ状態です。しかし、それを超えて水蒸気が過剰に入ると「過飽和」という状態になります。湿度が

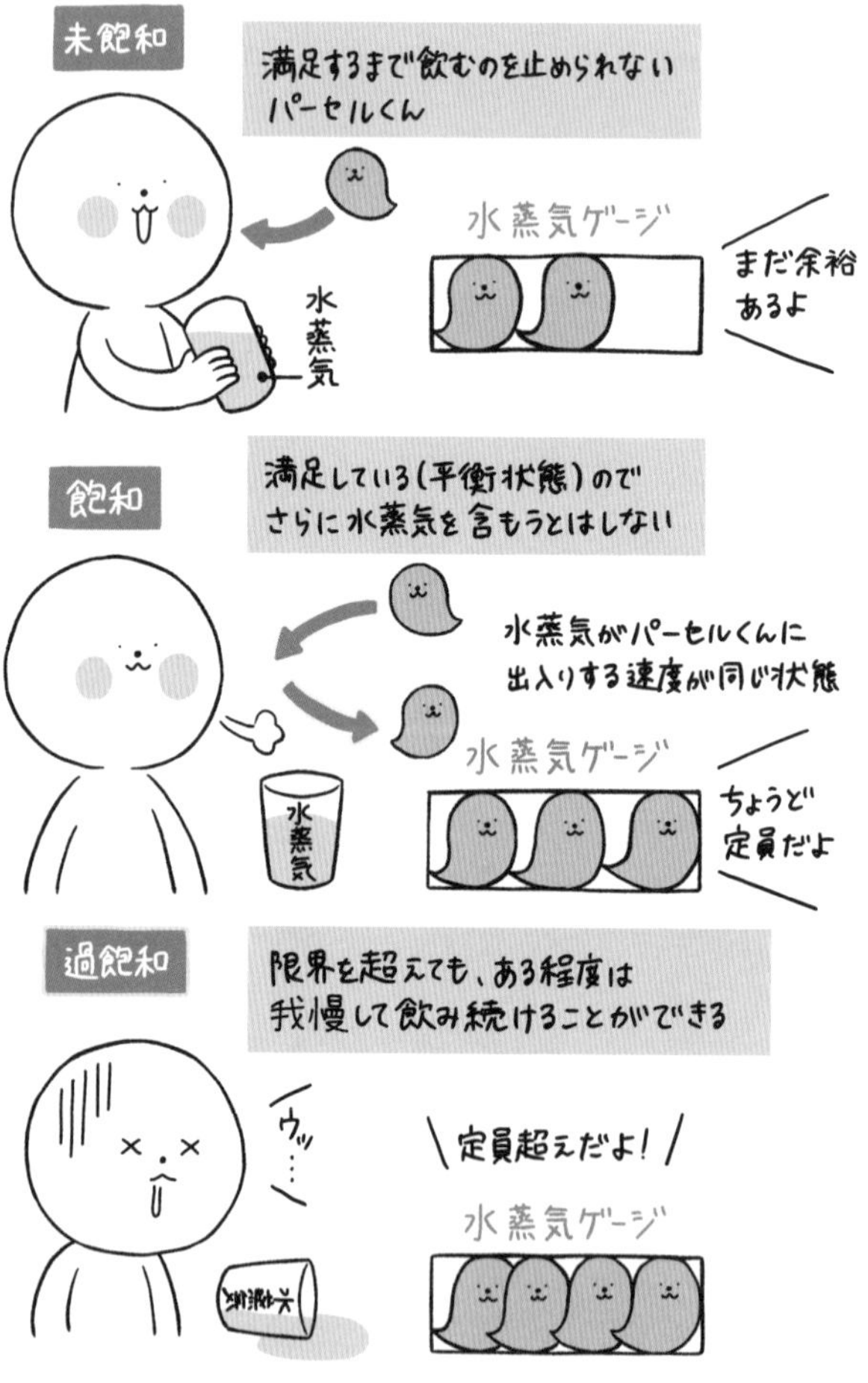
未飽和
満足するまで飲むのを止められない
パーセルくん
水蒸気ゲージ
まだ余裕
あるよ
水蒸気
飽和
満足している（平衡状態）ので
さらに水蒸気を含もうとはしない
水蒸気がパーセルくんに
出入りする速度が同じ状態
水蒸気ゲージ
ちょうど
定員だよ
水蒸気
過飽和
限界を超えても、ある程度は
我慢して飲み続けることができる
ウッ……
定員超えだよ！
水蒸気ゲージ

飽和の仕組み

一〇〇パーセント以上とはイメージしにくいかもしれませんが、大気中ではよく起こっていることです。

また、「どのくらい水蒸気を含めるか」という水蒸気ゲージは、パーセルくんの温度によって変わります。温度の高いパーセルくんは水蒸気を多く飲めますが、温度が低いとあまり飲めないのです。もともと水蒸気を多く含んだ「暖かく湿った空気」が何らかの理由で冷えると、含んでいた量を抱えきれなくなって、溢《あふ》れた水が雲になります。

空気が冷える要因は様々です。放射などで熱が奪われることもありますが、もっともよく起きているのが、空気自身が上昇することによる「冷却」です。

ポテトチップスの袋と雲

山に登ったとき、地上から持参したポテトチップスの袋が山頂で膨らむのは、上昇することで気圧が下がり、地上にいたときに押さえつけられていた力が弱まって、空気が膨張するからです。

「気圧」とは、自分の真上にある全ての空気が押す力のことなので、高い空に行くほど気圧は低くなるのです。

空気が上昇気流によって持ち上げられると、周囲からかかる圧力が弱まるため、空気自体が大きく膨張します。その際、エネルギーが必要になるため、空気が持っている熱をエネルギー

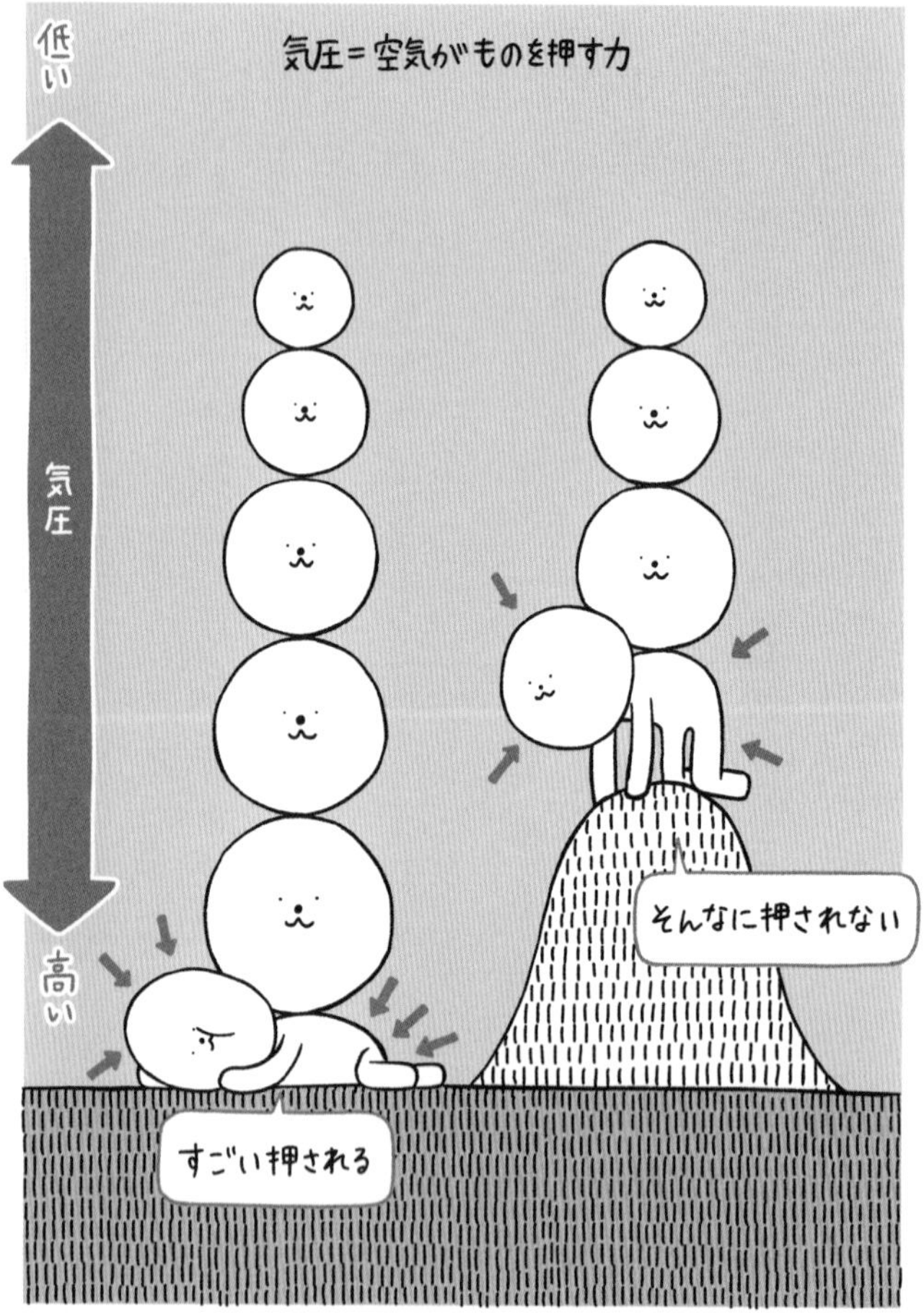

そもそも「気圧」とは？

にして、使った熱のぶんだけ冷えるということが起こるのです。逆に、空気が下降気流によって無理やり下ろされると、そのぶん圧力がかかって圧縮され、余分になったエネルギーが熱になるため、空気の温度は上がります。

実際には、水だけでは雲はできません。大気中の微粒子、「エアロゾル」が必要です。パーセルくんは湿度一〇〇パーセントで飽和すると書きましたが、実はエアロゾルが全くない状況だと、理論上パーセルくんは水蒸気をまだまだ飲めてしまいます。湿度四〇〇パーセントくらいになるまで雲はできません。

ただ、実際には四〇〇パーセントなどという湿度が観測されることはありません。それは、大気中に雲粒の「核」になるエアロゾルが豊富にあるからです。海から飛んできた海塩などを核にすれば、一〇〇・一パーセント程度、飽和を少し超えただけで、パーセルくんはすぐに水蒸気を抱えきれなくなり、水を吐き出して雲ができるのです。

つまり「雲とはパーセルくんという空気の器から水が溢れたもの」であり、溢れやすさはエアロゾルの働きにもよるということです。

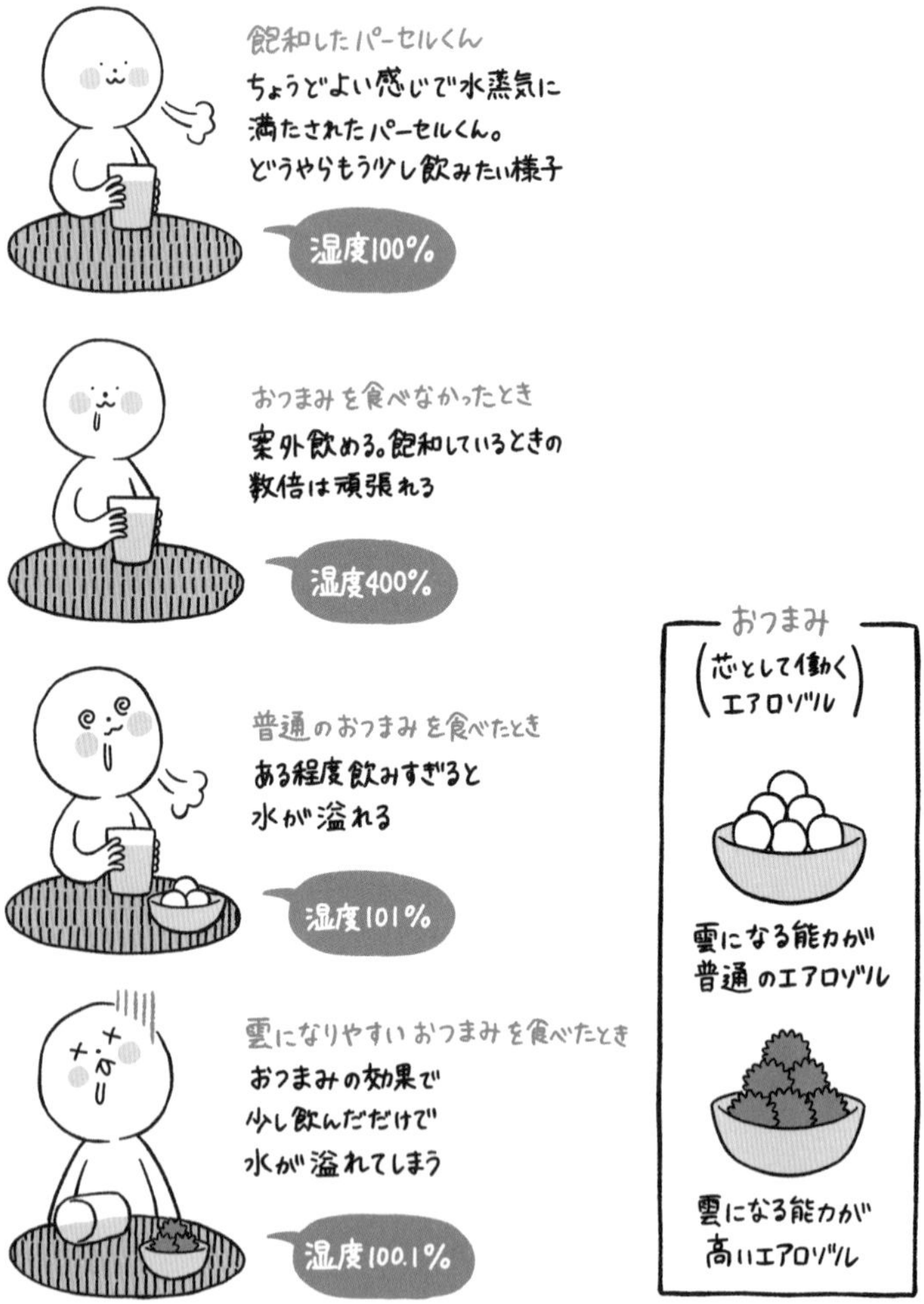

飽和したパーセルくん
ちょうどよい感じで水蒸気に
満たされたパーセルくん。
どうやらもう少し飲みたい様子
湿度100%
おつまみを食べなかったとき
案外飲める。飽和しているときの
数倍は頑張れる
湿度400%
普通のおつまみを食べたとき
ある程度飲みすぎると
水が溢れる
湿度101%
雲になりやすいおつまみを食べたとき
おつまみの効果で
少し飲んだだけで
水が溢れてしまう
湿度100.1%
おつまみ
(芯として働くエアロゾル)
雲になる能力が
普通のエアロゾル
雲になる能力が
高いエアロゾル

パーセルくんと核形成の仕組み

雲は簡単に作れる

上昇して膨張した空気が冷えて、飽和に達して雲ができる――これを、身近なもので簡単に実験することができます。

手でつぶせる柔らかい素材でできた、五〇〇ミリリットルの中身を空けたペットボトルと、アルコール消毒スプレーを用意します。準備するものはたったこれだけです。

ペットボトルの中にアルコール消毒スプレーを二～三回プッシュして、蓋《ふた》をきつく閉めます。そのペットボトルの蓋のほうと底のほうを両手で持ち、思い切りひねります。十分にひねったら、片方の手を一気に離します。すると、ペットボトルの中に雲ができるのです。

アルコールを使うのは、普通の水よりも蒸発しやすく凝結しやすいため、雲ができやすいからです。ペットボトルをひねると、中の空気が圧縮されます。このとき、空気の温度が上がって、ペットボトルが少し温かくなるのがわかります。そこから一気に手を離すと、ペットボトルの中の空気が膨張するので、冷えて飽和して雲ができるというわけです。

この雲実験はとても簡単にできますし、雲ができた状態のペットボトルの蓋を開け、ペットボトルを握ってつぶすと、もわもわとした雲がペットボトルから出てきて楽しいです。柔らかい素材のペットボトルの水などを飲んだあとは、ぜひ試してみてください。

	名前	別名	高度
上層雲	巻雲	筋雲、羽根雲、しらす雲など	5～13km
	巻積雲	鰯雲、鱗雲など	
	巻層雲	薄雲、淡雲など	
中層雲	高積雲	羊雲、叢雲、斑雲	2～7km
	高層雲	朧雲	
	乱層雲	雨雲、雪雲	雲の底（雲底）は普通下層にある 雲の頭（雲頂）は6kmくらい
下層雲	層積雲	うね雲、曇り雲など	2km以下
	層雲	霧雲	地表面付近～2km
	積雲	綿雲、入道雲（雄大積雲）など	地表面付近～2km 雄大積雲はそれ以上
	積乱雲	雷雲など	雲の頭（雲頂）は15km以上になることも

十種雲形の雲の名前と出現高度

雲の名前

古くから、人々は空を見上げては雲を観察し、その特徴で呼び名を分けていました。雲の分類は、大きく分けて一〇種類あります（十種雲形《じっしゅうんけい》）。

まずは高さごとに上層雲《じょうそううん》・中層雲《ちゅうそううん》・下層雲《かそううん》があります。「巻」の字のつく雲、巻雲《けんうん》・巻積雲《けんせきうん》・巻層雲《けんそううん》は、全て上層雲です。

高層雲《こうそううん》、巻層雲、層積雲、層雲など、「層」の字がつく雲はその名の通り横に広がる性質を持ち、寿命が長いという特徴があります。このうち層雲は、十種雲形の中でももっとも地面に近い空に現れ、地面にくっつくと霧に分類されます。

「積」の字のついた積雲や積乱雲、高積雲《こうせきうん》、巻積雲といった雲は、比較的上昇気流の強

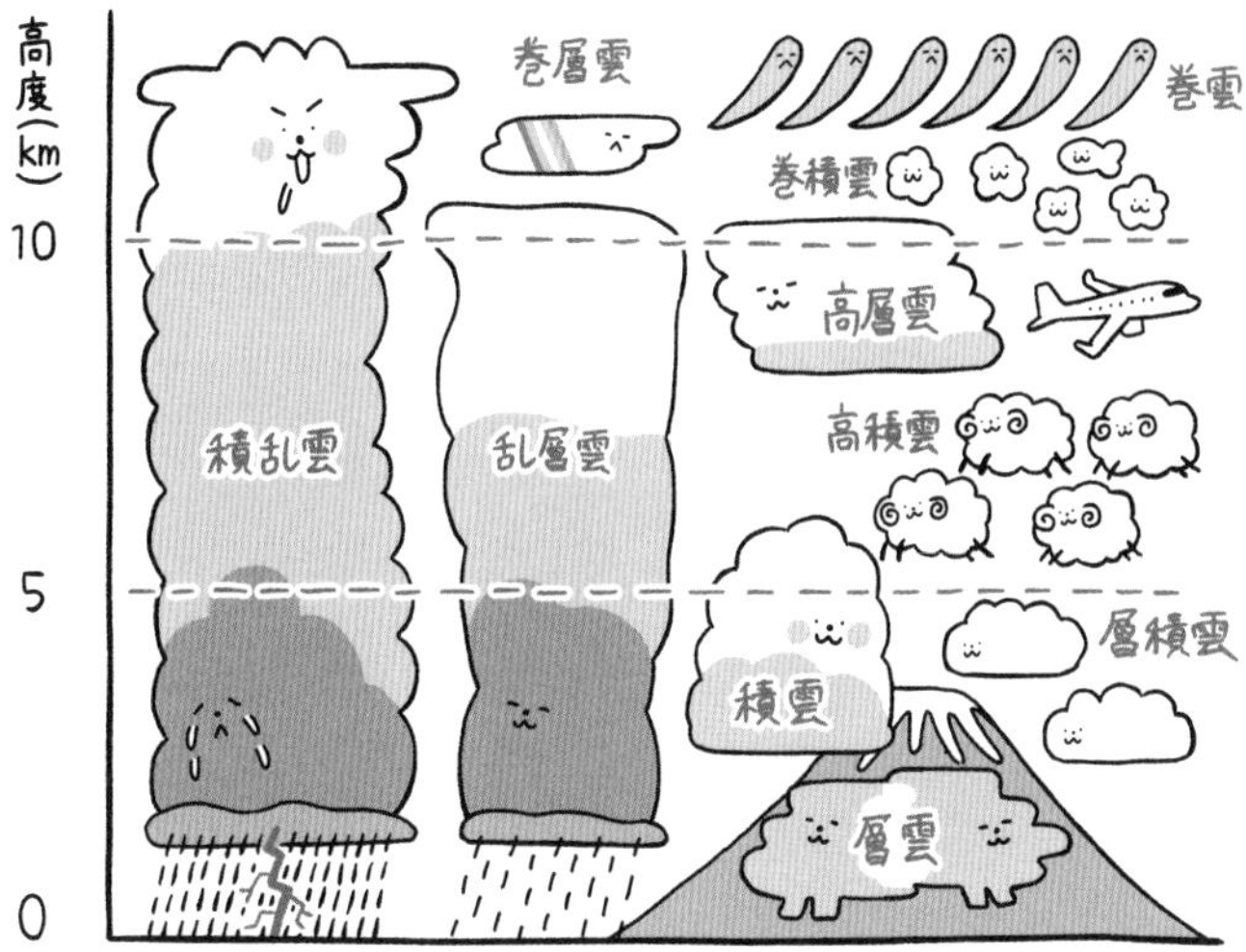

十種雲形の特徴

い雲で、もくもくと積み重なるように成長します。このうち積乱雲は、雲が発達する限界の高さまで成長することができます。

典型的な雨や雪を降らせる雲としては、「乱」の字の入った、乱層雲《らんそううん》、積乱雲があります。その名の通り、天気を乱す雲です。名前に使われている漢字にも、それぞれの雲の特徴が表れているのが面白いですね。

雲の種類は四〇〇種以上

雲の形を世界で初めて固定分類し、名前をつけたのは、イギリス人のルーク・ハワード（一七七二—一八六四）です。製薬会社を経営する実業家だったハワードは、趣味の気象学にのめり込み、一八〇二年には雲の形ごとに、動

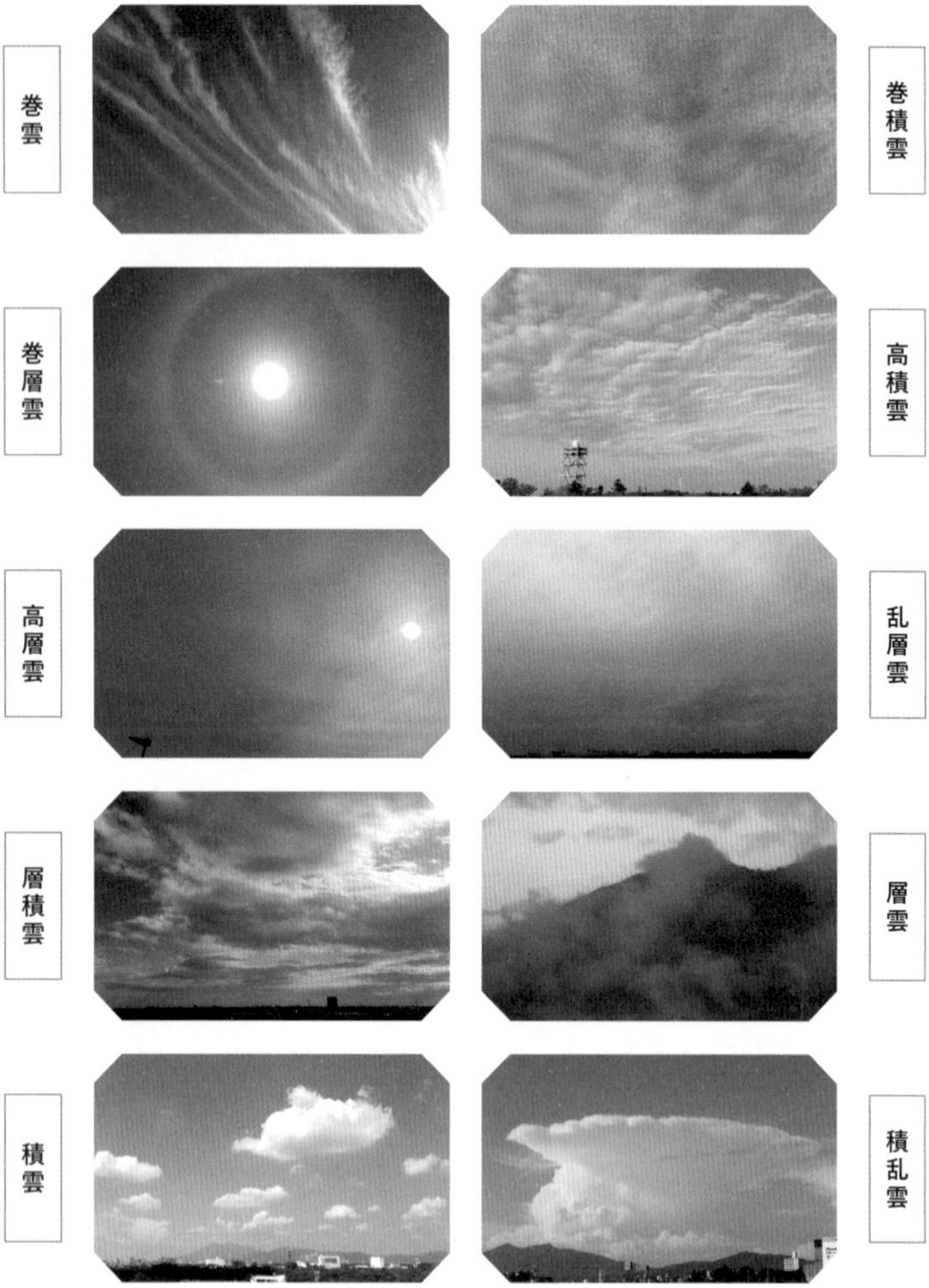

巻雲
巻積雲
巻層雲
高積雲
高層雲
乱層雲
層積雲
層雲
積雲
積乱雲

十種雲形

植物の分類における命名法を参考にしてラテン語の名前をつけて分類しています。
私たちが使っている十種雲形も、ハワードによる分類がベースになっています。ハワードは「人の心や体の状態が表情に表れるのと同様に、大気の変化に影響を及ぼす普遍的《ふへんてき》な原因が雲にも影響を与えている。雲の状態はそれぞれを示すよい指標だ」と述べていますが、私も全く同感です。

それぞれの雲には俗称、別名も多くあります。このような俗称は、正岡子規（一八六七―一九〇二）をはじめ、日本の文学者たちが様々な作品の中で雲を表現するのに名前をつけてきたものもあれば、気象学者がその雲の物理的特徴を踏まえて名づけたものもあります。

巻雲は「筋雲《すじぐも》」や「羽根雲《はねぐも》」、「しらす雲《ぐも》」と呼ばれますし、巻積雲は「鰯雲《いわしぐも》」「鱗雲《うろこぐも》」など、魚に関連した名前です。鱗雲と見間違えやすい「羊雲《ひつじぐも》」は、高積雲です。

ルーク・ハワード

高積雲と巻積雲はどちらも雲が群れたような見た目をしていますが、一つひとつの雲の大きさが違います。空に向かって真っ直ぐ腕を伸ばし、人差し指を立てたとき、雲一つひとつが人差し指一本に隠れるようならば、巻積雲（鱗雲、鰯雲）です。指一〜

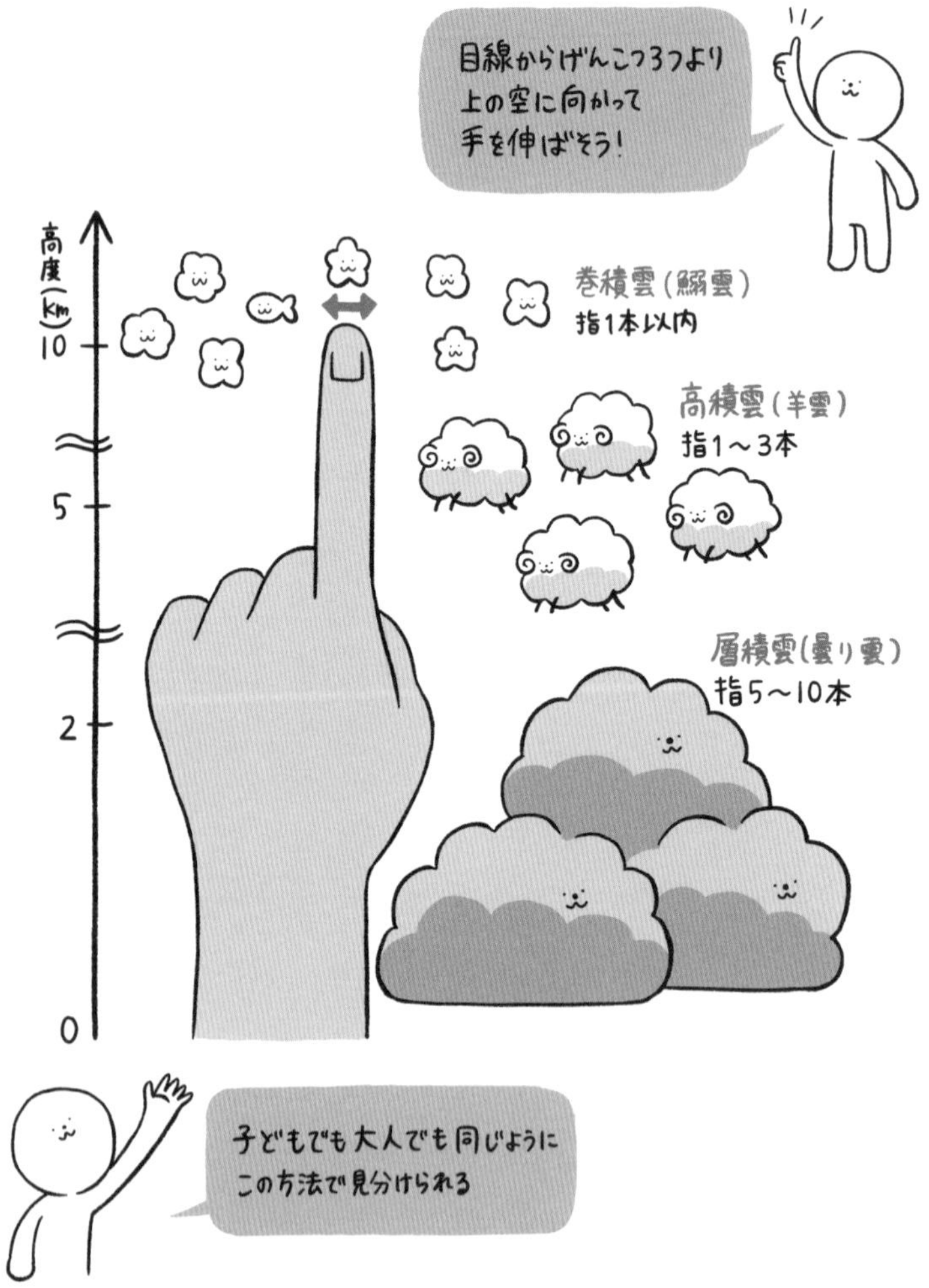

巻積雲と高積雲の見分け方

三本くらいの大きさならば、高積雲（羊雲）です。

巻積雲と高積雲の見た目は似ていても、高度が異なるため、遠近法から大きさによってだいたいは見分けられるのです。なお、下層雲の一つ、曇《くも》り雲《ぐも》とも呼ばれる層積雲は、同じ方法で見たときに指五〜一〇本くらいの大きさをしています。

基本は「十種雲形」で分類される雲ですが、実はもっと細かい分類や、どの雲からどの雲に変化したかという分類の方法もあり、全て組みあわせると四〇〇種類以上に及びます。雲の形は、空の状態によって絶えず変わります。同じ雲を見ていたはずが、少し時間が経つと全く違う形になっています。時間とともに大きく表情を変化させるのが雲の魅力の一つです。

雲が育つ地球の空

雲は低い空から高い空まで、様々な高さに現れます。

雲ができる空とは、どのような空なのでしょうか。

まずは、地球を取り巻く大気の層を大まかに把握しておきましょう。地上から十数キロメートル上空までの大気の層を「対流圏」と呼びます。ほとんどの雲は、この対流圏の中で発生・発達しています。対流圏の上には「成層圏」、さらにその上には「中間圏」「熱圏」といった層があります。私たちの住む対流圏では、山頂だと寒いと感じるように、上に行くほど気温は下がります。

成層圏では逆に、上空ほど気温が高くなります。それは、オゾン層が紫外線を吸収し、熱を

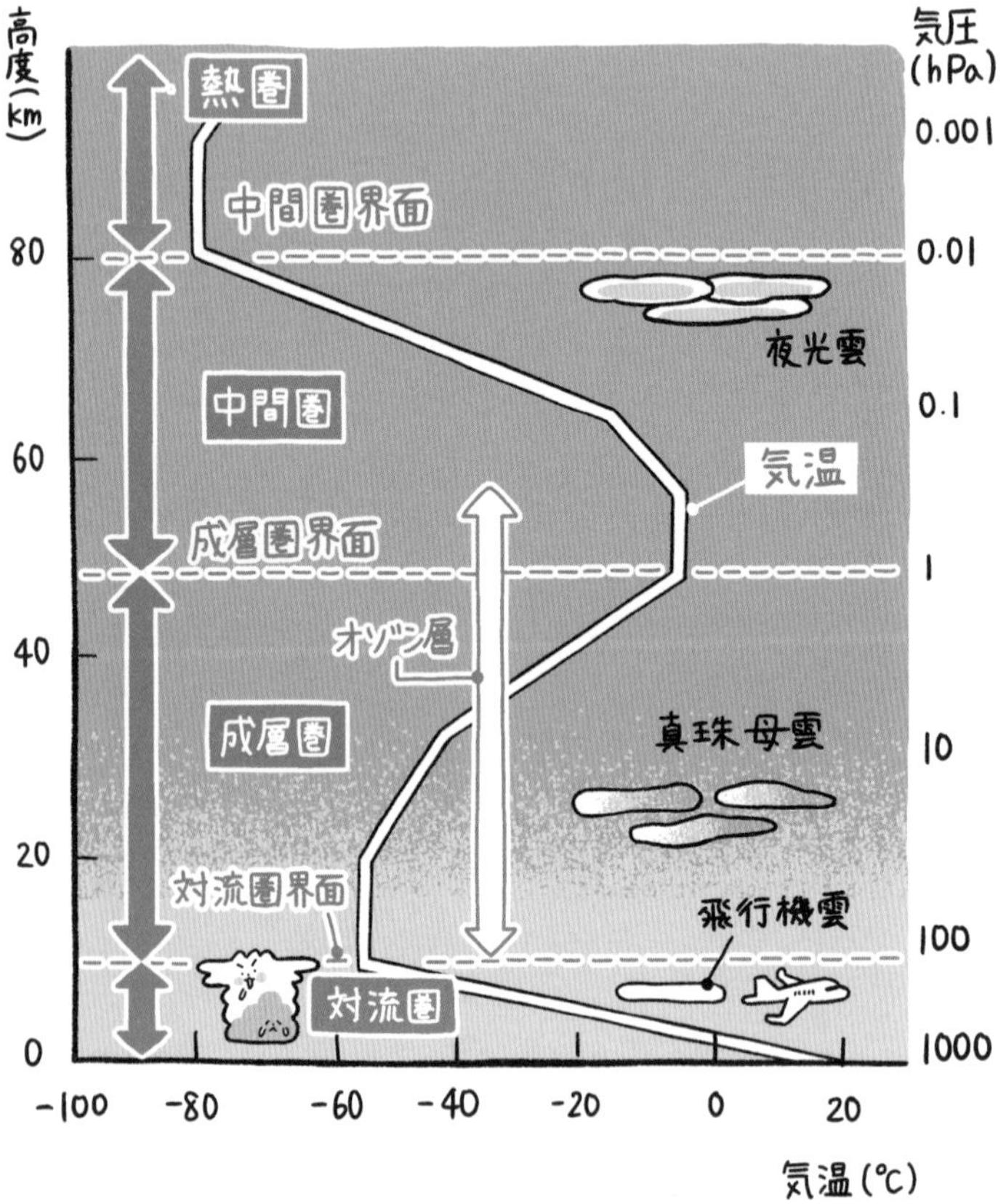
高度(km)
気圧(hPa)
熱圏
中間圏界面
中間圏
成層圏界面
成層圏
対流圏界面
対流圏
オゾン層
夜光雲
気温
真珠母雲
飛行機雲
0.001
0.01
0.1
1
10
100
1000
80
60
40
20
0
-100
-80
-60
-40
-20
0
20
気温(℃)

大気の層

出すからです。暖かい上空の空気は蓋のような役割を果たすため、上昇する空気はそこから上へは行くことができません。成層圏の空気の層は非常に安定しているので、雲が発生しにくい状態になっているのです。

成層圏より上空の「中間圏」になると気温は下がりますが、宇宙に近い「熱圏」では宇宙から入る電磁波が熱を出すため、上空ほど気温が高くなります。オーロラはこの中間圏や熱圏にある電離層で、太陽から電気を持った粒（電子や陽子）が大気分子に当たることで発光し、発生しています。

以上のように、通常は地上にもっとも近い対流圏の空で雲ができるのですが、実はそれよりも高い空でも雲が発生することがあるのです。

遥か高みに現れる雲

対流圏の上にある成層圏では、「真珠母雲《しんじゅぼぐも》」という雲が現れます。この雲は冬の高緯度の上空二〇～三〇キロメートルの高さに現れ、日の出前や日の入り後の空で虹色に輝いて見えます。その色がまるで真珠を作る母貝《ぼがい》（アコヤガイ）の内側のような美しい虹色のため、この名前で呼ばれるようになりました。極成層圏雲《きょくせいそうけんうん》とも呼ばれ、美しい見た目をしているものの、オゾン層の破壊に関係していると考えられています。

ロケット雲

　さらに高い空の中間圏の上部、高度七五～八五キロメートルには、「夜光雲《やこううん》」という雲が発生します。その名の通り夜に光って見える雲で、夏の高緯度地域で日の出前や日の入り後の暗い時間に観測されます。極中間圏雲《きょくちゅうかんけんうん》ともいい、巻雲のような見た目で、銀色や明るい青色に輝きます。

　これらの雲は日本にいるとなかなか出会うことはできませんが、夜光雲はロケットの打ち上げ時に観察できる場合があります。ロケットが打ち上げられる際、排出される煙などが核となって中間圏にも雲ができます。ただし、日中では空が明るすぎてこの雲を見るのは難しく、日の出前や日の入り後の空が暗い時間に、地平線の下にいる太陽から光が当たるような状況で、光り輝いて見えるのです。

このような雲は「ロケット雲《ぐも》」と呼ばれ、ロケット打ち上げ場のある鹿児島県からの打ち上げ時に、晴れていて条件がよければ沖縄から関東までの広い範囲で観察することができます。

絶対安定と絶対不安定

気温が下がらない「気温減率（気温が上空ほど下がる割合）」の小さい空では、飽和状態のパーセルくんを持ち上げても、周囲の気温のほうが高い状態です。すると、持ち上げられた先の空でパーセルくんのほうが周囲の空気よりも密度が大きく、重くなります。そのため、下向きに力がかかり、上には行けずに元の位置に戻ろうとします。これを「絶対安定」といいます。

しかし、地面付近が非常に熱く、上空が非常に冷たい、気温減率の大きい空では、未飽和で乾燥した状態のパーセルくんでも、自分でどんどん昇れます。

これは「絶対不安定」と呼ばれます。持ち上げられることで温度の下がったパーセルくんよりも、周囲の気温の下がり方のほうが急激なため、相対的にパーセルくんは温かい——つまり密度が小さく軽く、自分の力で昇っていけるのです。

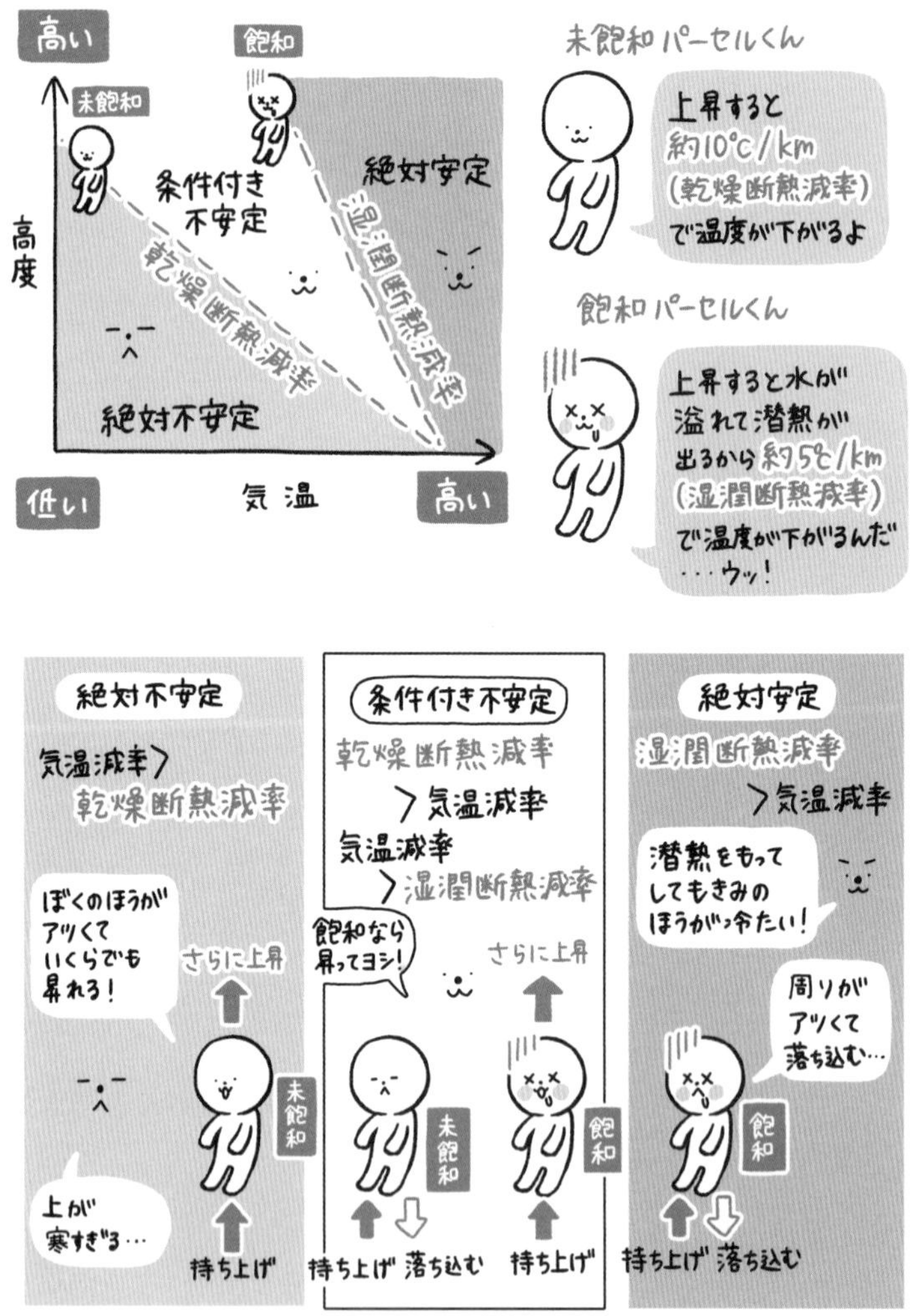

絶対不安定、条件付き不安定、絶対安定

この絶対安定と絶対不安定の中間のような状態が「条件付き不安定」です。この状態では未飽和のパーセルくんを持ち上げても元の位置に戻ってきてしまいますが、飽和した湿潤なパーセルくんを持ち上げると周囲よりも温かくなって、自分の力で昇るようになります。日本付近の大気は、たいていの場合「条件付き不安定」です。

「大気の状態が非常に不安定」とは？

天気予報の「大気の状態が不安定」とは、この「条件付き不安定」が強まっている状態を指します。この不安定は、いくつかの条件が整うと、積乱雲が発生・発達しやすい状況になるのです。

一つは、「低い空に暖かく湿った空気が流入」する場合です。地上付近の低い空に暖かく湿った空気が流入してくると、空気を少し持ち上げただけでその空気は自発的に上昇できるようになり、雄大積雲《ゆうだいせきうん》や積乱雲が発生します。

さらに、「上空に寒気が流入」する状況でも不安定が強まります。上空ほど低温になって地上との気温差が大きくなると、パーセルくんが昇っていける限界が高くなる――つまり積乱雲がより発達しやすくなる状態を意味しています。

これらの条件が重なると、「大気の状態が非常に不安定」と呼ばれる状況になり、積乱雲による大雨や、大規模な雷活動など、荒天がもたらされやすい気象状況になります。

積乱雲を作る上昇気流

大気の状態は上空の気温と水蒸気の分布によって決まりますが、不安定なだけでは、積乱雲は発生しません。下の空気を持ち上げる仕組み、「上昇気流」が必要です。

上昇気流が発生する理由はいくつかあります。

一つは日射による上昇気流です。陽が当たって地面が熱くなると、地面に接している空気の温度が上がり、周囲よりも温まった空気が昇って上昇気流が生まれ、雲ができます。低い空の積雲が発生するときにはこのような熱対流による上昇気流が効いていますが、これだけで積乱雲に発達することはほとんどありません。

より強い上昇気流は、前線による持ち上げや、風のぶつかりあい（収束）、低気圧に伴って発生します。山の斜面で空気が持ち上げられることでも上昇気流が生まれ、雲は発生します。このとき大気の状態が不安定な場合には、積乱雲が発生することもあります。

つまり、様々な要因で発生する上昇気流があり、「大気の状態が不安定」な場合に初めて積乱雲が発生・発達するのです。

一方、層雲系の雲の場合、空気が飽和していれば雲は簡単に発生します。空気が冷えたり水蒸気が供給されたりすることで層雲ができることもあれば、温暖前線のように広範囲で緩やかな上昇気流が存在するところに広く発生することもあります。巻層雲や高層雲が広がったあと、乱層雲になって雨が降るというわけです。

六〇〇万トンの水

積乱雲は、「ゲリラ豪雨」と呼ばれるような局地的な大雨や、「集中豪雨」などによる気象災害をもたらす典型的な雲です。積乱雲は雷雲《かみなりぐも》とも呼ばれ、雲の中で唯一雷を伴うので、落雷による災害の原因になります。さらには、竜巻などの突風や、雹を降らせることもあり、農作物やビニールハウス、車、人への被害ももたらします。

積乱雲は、様々な災害を引き起こす雲なのです。

まずは「積乱雲」の特徴を押さえましょう。分類上は下層雲の一つですが、発達できる限界の高さまで昇るため、雲頂《うんちょう》（雲の頂上の部分）は通常、大気の上層にあります。大気の状態が非常に不安定なときには対流圏と成層圏の境目である対流圏界面まで発達し、夏には高さ一五キロメートル以上になることもあります。背が高いと二〇〇キロメートル以上離れた場所からでも見える場合があります。

発達した積乱雲では六〇〇万トン、二五メートルプール一万杯くらい、東京ドーム五杯くらいの量の水が含まれているという研究結果があります。小さめの湖や沼の貯水量と同程度の水量が一つの大きな積乱雲には含まれているのですから、ものすごい量です。ひとたび積乱雲が発達すれば、土砂降りになるのも頷《うなず》けます。

通常は、積雲が発達して雄大積雲、いわゆる入道雲《にゅうどうぐも》になり、それから積乱雲に成長します。

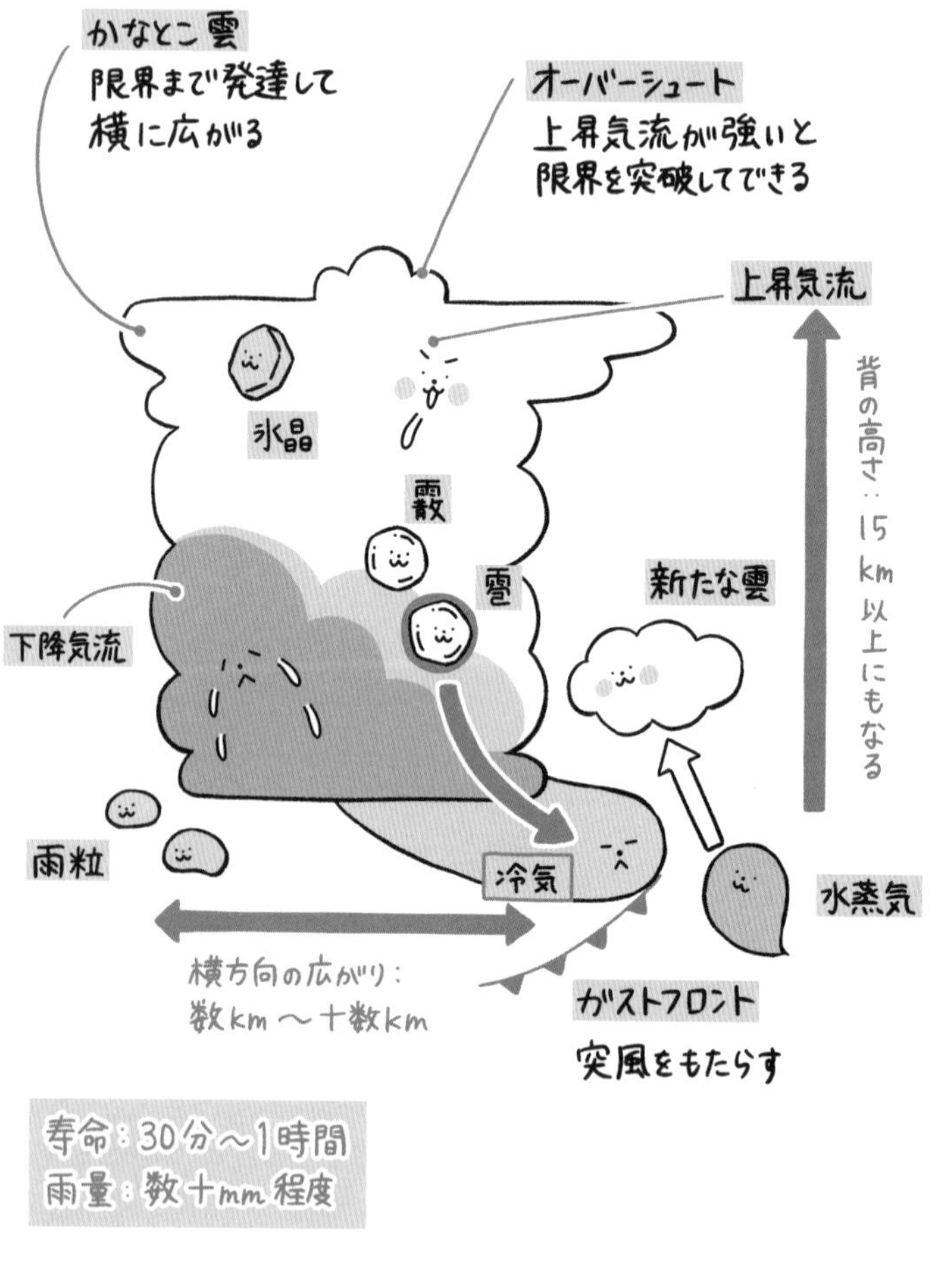
かなとこ雲
限界まで発達して
横に広がる
オーバーシュート
上昇気流が強いと
限界を突破してできる
上昇気流
氷晶
霰
雹
新たな雲
背の高さ：15km以上にもなる
下降気流
雨粒
冷気
水蒸気
横方向の広がり：
数km～十数km
ガストフロント
突風をもたらす
寿命：30分～1時間
雨量：数十mm程度

積乱雲の仕組み

積乱雲は雲が発達できる限界の高さまで達すると、「かなとこ雲」を伴うようになります。

雄大積雲が発達して、雷を伴うか、雲の上部に髪の毛のような繊維状の構造ができはじめると、積乱雲と分類されます。雄大積雲はどんどん上昇するため、氷点下の高い空でも液体のままでいる過冷却（二〇六頁）の水の粒でできていますが、積乱雲になると、雲の上部では急速に水の粒が氷に変わり、氷の結晶が上空の風に流されてけばけばした繊維質な見た目になるのです。

最盛期の積乱雲は、かなとこ雲の上部にまで雲が達するオーバーシュートが起こります。もくもくしている部分はオーバーシューティングトップといい、この場所がまさに積乱雲のコア、上昇気流がもっとも強いところです。

雄大積雲、かなとこ雲

積乱雲は、大気の状態が不安定で、低い空の空気を持ち上げる仕組みが存在するときに発生・発達します。

空気を持ち上げる仕組みがあると、暖かく湿った空気は持ち上げられて膨張し、冷えて飽和するため雲が生まれます。このとき、雲ができる高さを「持ち上げ凝結高度」といい、積雲や雄大積雲の底が平らになっているのはまさにこの「持ち上げ凝結高度」を可視化しています。持ち上げられる空気が湿っているほど、雲の底はより低くなります。

そこからさらに持ち上げられた空気の温度が周囲の気温より高くなると、持ち上げる仕組みなしで自発的に上昇できるようになります。この高さを「自由対流高度」と呼びます。上空に寒気が入った場合には、積乱雲が発達できる限界の高さ、「平衡高度」が高くなるため、積乱雲がより発達しやすくなります。

積乱雲が平衡高度に達してかなとこ雲ができる頃には、雲内部で降水粒子が成長し、下降気流が生まれます。この頃が積乱雲の成熟期で、上昇気流と下降気流が混在している状態です。その後、霰や雹、雨が落下する際に空気を引きずり下ろすローディングで下降気流が強まり、上昇気流を打ち消して、積乱雲は衰弱していきます。

地上に達した下降気流はガストフロントとして広がり、周囲の暖かく湿った空気を持ち上げて、二次的な積乱雲が発生・発達します。夏場、空気が湿っていて大気の状態が不安定なときには、頻繁に起こる現象です。こうして、次の世代の積乱雲が生まれるというわけです。

積乱雲の発生から衰弱までは、わずか三十分から一時間ほどです。ドラマチックに自己完結しているのです。せっかくの上昇気流を自らの下降気流で打ち消すさまは、自虐的な感じもあり、どこか人間らしい感じがしますね。

モラトリアムの終わり？

仕事もせずふわふわモラトリアムを謳歌《おうか》していた若者が、周りに持ち上げられて、「一人で

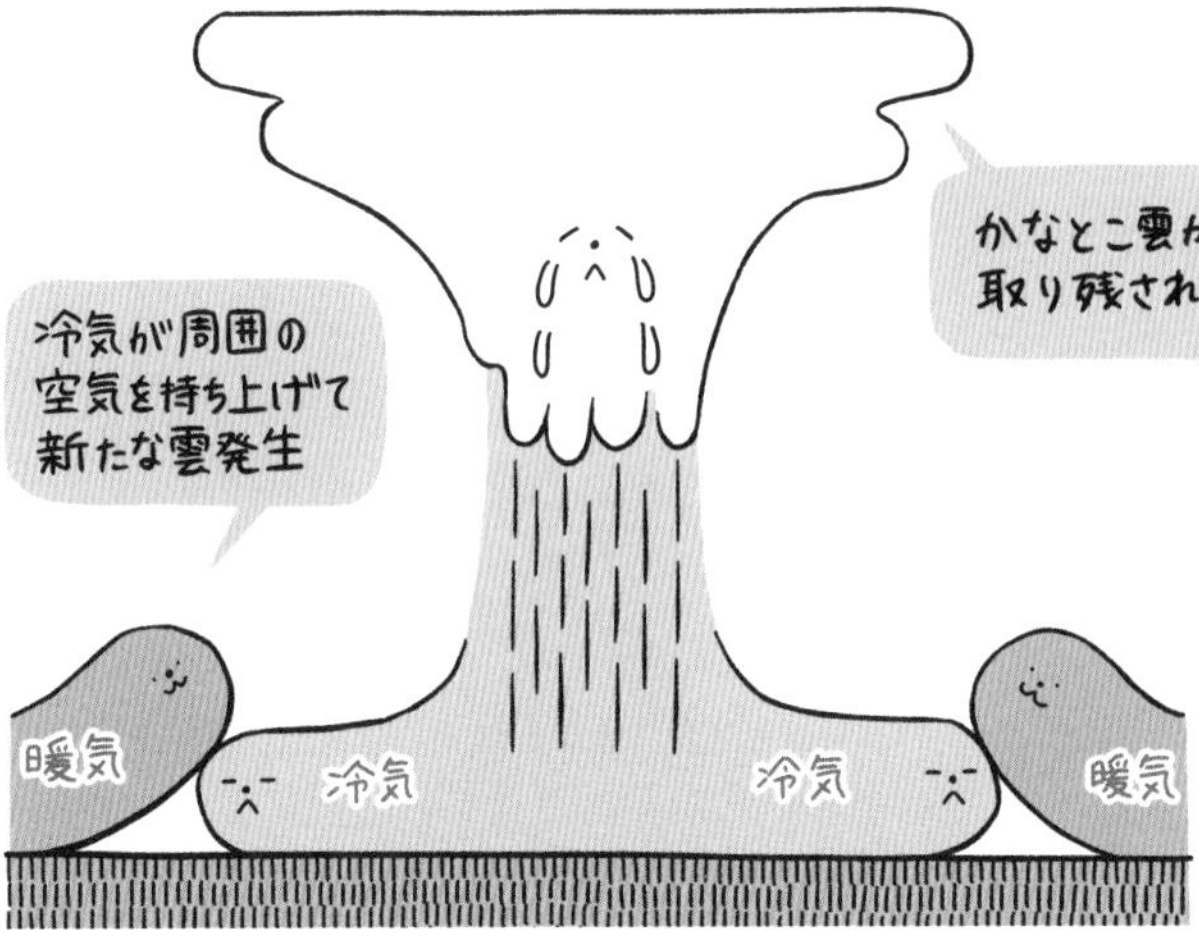

積乱雲の衰弱

なんでもできるわ！」と調子に乗って昇ってしまいます。ある程度まで昇っていくのですが、そのうち「上手くいきすぎて大丈夫かな……」と負の気持ちが生まれはじめ、案の定、壁にぶつかってそれ以上は昇れず「もうダメだ……」と負の感情に支配されて弱まっていくのです。

さらに、人間らしくて面白いのが、弱ったあとは後進を育成して次世代につなげていくところです。

積乱雲は水蒸気をもとにして生まれ、雨として地上に降り、地面に浸透したり蒸発したり海に行ったりして、また水蒸気となり、空を巡って、別の雲になります。これは仏教やインド哲学の「輪廻《りんね》転生《てんしょう》」を思わせます。

第2章

雲と遊ぶ、空を楽しむ

ラピュタと竜の巣

アニメの雲を楽しむ

日々空と向きあっていると、テレビや映画を見ても、本を読んでも、とにかく「気象」が気になってきます。とりわけ、スタジオジブリのアニメーション作品には空がよく出てくるため、気象への愛が溢《あふ》れ出ます。

たとえば、『天空の城ラピュタ』（宮崎駿原作・脚本・監督、東映）はとても興味深い作品で、その象徴となっているのが「竜の巣」という巨大な雲です。「竜の巣」は天空の城であるラピュタを覆っていて、侵入しようとする者を寄せつけず、弾き飛ばしてしまいます。主人公のパズーとシータが「竜の巣」へと向かう様子は、映画のクライマックスシーンの一つです。

私が「竜の巣」をつい気象学的に考察した結果、スーパーセルと呼ばれる「巨大積乱雲《せきらんうん》」であることが示唆されましたので、ここに報告します。

「竜の巣」に似た巨大積乱雲の一部

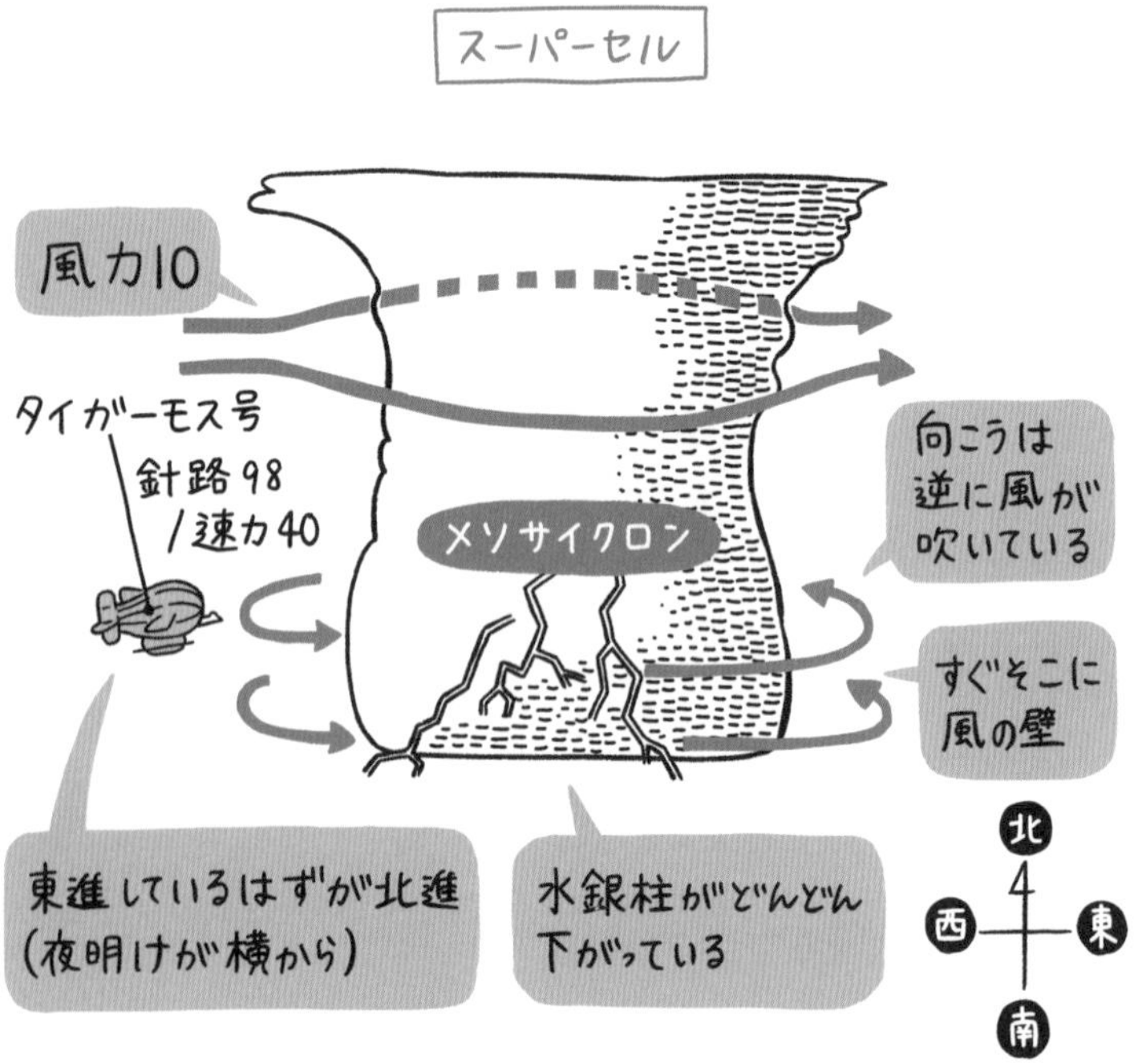
スーパーセル
風力10
タイガーモス号
針路98
/速力40
メソサイクロン
向こうは
逆に風が
吹いている
すぐそこに
風の壁
東進しているはずが北進
(夜明けが横から)
水銀柱がどんどん
下がっている
北
西
東
南

「竜の巣」の仕組み

「竜の巣」で特徴的なのは「雷活動を伴う」ことや「もくもくしていて背が高い」ことです。これだけで積乱雲の一種であることがわかりますが、注目したい映像的特徴や証言がいくつもあります。

「竜の巣」の正体

作品内に登場する飛行船「タイガーモス号」において、空中海賊ドーラが「風力一〇」という数値を口にすることです。この数値は、風の強さを分類する「ビューフォート風力階級」と推定できます。

「風力一〇」は、ストーム（全強風《ぜんきょうふう》または暴風）という階級で、風速が二四・五メートル毎秒以上～二八・五メートル毎秒未満の風が吹いていることになります。

作中では風向きについては言及されていませんが、「針路九八で速力四〇」という表現があるので、タイガーモス号は東に進んでいるということがわかります。さらにシータが「夜明けが横からくるなんて」といっているので、東に向かっていたはずが、何らかの気流の影響でいつの間にか北に向かっていたと理解できます。「水銀柱がどんどん下がっている」「どんどん引き寄せられている」という証言もあるので、タイガーモス号が高度を一定に保ったまま飛行していると仮定すれば、低気圧の中心に向かっていると考えられます。

敵の動向を把握するためグライダーのようなもので飛行船本体から離れていたパズーとシー

夕は、その後、巨大な雲「竜の巣」に遭遇するのです。

そこでは「逆に風が吹いている」「すぐそこに風の壁がある」という証言と映像資料があります。タイガーモス号は向かい風を受けながら飛んでいますが、そこでは逆向きの流れがあり、それは「竜の巣」の中にある低気圧の回転によるものだということです。つまり、積乱雲の中に小さな低気圧「メソサイクロン」があるということが示唆されています。

つまり、メソサイクロンの反時計回りの回転によって、タイガーモス号とパズーたちの乗るグライダーはスーパーセルの北側まで流されたのです。

タイガーモス号やパズーたちのグライダーが突入した「竜の巣」の中では、竜のような稲妻が光っています。それほどまでに雷活動が活発な積乱雲であれば、内部は霰《あられ》や雹《ひょう》のような電荷《でんか》が増えやすい粒子の多い環境になっているはずです（一二六頁）。

ただ、雨の表現はそれほど激しくはありません。霰や雹、もしくはそれらが融けた雨が強く降っているはずなのに、そうでもないということは、古典的な「スーパーセル」か「弱降水型のスーパーセル」である可能性が高いと考えられます。

この考察では、「竜の巣」の中心付近に雲がなく晴れているという状況を考慮していません。このような状況は、台風の「眼」（三〇三頁）を思わせますが、映像資料による雲の大きさから台風とは考えにくいです。その謎を思うと、楽しい想像がさらに広がっていきます。

ドラえもんと台風

映画『ドラえもん　のび太とふしぎ風使い』（藤子・F・不二雄原作、東宝）には、台風の子どもである「フー子」が登場します。映画版とマンガ『ドラえもん』（藤子・F・不二雄著、てんとう虫コミックス）の原作版「台風のフー子」では設定が異なる部分がありますが、いずれも気象学的に興味深い描写があります。

まず、フー子は暖かい空気を食べて育ちます。これは現実的な設定と描写です。実際、海から熱と水蒸気を供給されることで台風は発達します（三〇三頁）。

映画版と原作版のクライマックスで、フー子は凶悪な台風に立ち向かって嵐を鎮めようとします。原作版では超大型の台風とぶつかりあって消滅、映画版では敵の台風の反時計回りの回転と逆向きの渦《うず》を起こして消滅すると描写されています。

現実の空では同じようなことが起こるでしょうか。台風や熱帯低気圧が接近した場合、それらが干渉して通常とは異なる進路をとる現象があり、これを提唱した気象学者・藤原咲平《ふじわらさくへい》（一八八四―一九五〇）の名をとって「藤原の効果」と呼ばれています。

気象庁は、藤原の効果を「二つ以上の台風が接近して存在する場合に、それらが互いの進路に影響を及ぼすこと」と定義しています。この結果、台風が相対的に低気圧性の回転運動をする場合があるのです。

回転運動のためにぶつかりはしませんが、片方が弱まって取り込まれることはあります。実際、二〇二二年の台風第一一号は、弱まった熱帯低気圧の雲を取り込み、より発達しました。

この作品は、涙なくしては観られない感動作です。のび太が風を感じて「フー子はいつも僕のそばにいる」という台詞には、地球上での水が姿形を変えて循環していることも示唆しているように感じてしまいます。

アンパンマンと花粉

このように、雲が出てくるとつい気象学者の視点で考察してしまうため、何度も見直して考察を終えてから、落ち着いて鑑賞することが多くあります。

先日はアニメ『それいけ！　アンパンマン』（やなせたかし原作、日本テレビ）の太陽が気になりました。「花粉光環《こうかん》」（一五四頁）のような虹色がいつも出ているのです。雲もないのに光環が見えるのは、スギ花粉などの花粉光環しかあり得ません。アンパンマンたちは花粉症になっていないだろうか、と一人心配になってしまいました。

作品を気象学的に考察するということは、その作品を普通とは異なる観点で楽しめるということです。マンガ『鬼滅の刃』（吾峠呼世晴《ごとうげこよはる》著、集英社）でも、気象に直結する名前の技が多く、その言葉の背景知識を持っていると技のシーンの見え方も変わってきます。

気象は多くの作品で取り上げられているテーマなので、気象を知っておくと二度も三度も作品を楽しめて、いいことしかありません。

雲の心を読む

雲は上空の大気の状態を可視化しています。まず、空気が飽和することで雲が発生するため、雲のある空は湿度一〇〇パーセントであることが読み取れます。

雲が伝える空の状態

飛行機の後ろに伸びる「飛行機雲《ひこうきぐも》」も、空の湿り具合の目安になります。空気が乾燥していると飛行機雲はできないか、できてもすぐに消えてしまいます。飛行機雲が長く残るのは上空が湿っているときで、十分間以上空に残る場合には巻雲《けんうん》に分類されます。

長く残る飛行機雲からは、空がとても湿っている、つまり天気が崩れる可能性も読み取れます。前線や低気圧が日本の上空を吹く「偏西風」に乗って西からやってきているときには、上空からまず湿り、だんだん雲が厚くなって雨が降ります。これが「西から天気が下り坂」のと

並積雲（手前）と雄大積雲（奥）

きの空の変化です。

ほかにも、積雲《せきうん》の「もくもく」する度合いで空の状態がわかります。あまり上向きに成長せずにもくもくしているだけの「扁《へん》平積雲《ぺいせきうん》」であれば大気は安定しており、天気が崩れることはありません。

「味噌汁の「熱対流《ねつたいりゅう》」」（二三頁）で見たように、「下が熱くて上が冷たい」という温度差があると熱対流（セル状対流）が発生します。「扁平積雲」は、熱対流の上昇気流で生まれます。

平らになっているのは、雲の上部の高さに暖かい空気があり、成長を抑える蓋《ふた》になっているのです。十分間ほどのサイクルで発生と消滅を繰り返し、晴れが続くため、「好天《こうてん》積雲」とも呼ばれます。

大気の状態が不安定になり、雲が発達で

きるようになると、上方向にもくもくとした姿の「並積雲《なみせきうん》」になり、さらに「雄大積雲《ゆうだいせきうん》」に変化します。上部が平らな「かなとこ雲《ぐも》」を伴う「積乱雲」まで発達すると、天気が急変する可能性を読み取れます。

雲の粒の見分け方

雲を形作る粒子が水滴の場合には雲はもくもくしており、氷の結晶の場合にはだいたいなめらかな姿をしています。ただ、どちらなのかはっきりわからないような見た目の雲もあります。

雲が水と氷のどちらでできているのかを見分ける方法が、いくつかあります。

まずは彩雲《さいうん》です。太陽のすぐ近くにさしかかった雲が虹色に彩る場合には、その雲は水でできています。これは彩雲が水滴による光の回折《かいせつ》で生まれているからです。

一方、ハロやアークといった虹色の光が現れた場合には、そこには氷でできた雲があると判断できます。氷の結晶で生まれる光の現象は多くありますが、そのうちの一つに「太陽柱《たいようちゅう》」があります。

太陽柱はサンピラーとも呼ばれ、上空に氷の雲があるときに太陽の上下に光の柱が伸びて見えるものです。冬にしか見られないといわれることもありますが、実際には夏でも上空の低温な空に氷の雲が広がれば現れ、特に太陽高度の低い朝や夕方によく見られます。

太陽柱

　また、夜空に何本もの光の柱が現れ、話題になることがときどきあります。これは「漁火光柱《いさりびこうちゅう》」と呼ばれる現象で、夜間に漁船が魚を誘い寄せるために灯《とも》す漁火が光源となって氷の雲で光が反射し、柱のように輝いて見えるのです。

　このように、雲が光をどのように演出するかによっても、その雲がどんな状態なのかを知ることができます。雲は様々な方法で自分たちのことを私たちに伝えているのです。

流れを教えてくれる雲たち

　雲は、空で絶えず起きている「流れ」も可視化します。
　たとえば「波頭雲《はとううん》（フラクタス）」です。

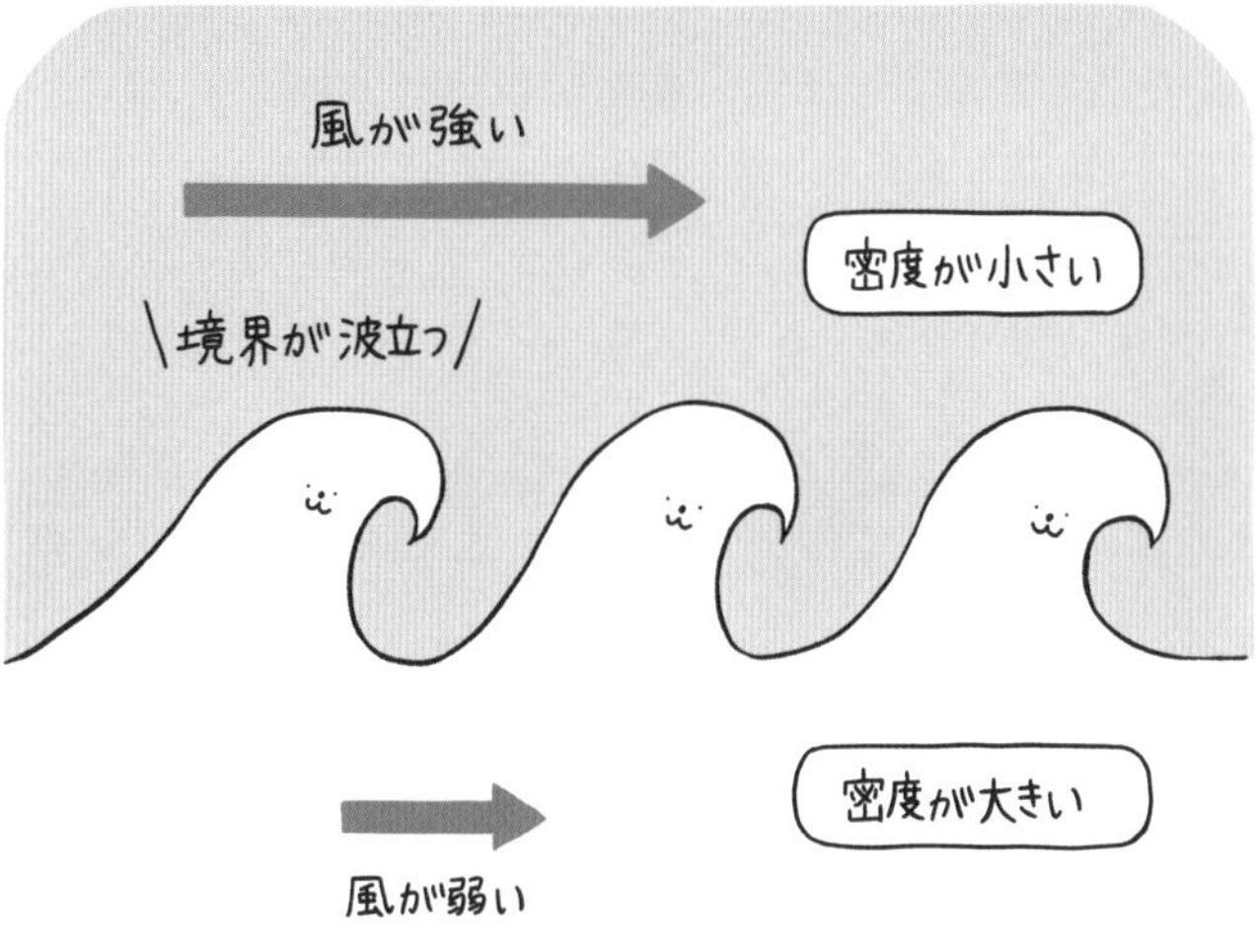

波頭雲（上）
ケルビン・ヘルムホルツ不安定の仕組み（下）

馬蹄雲

雲の上の部分が波打っているのは、密度の違う二つの空気の層（片方は雲の層）があり、両者の間で風速差が生じている場合に発生する「ケルビン・ヘルムホルツ不安定」の波を可視化しています。

短時間の現象なので見逃しがちですが、波の山が傾いている方向に風が強く吹いていることがわかります。

馬の蹄《ひづめ》のような形の雲「馬蹄雲《ばていぐも》」も、空の状態を教えてくれます。これは積雲が消えるタイミングで発生することが多くあります。内部に上昇気流と下降気流を持つ積雲が消えかかるとき、管状になった渦（馬《ば》蹄渦《ていうず》）に雲が取り残されると、渦が雲で可視化されるのです。

一瞬で消えてしまう寿命の短い雲なので、見かけたらすぐ激写するのがおすすめです。

寺田寅彦

阿部正直

気象衛星画像でもカルマン渦列《うずれつ》や波状《はじょう》雲《うん》など、雲の形で空気の流れがわかります。雲は「空の状態」を伝えるものです。雲が絶えず送っているメッセージを受け取り、空の情報を読み取れると、空の解像度が一段と高まります。

雲の伯爵

雲のメッセージを読み解こうと試みた、阿部《あべ》正直《まさなお》（一八九一―一九六六）という人がいました。

彼は伯爵家に生まれた元貴族でした。旧制高校入学前に日本アルプスを登山した際、一七・五ミリフィルムのカメラで雲を撮影していましたが、このときは雲の研究をするとは思っていませんでした。

阿部は八歳のとき、日本に初めて輸入された映画（活動写真）の発表会に父に連れられて参加してから映画撮影に興味を持ち、夢中になっていました。そのため自然現象に映画を利用したいと考えていたところ、物理学者の寺田寅彦《てらだとらひこ》（一八七八―一九三五）からの「雲の撮影をして研究したらいい。立体撮影も必要だ」とのアドバイスがあり、雲の研究を決意したのです。

そして御殿場に「阿部雲気流研究所」を自費で設立――富士山周辺の雲の研究をはじめます。当時まだ高価だったカメラやフィルムを使い、初めて複数の方向から雲を立体的に撮影するとともに、二十秒ごとのコマ落とし撮影も行い、雲の時間変化と場所の変化を観測したのです。

富士山によくかかる「笠雲《かさぐも》」や「吊《つ》るし雲《ぐも》」という雲について、阿部は一年を通して観測を行い、雲の形とその仕組みを調べあげました。その結果、富士山では二〇種類の笠雲、一二種類の吊るし雲があることがわかったのです。

笠雲は山頂が笠をかぶったような形の雲で、湿った空気が富士山の斜面を昇って降りる中で発生します。山を越える空気が波を作り、それが風下側の上空にも伝わって、山から離れたところに空から吊るされたような形で現れる雲が、吊るし雲です。

笠雲や吊るし雲はレンズ雲《ぐも》とも呼ばれ、ツルッとした見た目は上空が強風になっている証拠でもあり、天気が崩れるサインとしても読み取れます。雲や空を見ることで天気の変化を予想することは「観天望気《かんてんぼうき》」と呼ばれており、地元・御殿場では「山頂を覆う一つ笠は雨の兆し」「断続的に刻みをつけて東に流れる波笠《なみがさ》は風雨の兆し」として言い伝えられています。阿部の

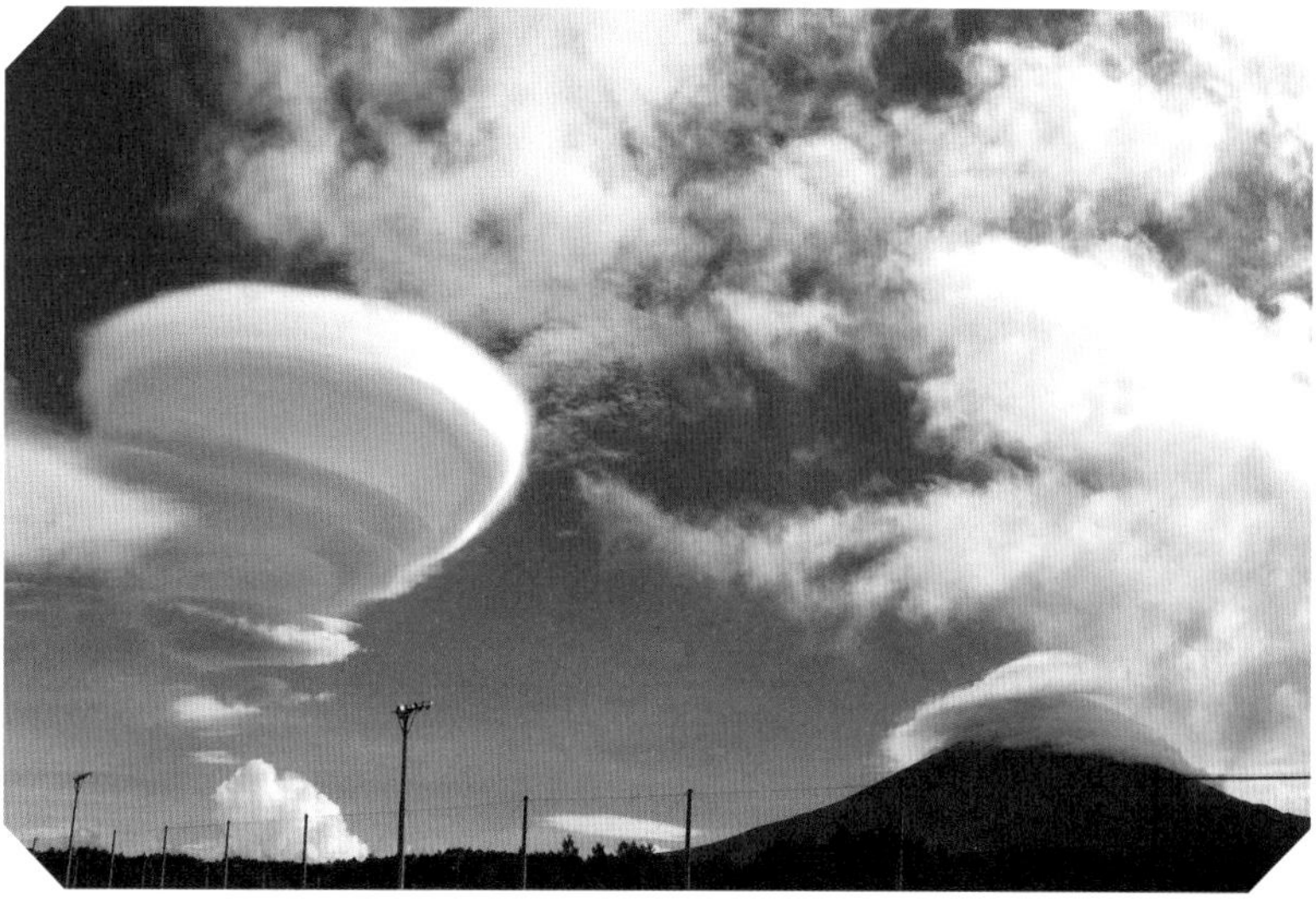

富士山の吊るし雲（左）と笠雲（右）

研究ののち、日本海低気圧によって湿った空気が南から流入することで笠雲が発生し、それから寒冷前線が通過して雨や風が強まりやすいことも、統計的に確かめられました。

阿部正直が御殿場で行っていた雲の研究はそうした意味でも非常に重要です。

その後の阿部は、気象庁の前身、中央気象台のトップだった藤原咲平からの「どうだ、気象台に入らないか」との誘いに、「入ってもよろしい」と答え、気象台の一員になります。

阿部はのちに、私が所属する気象庁気象研究所の初代所長に就任しました。初代所長が雲への愛に溢れた雲の伯爵だったという事実に、胸が熱くなります。

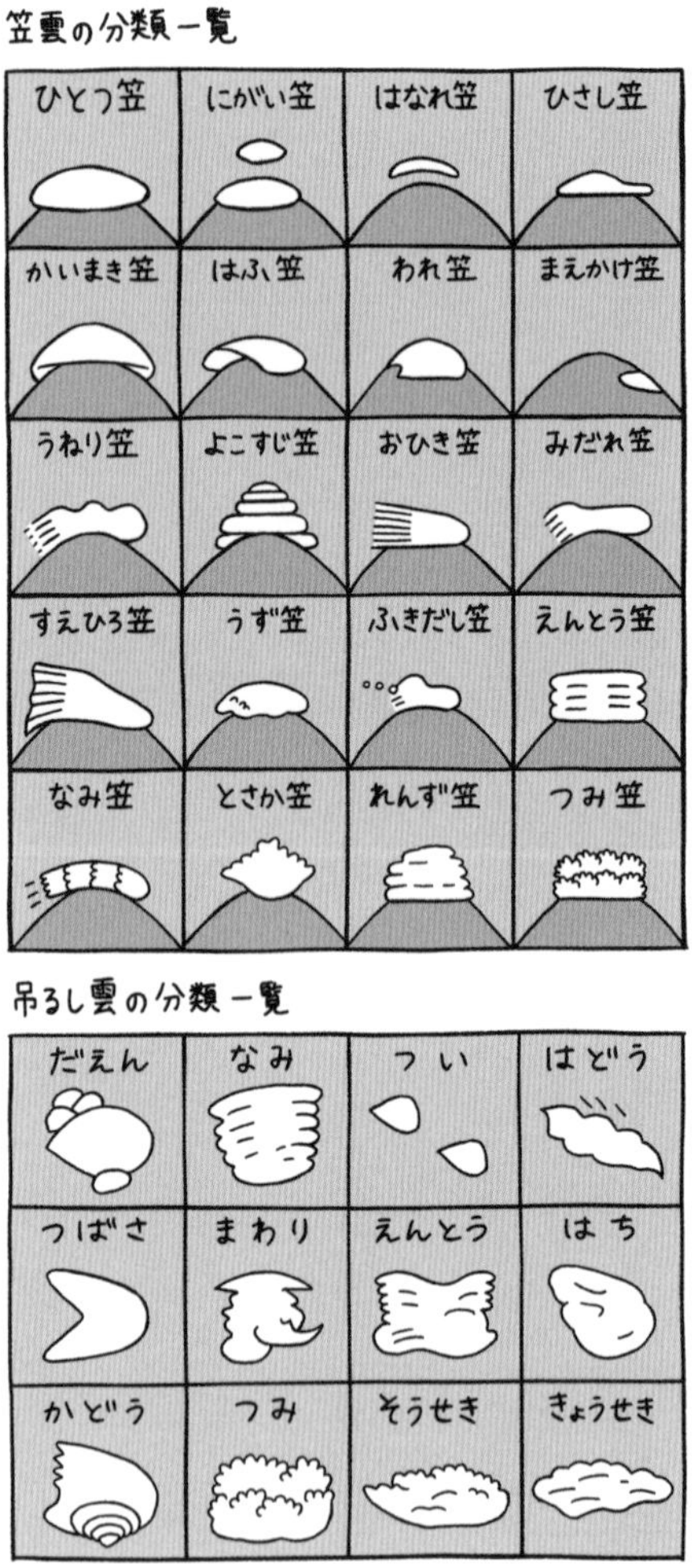
笠雲の分類一覧
ひとつ笠
にがい笠
はなれ笠
ひさし笠
かいまき笠
はふ笠
われ笠
まえかけ笠
うねり笠
よこすじ笠
おひき笠
みだれ笠
すえひろ笠
うず笠
ふきだし笠
えんとう笠
なみ笠
とさか笠
れんず笠
つみ笠
吊るし雲の分類一覧
だえん
なみ
つい
はどう
つばさ
まわり
えんとう
はち
かどう
つみ
そうせき
きょうせき

笠雲と吊るし雲の分類

個性的な雲たち

飛行機雲のパターン

空に悠然と伸びる飛行機雲――形成の仕組みにはいくつかのパターンがあります。
よくあるのは、飛行機のエンジンから出る排ガスによる雲です。飛行機がエンジンを燃焼させて排出する排ガスは非常に高温です。その一方で、上空の空気はとても低温です。氷点下二〇度以下の空に三〇〇～六〇〇度ものガスが放出されると、高温な空気が急激に冷やされ、排ガスに含まれていた粒子が核となって氷の雲ができます。この場合、エンジンの数だけ飛行機雲は現れます。

また、上空の空気が非常に湿っている場合には、飛行機の翼の後ろに幅の広い飛行機雲ができることがあります。飛行機が猛烈な速度で飛ぶことで翼の後ろに渦が生まれて、そこだけ気圧が下がります。すると空気が膨張することで温度が下がり、飽和して雲ができるのです。こ

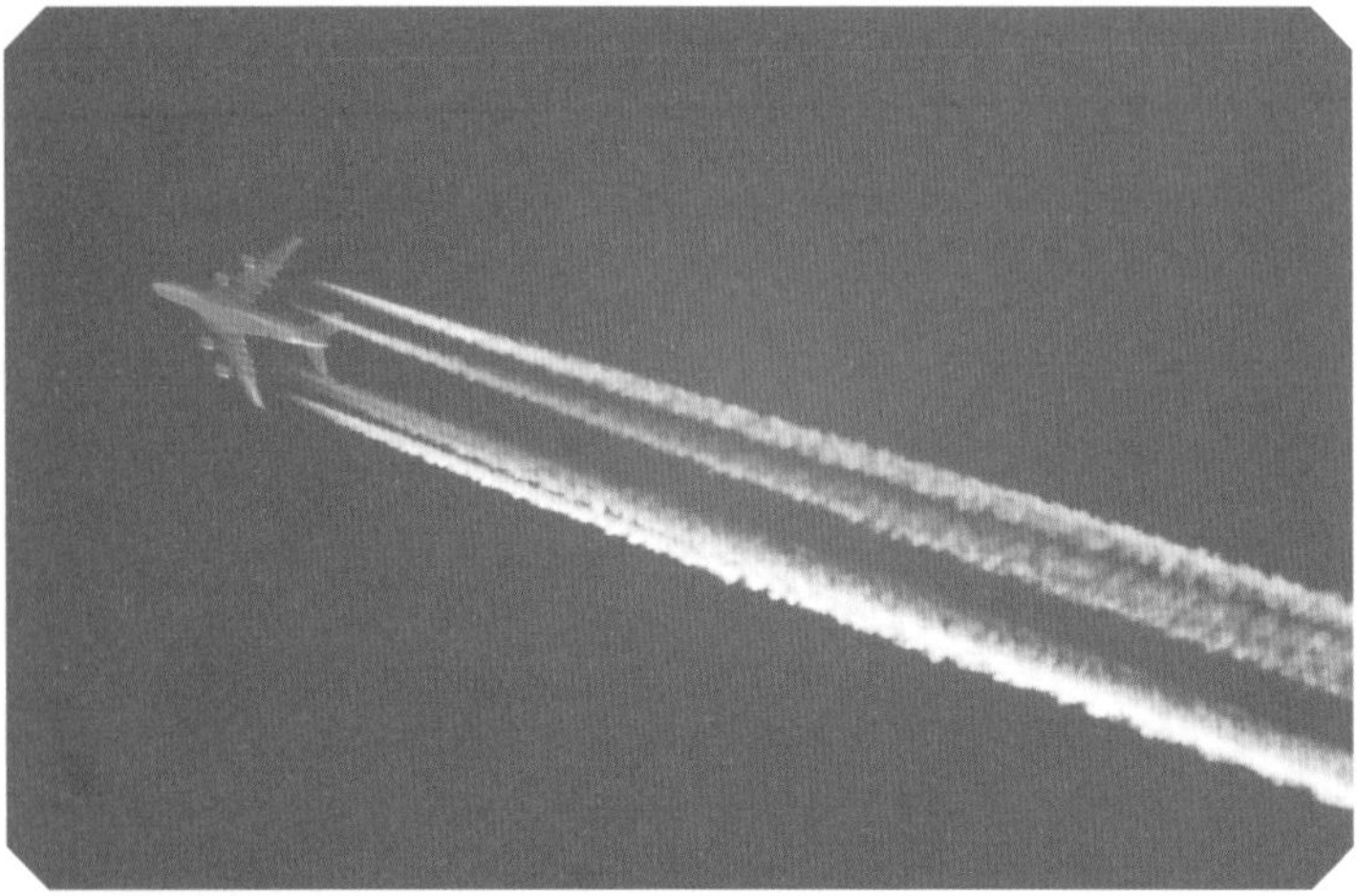

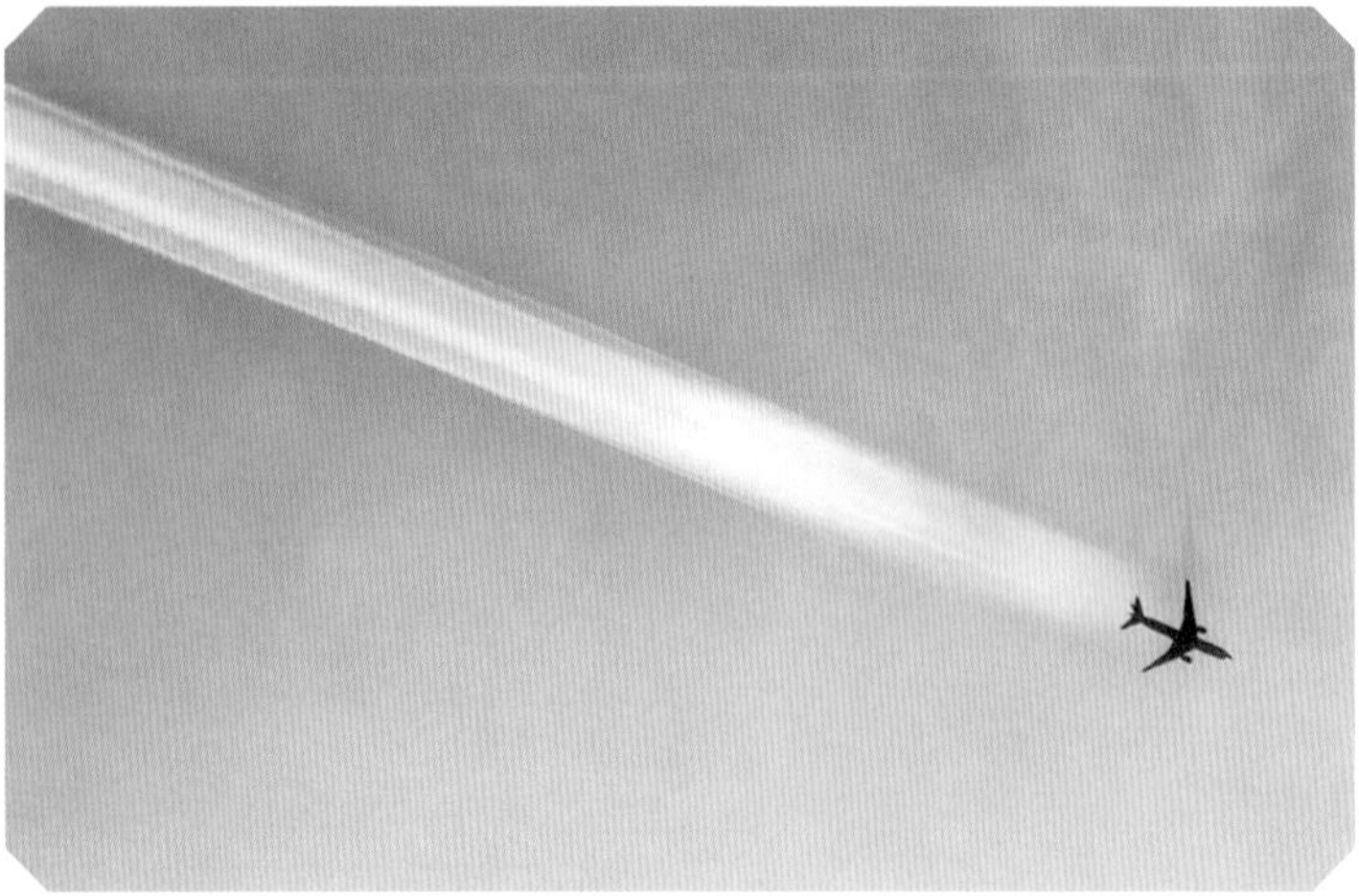

飛行機雲

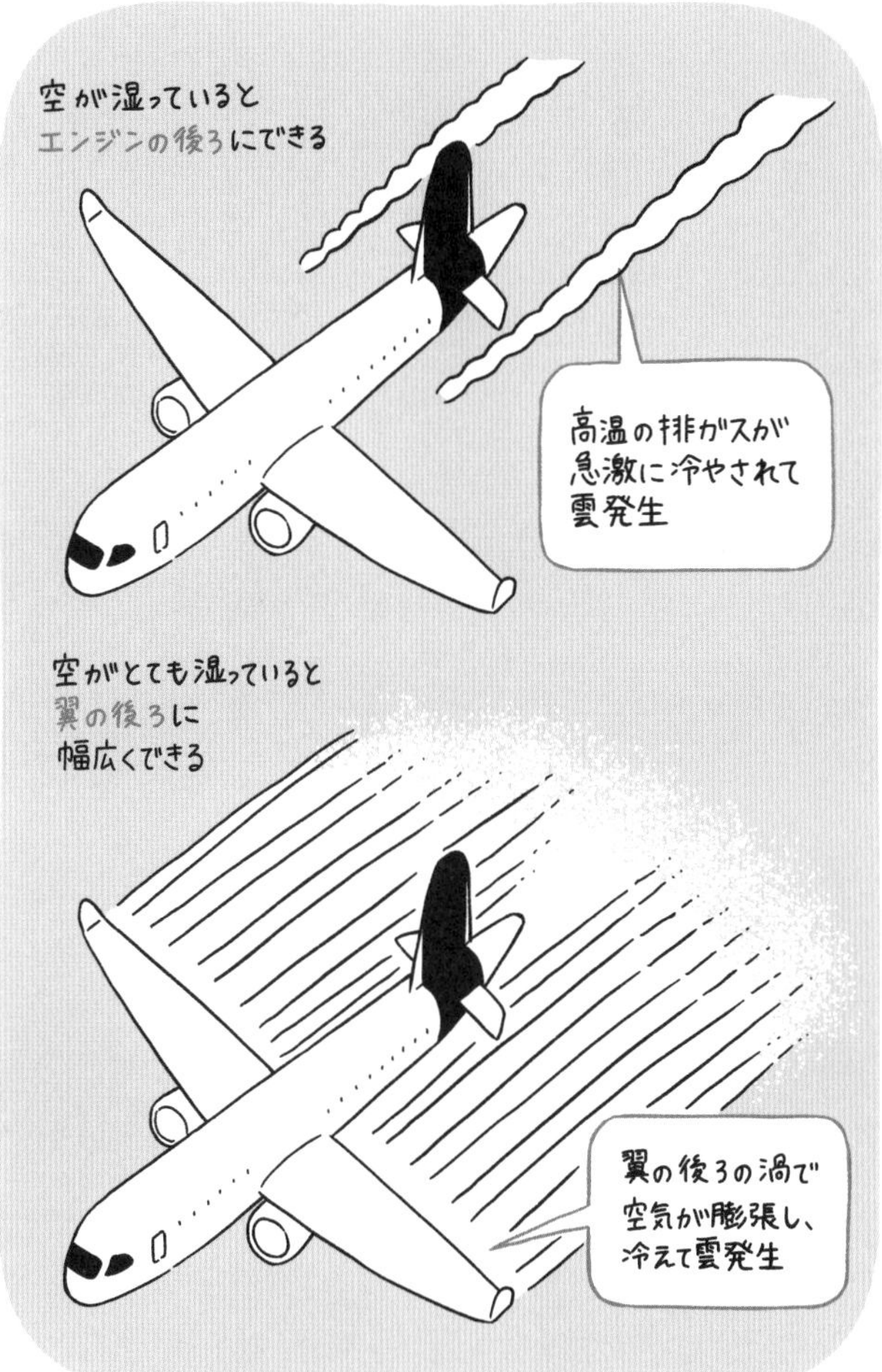

飛行機雲ができる仕組み

の場合の飛行機雲は過冷却の水の粒でできるため、彩雲が見られる場合もあります。

飛行機雲の中には、縦方向に昇っているように見える飛行機雲や、下に向かって落ちているように見える飛行機雲もあります。

遠くからこちらに向かって近づいてくる飛行機では「昇っているように見える飛行機雲」、こちらから遠ざかっていく飛行機では「落ちているように見える飛行機雲」ができます。自分が見ている方向と同じ向きに飛行機が近づいてくるか、または遠ざかっていく場合、飛行機雲の高さはほぼ一定にもかかわらず、このような見え方をするのです。

たまにエンジンの後ろでできた飛行機雲の一部が螺旋《らせん》状の形に見えることがあります。これは、翼付近で生まれた渦が雲にかかることが原因で、上空の風の乱れを反映しています。

まるで「彗星」？

春や秋の朝早く、日の出前に現れる飛行機雲は、美しく焼けることがあります。

高い空が適度に湿っていれば遠目には箒星《ほうきぼし》のようにも見えるため、「彗星《すいせい》を見た」と勘違いした人が天文台に問いあわせることもあるそうです。

飛行機が通ったあとに、まるで飛行機が雲を貫いたかのように航路の雲が消える「消滅飛行機雲」という現象もあります。エンジンから放出される熱い排ガスによって雲が蒸発する場合と、飛行機が雲を通過した際に周囲の乾燥空気と混ざることで雲が蒸発する場合、さらには、過冷却の水雲《みずぐも》（巻積雲《けんせきうん》や高積雲《こうせきうん》）の中で氷が成長して水滴が蒸発する場合に発生します。

消滅飛行機雲のように見える暗い線が、高い空に広がる薄い雲に映ることがあります。そんなときはその暗い線と平行な飛行機雲が、暗い線と太陽との間に見当たらないか探してください。そのような飛行機雲がなければ消滅飛行機雲の可能性が高いのですが、もし飛行機雲があれば、それは飛行機雲の影だと判断することができます。

飛行機雲には様々な種類があり見え方も多様なので、ぜひ注目してください。

燃えて生まれる

飛行機雲は人為的な要因によって生まれた「人為起源《じんいきげん》雲《ぐも》」の一つです。このほかにも、人為起源雲がいくつかあります。

たとえば、低い空が湿っていて、地上の大きな工場の煙突から煙が立ちのぼっているような場合です。高温になった煙は上昇気流に乗って空を昇り、煙に含まれる微粒子が核となって雲が発生するのです。

同じ仕組みで、大規模な野焼きや森林火災、火山噴火などの熱源に伴って局地的に雲が発生し、雄大積雲や積乱雲にまで発達することがあります。熱源で上昇気流が発生するとともに、煙が核として働いて雲粒《うんりゅう》が発生し、「火災雲《かさいうん》」が生まれるのです。

野焼きによる火災雲

ただし、乾いた空に煙が上がっても、雲はできません。また、ある程度空気が湿っていて雲ができても、雨を降らせるような雄大積雲や積乱雲が発達するためには、かなり高い空まで下の空気が持ち上げられる必要があります。つまり、大規模な森林火災や火山噴火などでないと、雨が降るほどの火災雲にはならないのです。

一九四五年八月、広島と長崎で原爆が投下されたあとに「黒い雨」が降ったといわれていますが、原爆レベルのすさまじい爆発が起こると、大量の煙が放出されますし、ものすごい上昇気流が高い空にまで及ぶため、雨を降らせる積乱雲が発達することも十分あり得ると考えられます。

人工降雨や人工降雪は「何もないところに雨や雪を降らせる」というものではあり

ません。雨を降らせるだけの水を蓄えてはいるけれどなかなか降ってこないというような雲に、ちょっと刺激を与えて降水量を多少増やすという「ウェザーモディフィケーション（気象改変）」は海外では実用化されており、日本では東京都の水道局が奥多摩町にある小河内《おごうち》ダムで実施しています。しかし、残念ながら、SF作品で出てくるように「干ばつで困っている土地で劇的に降水量を増やす」ことはできません。

最近では「ウェザーコントロール（気象制御）」について研究しているグループもあります。この研究を進めていく上では、技術的に可能かどうかということに加えて、倫理的・法的・社会的な課題の検討をすることが重要です。また、災害の軽減などの意図以外に気象・気候や環境への影響を考慮する必要もあり、今後どのように進展していくかに注目です。

滝と森と雲

雲は空だけでなく、意外なところでも見ることができます。

たとえば滝にできる雲、「瀑布雲《ばくふぐも》」です。滝で大量の水が下に落ちるときには、空気を引きずり下ろすので下降気流ができます。その引きずり下ろされた空気を補うために、すぐ近くには逆向きの上昇気流が生まれます（補償流《ほしょうりゅう》）。片手を伸ばして、もう一方の手を少し離して上から下にすばやく下ろすと、掌《てのひら》に下から、ふわりと風が上がるのを感じませんか。これが補償流です。

瀑布雲

そのようにしてできた上昇気流が、滝壺の「しぶき（水滴）」を巻き上げて「瀑布雲」が生まれます。しぶきが巻き上がったものは層雲《そううん》に分類されますが、上昇気流が強いと積雲ができることもあります。規模の大きな滝や、ダムの放流でも発生します。

雨上がりの森で出会いやすいのは、木々から立ちのぼるように見える「森林雲《しんりんぐも》」です。森林では樹木からの「蒸発散」によって水蒸気が空気中に放出されます（二九頁）。

もともと湿っているところに水蒸気が供給されると、空気が飽和して雲ができるのです。この雲は十種雲形では層雲に分類され、霧の一部のような姿をしています。

緑の豊かなところでモヤッとした雲が立ちのぼるのを見かけたら、「森林雲」だと考えてください。

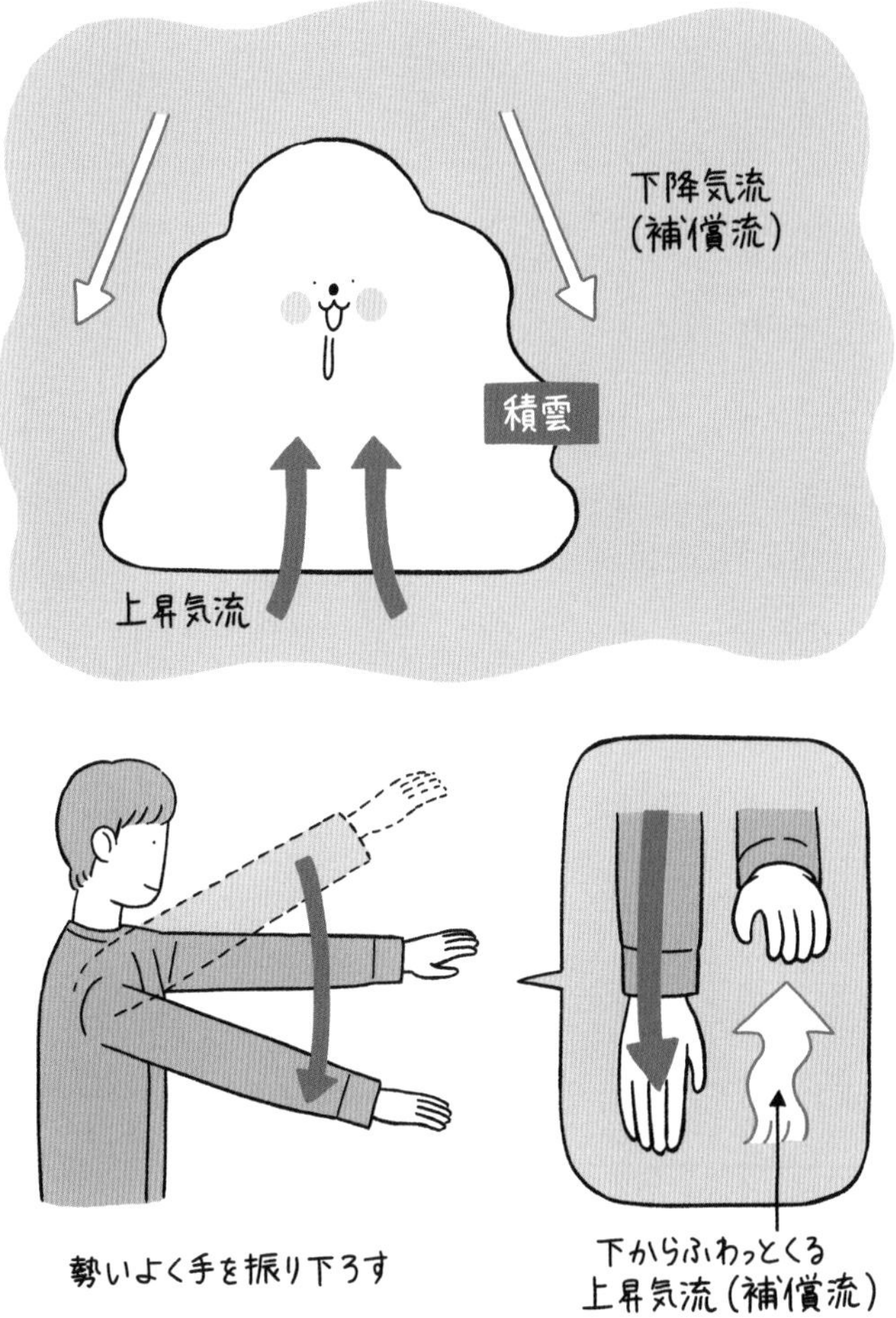
下降気流
（補償流）
積雲
上昇気流
勢いよく手を振り下ろす
下からふわっとくる
上昇気流（補償流）

補償流の仕組み

空を美しく撮るために

スマートフォンの発達で、手軽に美しい空の写真が撮れるようになりました。まずおすすめしたいのは「ズーム撮影」です。

美しい空にズームする

たとえば虹は、自分が見ている特定の位置に現れます。空の見かけ上の大きさを「視角度《しかくど》」といい、ある地平線からちょうど反対側の地平線までは一八〇度です。虹は、対日点《たいじつてん》を中心に視角度四二度の位置に円状に現れるため（一三九頁）、影と同じで追いかけても追いつけず、私たちが虹の麓《ふもと》にたどり着くことはできません。しかし、高倍率ズームのできるカメラを使えば、美しい虹の麓を簡単に捉えられます。

巻積雲や高積雲に現れる彩雲は、建物などで太陽をギリギリ隠して撮影すると、美しい一枚に仕上がります。ただ、彩雲が彩る範囲は広くはないため、ズームして虹色の部分だけを切り

虹の麓

取れば、絵画のような美しい写真が撮れるのです。

スマホで撮れるタイムラプス

次に、スマートフォンの「タイムラプス撮影」です。

これは一定の時間間隔で連続撮影した写真をつないで動画にする低速度撮影の機能で、百円ショップで売っているスマートフォン用の三脚にスマートフォンを固定して空を撮ると、雲や空の移り変わりを撮影できます。

たとえば晴れた日の積雲も楽しいです。日中は地面が熱くなって熱対流が発生し、積雲が湧いたかと思えば、上空の西風に乗った巻雲が広がって太陽光が遮られると熱対流がおさまり、あんなに湧き立っていた雲がピタッと現れなくなる――このように理科の教材に使えそうな動画もタイムラプスで手軽に撮影できるのです。

タイムラプスの映像からは、雲たちがいかにダイナミックに動いているかがよくわかります。新海誠作品のアニメーション映画に出てきそうな空を簡単に撮れますので、ぜひお試しください。

スロー撮影と稲妻

スマートフォンの「スロー撮影」についても紹介しましょう。スロー撮影で注目したいのが「雷」です。

そもそも雷とは、雲と雲の間で起こる放電（雲放電《くもほうでん》）や、雲と地上の間で起こる放電（対地放電《たいちほうでん》）により、光と音が発生する現象のことで、積乱雲で発生します。光と音を伴う放電現象は「雷電《らいでん》」、雷の音は「雷鳴《らいめい》」、雷の光は「電光《でんこう》」や「稲妻」と呼ばれます。スロー撮影では、一瞬で消えてしまう稲妻の詳細を捉えることができるのです。

積乱雲の内部の氷の粒が互いにぶつかりあうことで電気を帯び、夏の雷では「＋《プラス》、－《マイナス》、＋」の三極に分かれて電荷の偏りが生じます。

この「三極構造《さんきょくこうぞう》」は電荷が偏って不安定なので、積乱雲としてはできれば中和したい構造です。なんとかしようと、まず中央付近のマイナスの電荷を帯びた降水粒子が下に落ち、雲の

電光（稲妻）

下部のプラスの電荷を中和します。すると、「＋、－、＋」だった構造が「＋、－」という状況になります。

雲の底のマイナスの電荷が「前駆放電《ぜんくほうでん》（ステップトリーダー）」として、「進んでは止まる」を繰り返して枝分かれしながら、地上に向かって電気の通り道を探ります。

そこへ地面からも正の電荷が集まってきて、「放電経路」がつながります。すると途端に地上から雲に大量の電気が流れ（帰《き》還雷撃《かんらいげき》、リターンストローク）、その後、同じ経路を雲から地上に向かう「ダートリーダー」が流れるのです。

帰還雷撃とダートリーダーを短時間のうちに何度も繰り返して、雲の中の電荷は中和されていきます。これが夏の落雷の仕組みです。

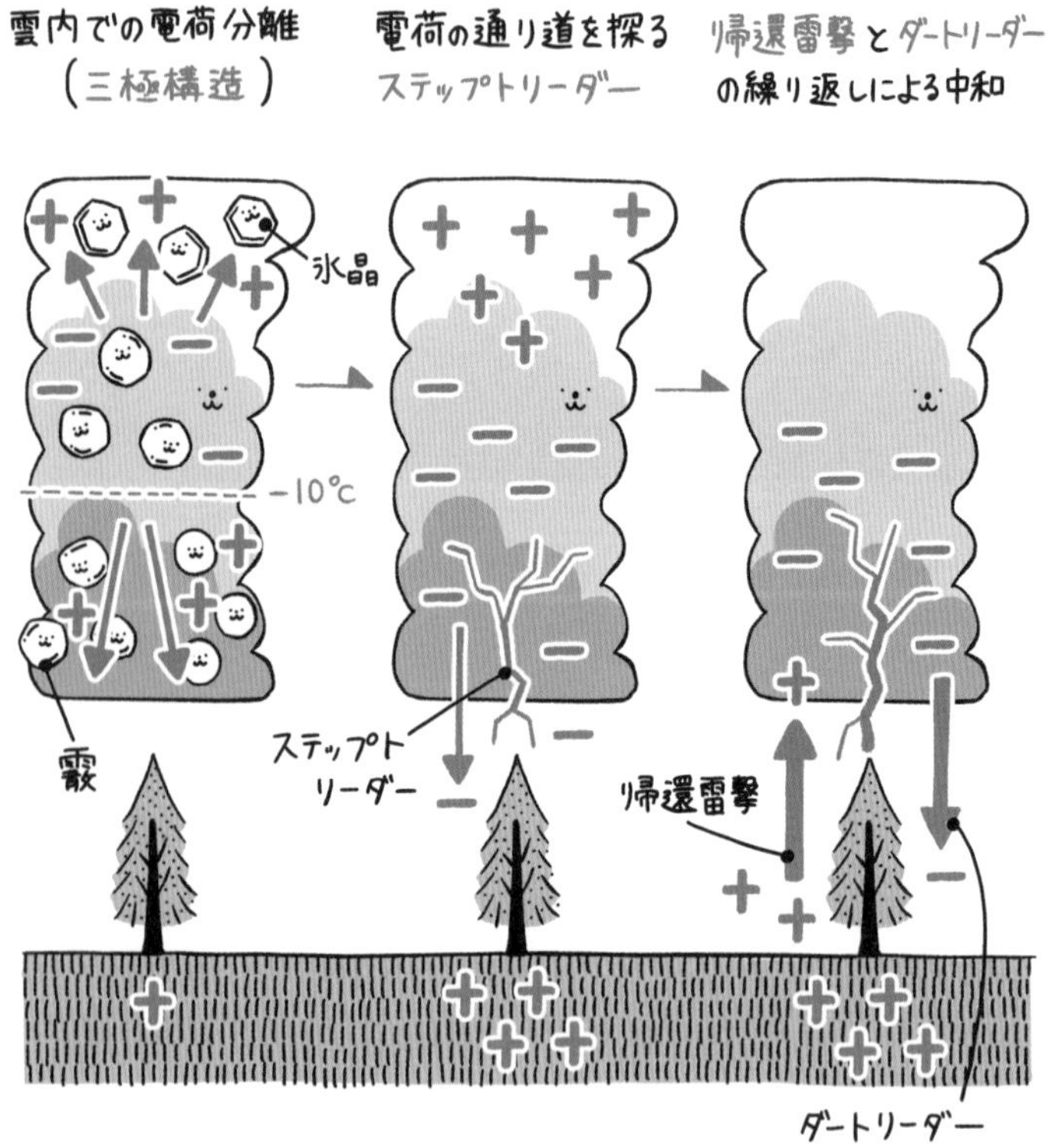

雲内での電荷分離
(三極構造)
電荷の通り道を探る
ステップトリーダー
帰還雷撃とダートリーダー
の繰り返しによる中和
氷晶
−10℃
霰
ステップト
リーダー
帰還雷撃
ダートリーダー

雷の仕組み

雷の放電の中には、実際に地上から上空に向かって伸びていく雷もあります。まるで木の枝が伸びていくように見えることから「雷樹《らいじゅ》」とも呼ばれています。このような上向きの雷放電は鉄塔などの高い場所から発生し、夏には全体の一パーセントほどですが、冬によく見られ、特に冬の日本海側の地域で発生しやすい現象です。インターネットで「upward lightning」と検索すると、美しい雷樹の映像をご覧になれます。

一回の落雷にかかる時間は、わずか〇・五〜一秒です。極めて短時間のうちに、電気が地上と雲を何度も行き来しているのです。一瞬の出来事ですが、スロー撮影することでその一部始終を確認できます。

気象観測は……

雷の研究をしている同僚にスロー撮影動画を見せると「スマートフォンで撮れるんですか！」と興奮していました。超スローモーション撮影のできる特殊なカメラでなければ雷は捉えられないと思われていたようです。

雷の観察といえば、雷までの距離を簡単に計算することができます。光の速さは約三〇万キロメートル毎秒であるのに対し、音の速さは約三四〇メートル毎秒です。音は三秒で約一キロメートル進むため、電光が見えてから雷鳴が聞こえるまでの秒数を三で割ると、落雷場所までのだいたいの距離（キロメートル）がわかります。気象庁ウェブサイト「雨雲の動き（ナウキャス

ハート形に見える吊るし雲

ト）」で雷の発生状況がわかるので、答えあわせができます。建物内などで安全を確保した上でお試しください。

気象観測はタイミングが命です。空を観察していると、思いがけない現象にも出会います。そうした瞬間にスマートフォンがあれば、すぐに撮影ができるので便利です。SNSでは面白い形の雲や、科学的にも貴重な現象を間近で撮影されている方もいて、本当にすごいと感じます。

ただし、積乱雲関係の雲など、災害につながる現象もあります。危険を感じたら直ちに撮影をやめて、安全な場所に避難しましょう。

人間性の回復

私は「#人間性の回復」というハッシュタグをつけて、SNSに地球の朝焼けや夕焼けの写真をたまに投稿しています。とにかく美しく、疲れた頭と心が癒されます。

地球の朝焼け

気象庁の静止気象衛星「ひまわり」の画像は、リアルタイムで国立研究開発法人情報通信研究機構（NICT）の「ひまわりリアルタイムWeb」というウェブサイトで公開されており、二〇一五年七月以降のデータを閲覧できます。ひまわりは、赤道の上空約三万六〇〇〇キロメートルにあり、地球の自転と同じ速度で地球を周回しているため、日本を含む半球の同じ場所を連続的に観測しています。

ウェブサイトでは気象衛星が捉える地球全体の画像が十分ごとに、日本付近は二・五分ごとに見られます。積乱雲が急発達する様子や、北海道の流氷の動き、雲の流れまで確認できます。

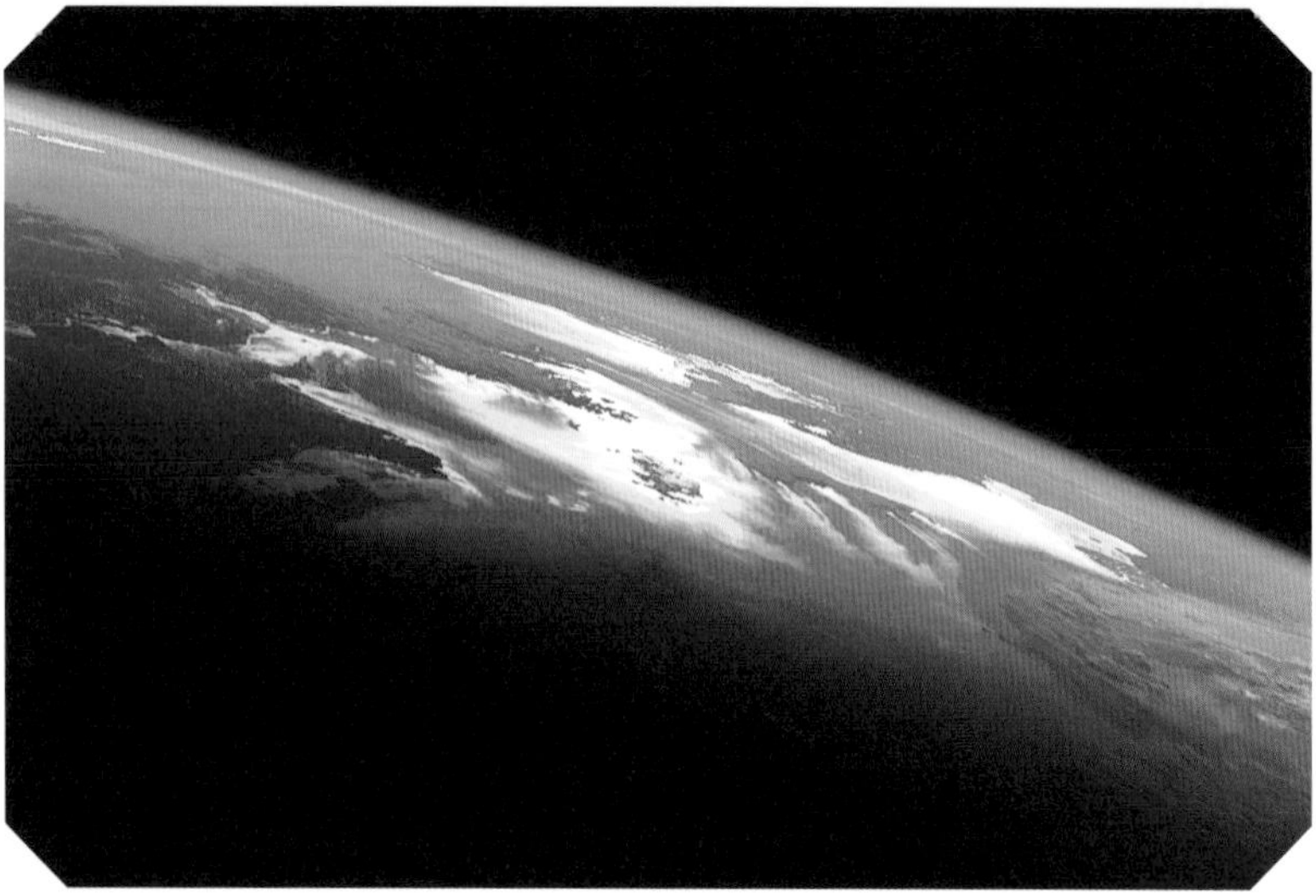

＃人間性の回復

気象衛星画像で雲を見ると、雲の動きだけでなく、雲が可視化する大気重力波《たいきじゅうりょくは》も手に取るようにわかります。この宇宙からの視点はいわば「神の視点」で、それを誰もが手にすることができるのです。

高解像度で空を楽しむ

静止気象衛星よりもさらに高解像度で見えるのが、極軌道《きょくきどう》気象衛星の画像です。

静止気象衛星に比べてずっと低い位置、高度数百キロメートルを北極・南極を結ぶ軌道で回っている衛星です。同じ場所は一日二回程度しか通りませんが、高度が低いため細部までよく見えます。

アメリカ航空宇宙局（ＮＡＳＡ）の

黄砂の様子

「NASA Worldview」というウェブサイトがおすすめで、様々な種類のデータを確認できます。

たとえば、エアロゾルやダストの濃度もありますし、熱源を示すデータを選べば工場や森林火災など熱源の位置もわかります。

人間が目で見た色を再現したトゥルーカラー再現画像はひまわりでも提供されていますが、極軌道気象衛星は何といっても解像度が高いので、燃えている場所から広がる灰色の煙も鮮明に確認できます。

ゴビ砂漠やタクラマカン砂漠で低気圧が発達し、強風で砂が上空まで巻き上げられ、偏西風に乗って日本付近まで運ばれる「黄《こう》砂《さ》」の発生や、大雨のあとに土砂が河川から海へと流れる様子、冬にオホーツク海を南下する流氷なども確認できます。

徹夜するほど仕事が忙しくなると空さえも眺められない日が増えます。そんなとき、美しい地球の気象衛星画像を見て癒しを得るのが、私の小さな楽しみです。「＃人間性の回復」は、文字通り私自身が精神衛生上、必要としている投稿なのです。投稿を見かけたら、察してあげてください。

見上げた空を宇宙から確認

ふと見上げた空に、見たこともないような不思議な雲を見つけたときには、ぜひ「ひまわりリアルタイムWeb」でその雲を探してみてください。

雲を見た時間と場所をズームアップすると、その雲がどこからきて、どうしてそのような形をしていたのかがわかる場合があります。見上げた雲を宇宙から見下ろした視点で確認できるのです。

気象衛星画像をよく見ると、面白い現象に出会えることもあります。「SNSで、関西で不思議な雲が話題になっていたな……」と気象衛星画像で調べると謎が解ける場合もあるのです。「地上」と「宇宙」の両方から空の情報を得る楽しさをぜひ一度体験してください。

第3章

虹や
彩雲や
月を愛でる

虹で遊ぶ

雨上がりの空にかかる美しい虹——虹が生まれる仕組みを知るには、まず光の仕組みを知ることからはじめましょう。

可視光線のグラデーション

太陽から地球には絶えず「電磁波」が降り注いでおり、私たち人間の目で認識できる波長の電磁波を「可視光線《かしこうせん》」といいます。可視光線は、波長の短いほうから紫、青、緑、黄、橙《だいだい》、赤という色を持っています。

光は普通真っ直ぐ進みますが、水面や密度の違う空気の層を通るときは折れ曲がります（屈折）。このとき、可視光線は波長によって屈折の度合いが異なり、波長の短いものは大きく曲がり、波長が長くなるにつれて曲がり方が緩やかになります。この曲がり方の違いによって、色が分かれるのです。

虹

虹は七色？

日本ではよく「虹は七色」と表現され、七色では紫と青の間に藍《あい》が加わります。私が気象資料提供で協力したNHK連続テレビ小説『おかえりモネ』の主題歌も「なないろ」でした。世界で最初に虹の七色を唱えたのは「万有引力の法則」で有名なアイザック・ニュートン（一六四二―一七二七）だといわれています。

一六六六年、ニュートンはガラスプリズムを使用して、「太陽光がどのように分散するか」を実験しました。その結果、太陽光は七色の光が集まったものであり、光の色によって屈折する角度が違うことを導き出したのです。

しかし、「虹は七色」というのは、世界

ニュートンの実験

共通の認識ではありません。地域や国、文化によって、虹の色の数は異なります。ドイツでは五色（青、緑、黄、橙、赤）、アメリカでは六色、台湾の一部では三色（紫、黄、赤）とされています。インドネシアの一部では四色（青、緑、黄、赤）、アフリカには八色（紫、藍、青、緑、黄緑、黄、橙、赤）、南アジアには二色（黒、赤）としている地域もあるそうです。

地域や国によって出現する虹の色数が異なるわけではありません。色を表現する語彙《ごい》など「文化的な理由」が大きいようです。私は、国立天文台が編纂《へんさん》する『理科年表』に従い、六色と紹介することが多いです。

虹はどこに現れるのか

虹は、円弧状の虹色の光の帯のことです。

虹が見える仕組みはこうです。太陽を背にして自分の影が伸びた先端部分、太陽と真逆の地点（対日点《たいじってん》）を中心に、虹は円形に発生します。日中、太陽が空に昇っている時間帯の場合、対日点は地平線より低い位置にあるため、私たちが地上で目にする「虹」は円の上部だけで、それが架け橋のように見えているのです。

このため、虹の姿は太陽高度によって変わります。お昼前後で太陽高度が高いと円形の虹の頂上だけが地上に現れ、低い空に虹が見えることがあります。また、朝や夕方などで太陽高度が低く、太陽が地平線の近くにいるときの虹は、対日点も地平線のすぐ下になるため、半円に

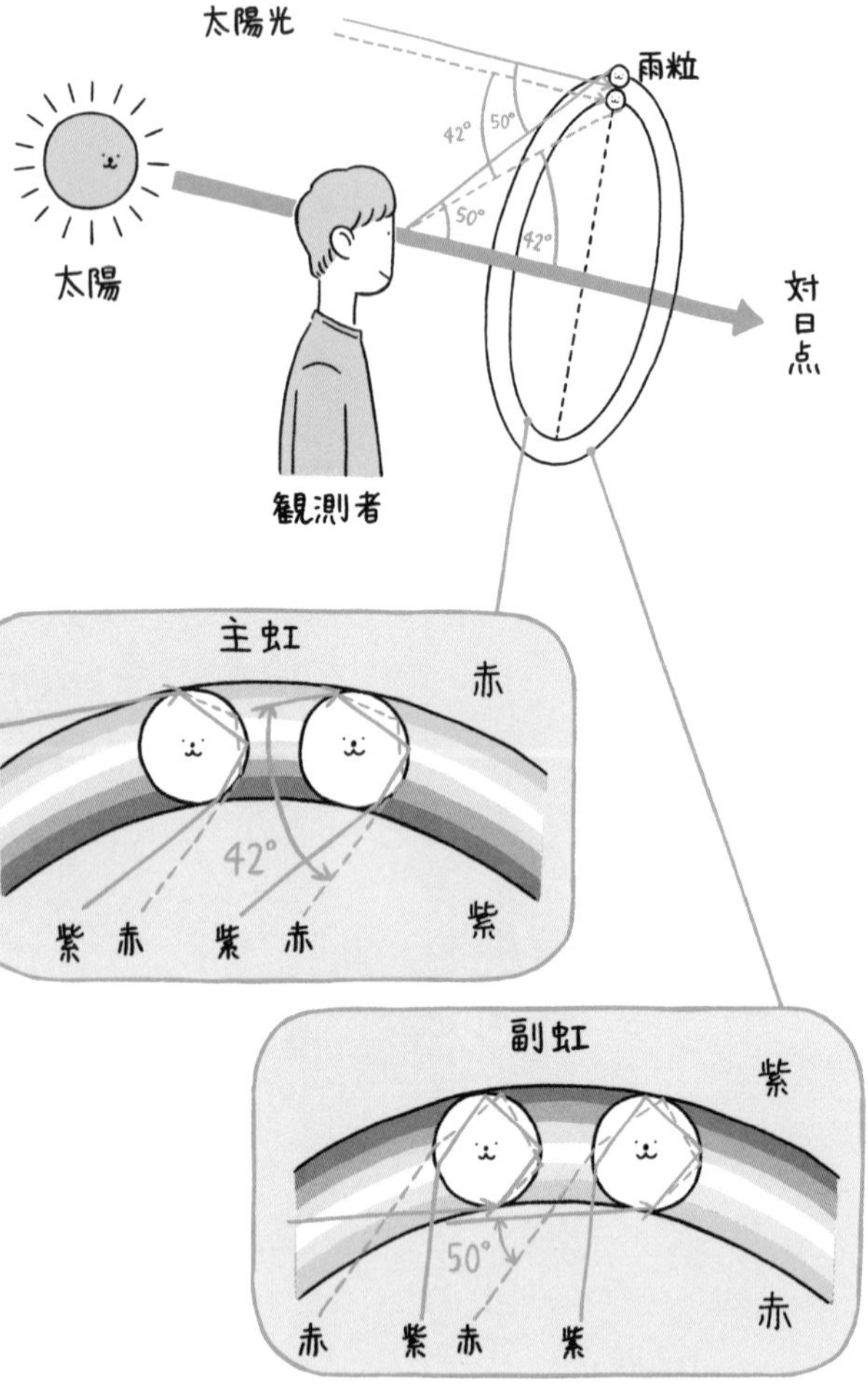
太陽光
雨粒
42°
50°
50°
42°
太陽
対日点
観測者
主虹
赤
42°
紫
紫 赤 紫 赤
副虹
紫
50°
赤
赤 紫 赤 紫

虹の仕組み

近い形になります。

虹の発生に重要なのが、太陽と反対側の空で雨が降っていることです。雨粒、とりわけ球形に近い丸い雨の粒に上から光が入ると、屈折が起こり、光が虹色に分かれます。屈折した光はそのまま雨粒の中を進んで内部で反射し、外に出るときにもう一度屈折して、さらに虹色に分かれていきます。もちろん雨粒は一つではありません。無数の雨粒が関わりあうことで、分けられた光が私たちの目に届き、虹が出現するのです。

もっともよく見える「主虹《しゅこう》」は、外側が赤、内側が紫の順に色が並びます。主虹が現れるのは視角度《しかくど》で対日点から四二度の位置です。

ときには同時に二本の虹が現れる「ダブルレインボー」に出会える場合もあります。主虹の外側にやや薄く現れる虹が「副虹《ふくこう》」です。副虹は対日点から五〇度の位置に発生し、色の並びが主虹の逆になっています。

これは、雨粒に光が入る際の向きが逆だからです。主虹は雨粒の上側から光が入って下側から外に出てきますが、副虹では下側から光が入り、上側から出てきます。光の屈折によって虹色に分けられる向きが逆になるので、虹の色の並びも逆になるというわけです。

また、副虹では、雨粒の中に入った光は二回反射するために弱まりやすく、主虹に比べるとやや暗くなっています。副虹と出会える可能性が高いのは、空に広がる雲などの障害物がなく、太陽の光が強いときです。広範囲の空に薄雲《うすぐも》がかかっているときなど、太陽の光がさほど強く

太陽高度が高いときの低い空の虹（上）
太陽高度が低いときの半円に近い虹（下）

ないときには、副虹を目で確認するのは難しく、主虹だけが見えるようになります。

主虹の内側や副虹の外側には光が集まりやすいため、空も周囲より少し明るくなるのに対し、主虹と副虹の間は空本来の明るさのままなので、周りと比べて少し暗く見えます。

これは、発見者であるローマ帝国期のアフロディシアスの哲学者アレクサンドロス（二―三世紀頃）の名前にちなんで、「アレキサンダーの暗帯《あんたい》」と呼ばれています。

こうした虹の自然現象については、古代ギリシャの哲学者アリストテレス（前三八四―前三二二）が観察を通して説明し、著書『気象論』に記しました。さらにフランスの哲学者のルネ・デカルト（一五九六―一六五〇）は、『方法序説』という本の中の「気象学」で虹を取り上げ、水を入れたガラス管を水滴に見立てた実験において、主虹と副虹の視角度を算出し、虹のできる仕組みを解き明かしています。

ルネ・デカルト

虹に会いに行く

虹は偶然にしか出会えないものと思われがちですが、実は少しのコツをつかめば、自分から狙って出会えます。

まず、朝や夕方に太陽と反対側の空で雨が降っているときを狙うのが重要です。

天気予報で「大気の状態が不安定」とあり、朝や夕方に積乱雲《せきらんうん》が局地的に発生・発達しているときは、虹に出会えるチャンスです。夕立や通り雨、晴れ間が見えているけれど雨が降っているような、天気雨が狙い目です。

そして、「視角度」を目印にしましょう。

主虹は対日点から四二度、副虹は五〇度という視角度を意識しておくと便利です。腕を真っ直ぐ空に伸ばしたとき、掌《てのひら》一つぶんで二〇度ちょっとになります。視角度を意識して、太陽と反対側の空のどのあたりに虹が現れそうか気にすると、出会える確率が高まります。

さらに、レーダーの情報を駆使すると、虹と出会う確率がより高まります。

ウェブで「ナウキャスト」と検索すると、気象庁の「雨雲の動き」というレーダーの情報にアクセスできます。レーダーの情報で雨雲の位置や動きを確認すると、いつ雨が降りそうかや雨雲が抜けるタイミングも見計らうことができます。

雨雲が抜けて、太陽と反対の方向で雨が降っているときに空に注目してください。

過剰虹

重なる虹を楽しむ

主虹や副虹以外にも、面白い種類の虹がいくつもあります。

普通の虹よりも色が濃くて太く、虹色が繰り返されている――これは「過剰虹《かじょうにじ》」です。主虹の内側や副虹の外側が何重にも重なるため、色が濃く太く見えます。

過剰虹は特に光が強いとき、そして雨粒が細かく均等な大きさのときに現れます。一つの雨滴に二つの光が少しだけずれて入った場合、雨滴から出る際に重なる部分ができることがあります。

光は波の性質を持っているので、二つの光の波の山と山が重なるところでは強めあい、山と谷が重なるところでは弱めあうため、縞《しま》模様の光になります。この縞模様はお互いに干渉しあっているため「干渉縞《かんしょうじま》」と呼ばれています。過剰虹はこの干渉縞として現れるため、「干渉虹《かんしょうにじ》」とも呼ばれます。

赤い虹、白い虹

虹は、いわゆる「虹色」だけではありません。朝や夕方、太陽の高度が低い時間帯に見える虹は「赤虹《あかにじ》」と呼ばれ、文字通り赤が主体になります。赤虹は虹色がぼんやりと赤みがかっていて、これもまた美しい色合いです。

赤虹に対して「白虹《しろにじ》」もあります。雲や霧の粒が空にあるときにできる虹です。通常の虹では、雨粒に光が入るときに十分に屈折するため、一つひとつの色に分けられる範囲が狭く、色がはっきりと分かれます。

しかし、雲粒《うんりゅう》や霧粒《きりつぶ》のようにサイズが小さいと、屈折した際に一つひとつの色に分けられる範囲が広がり、様々な色が混ざってしまうために虹の帯の部分が白く見えるのです。

雲粒でできる虹は「雲虹《くもにじ》（クラウドボウ：cloud bow）」、霧の粒でできる虹は「霧虹《きりにじ》（フォッグボウ：fog bow）」と呼ばれることもあります。山の上や飛行機から見えやすく、早朝に出ていた霧が晴れるタイミングで見られることもあります。

赤虹（上）
白虹（下）

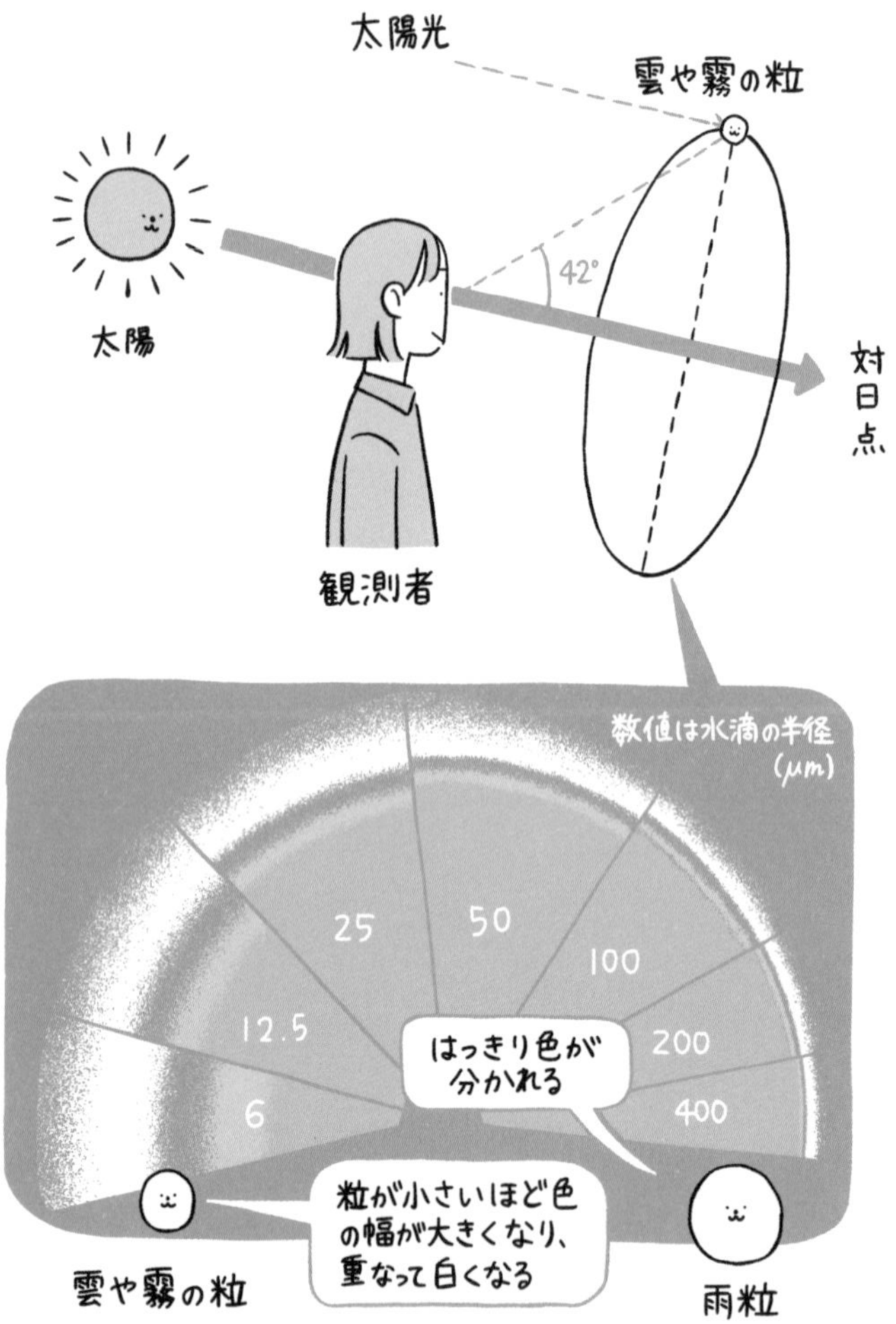
太陽光
雲や霧の粒
太陽
42°
観測者
対日点
数値は水滴の半径（μm）
6
12.5
25
50
100
200
400
はっきり色が分かれる
粒が小さいほど色の幅が大きくなり、重なって白くなる
雲や霧の粒
雨粒

白虹の仕組み

虹を作る

空にかかる虹の架け橋は大自然の産物です。一方、いくつかの条件を整えれば、手軽に出会うこともできます。私が推しているのは公園の噴水を利用する方法です。

まず、太陽を背にして、目の前に噴水がくる位置に立ちます。そこから噴水の水しぶきを注意して眺めると、虹が見えていませんか？　自宅に庭がある方は、霧状ノズルを装着したホースで水を撒《ま》くことでも、同様の虹を作ることができます。百円ショップで入手できる霧吹きで、虹ができる位置を狙って水を噴霧しても虹を作れます。ジョウロの水など、水滴が大きすぎると難しいのですが、雨粒くらいの細かな水の粒を作ることができれば、虹は簡単に作れるのです。

また身近な虹色を探すのも面白いです。ガラス窓やドアの一部分、自転車の反射板などに当たった光の色が分かれ、虹色の光が生まれることもあります。

虹色を見かけたら、どこから光が入り、どのように虹色が生まれているかを探してみると、宝箱を見つけたような高揚感を味わえます。平凡な一日が、少し特別な一日になるかもしれません。

彩雲は美しい

虹色の雲、「彩雲《さいうん》」は、幸運を予感させる美しさがあります。

彩雲とはその名の通り、雲の一部が虹色に色づいて見える現象で、瑞雲《ずいうん》や慶雲《けいうん》、景雲《けいうん》とも呼ばれ、昔から吉兆のしるし、縁起のよいものと考えられてきました。

「吉兆」は身近にある

仏教では、極楽浄土から菩薩《ぼさつ》を伴って現れる阿弥陀如来《あみだにょらい》の乗る雲は、五色の慶雲、彩雲だとされています。また、飛鳥時代の七〇四年には、宮中《きゅうちゅう》から虹色に色づく雲が見えたとして「慶雲」と元号が改められ、奈良時代の七六七年には、各地で彩雲が報告されたことから「神護景雲《じんごけいうん》」と改元されました。

めったに見られない珍しい現象と思われがちですが、実は彩雲は、季節や場所を問わず、頻

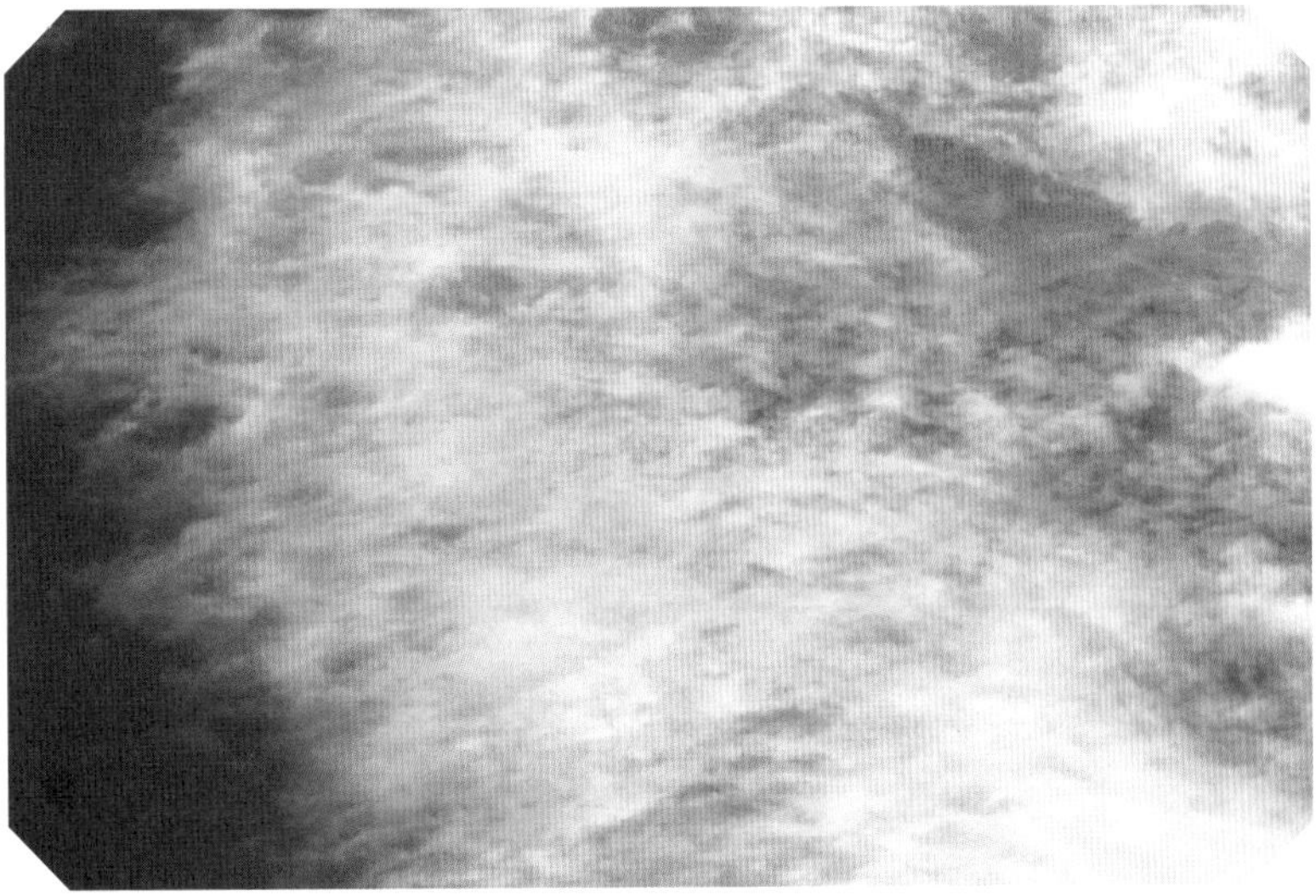

彩雲

繁に出会えます。特に、鱗雲《うろこぐも》や鰯雲《いわしぐも》と呼ばれる巻積雲《けんせきうん》や、いわゆる羊雲《ひつじぐも》、高積雲《こうせきうん》が太陽のすぐ近くにかかっているときがチャンスです。

彩雲の虹色の正体

彩雲は水でできた雲粒が生み出します。光が雲粒を回り込む「回折《かいせつ》」が起こることで、色が分かれて見えるのです。回折の度合い、回折角は、光を受ける粒の大きさによって異なります。

巻積雲や高積雲、積雲《せきうん》など、水の雲粒でできた雲の中では、空気が乱れており、雲粒が凝結《ぎょうけつ》・衝突・蒸発を繰り返しながら劇的に大きさを変えています。そのため、雲粒のサイズがバラバラで、回折の度合いも不揃いなため、彩雲は不規則な虹色に彩ります。

高積雲や積雲のように、地上からある程度の大きさを持って見える雲の場合、輪郭部分ではっきりした虹色が見えることがあります。周囲の乾いた空気に接することで、雲粒が蒸発し、サイズが小さくなるため、回折の度合いが大きくなって綺麗な虹色に分かれ、鮮やかな彩雲になりやすいのです。

上空に強い風が吹いていると、巻積雲や高積雲はレンズ状になります。このようなレンズ雲《ぐも》では、雲粒の大きさが揃いやすいため、天女の羽衣（神話などに登場する天女が身にまとうといわれる衣）のようになめらかで大規模に広がる彩雲を見られる場合があります。

彩雲を観察するコツ

彩雲を観察するコツがあります。

彩雲が現れやすいのは太陽のすぐ近く、視角度で一〇度以内の空です。まず建物の陰に入ります。陰の中から陽が当たっているところの境界線、太陽が建物でギリギリ隠れる位置に移動し、太陽の近くにある巻積雲や高積雲を見てみましょう。肉眼でもはっきり彩雲を確認することができます。

ただし、太陽を直視するのは非常に危険です。太陽を建物で隠すなど、目を傷めないように十分に気をつけて、彩雲を観察してください。

彩雲は室内でも観察できます。たとえば、紅茶やコーヒーの湯気です。太陽高度のまだ低い朝の時間、カーテンを開け、室内に注ぎ込んだ太陽光が湯気に当たることでも、虹色の彩雲を見ることができます。湯気の彩雲を観察するときは、観察する位置が重要です。太陽の光が差してくるほうを向き、自分の前に湯気があるようにします。

湯気が足りない場合にはアロマキャンドルやお線香、ろうそくの煙で核を増やし、湯気を増量するという方法もあります（二二一頁）。この実験は太陽ではなく懐中電灯を光源にすることでもできます。この場合も、太陽や強い光源を直接見て眼を傷めないように注意してください。

花粉で生まれる虹色

鱗雲・鰯雲が空全体に広がっているとき、太陽を取り囲むように虹色の光の環が雲に現れる「光環《こうかん》」という現象が起こります。

仕組みは彩雲と同じで、雲粒による光の回折です。虹色は太陽を中心に内側から外側に向かって紫から赤へと規則的に色が並びます。雲粒のサイズがバラバラだと虹色の並びが不規則な彩雲になりますが、雲粒のサイズがある程度揃ったときに光環が現れます。

光環は、実は雲以外でも見られることがあります。それが、「花粉」です。

春、二月から四月にかけて、空には大量の花粉が飛散します。花粉が飛びやすいのは、特に

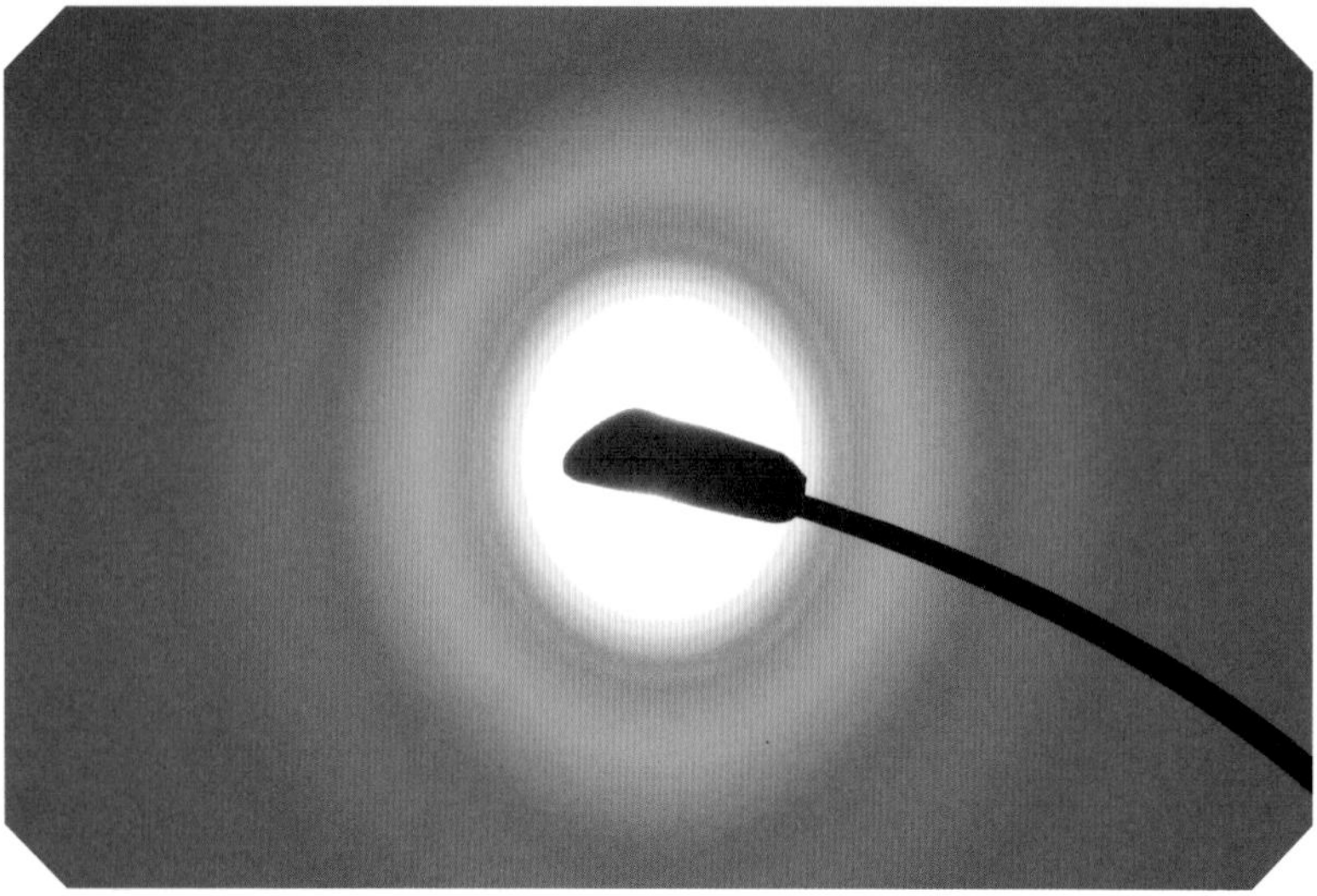

花粉光環

雨上がり、晴れて風が強い日です。雨が降ると、大気中の花粉は雨と一緒に地面に落下しますが、その後に晴れて風が強いと、木から飛散する花粉に加えて、地面の花粉も空に巻き上げられるのです。

花粉が飛散している日に太陽を街灯や建物でギリギリ隠して見ると、太陽の周りにくっきりした虹色の環、「花粉光環」を確認することができます。

花粉光環が起きやすいのは、スギ花粉です。スギ花粉は形が球体に近くて均等、大きさも雲粒と同等なので、雲粒と同じような働きをするのです。

スギ花粉はリンゴのように一部分が窪《くぼ》んでいるような構造をしていることがあり、太陽高度が低いときの花粉光環は六角形のような形状になることもあります。

雨のない虹色

彩雲や光環のほかにも、雨が降らなくても空に美しい虹色が見える現象が多くあります。それがハロとアークです。ハロは太陽を中心とした虹色の光の輪、アークは弧状の虹色の光です。これらは氷の結晶で光が屈折や反射をすることで生まれます。薄雲（巻層雲《けんそううん》）があるときは、高い確率でハロを確認できます。

ハロとアークに彩られる空

氷の結晶（氷晶《ひょうしょう》）には六角形を基本とした角柱《かくちゅう》や角板《かくばん》などがあります。ハロは向きがランダムな氷晶で、アークは向きが揃っている氷晶で発生します。浮かんでいる氷晶の向きによって、どの面から光が入って出ていくのかが異なり、様々な種類のアークが生まれます。普段気にしていなければ見逃しがちですが、ハロやアークについての少しの知識があるだけで、非常に貴重な現象も見逃さずに出会えるようになるのです。

ハロとアーク

ハロやアークは、太陽に対して現れる位置が決まっています。あらかじめどこにどんな現象が起こるかを把握しておけば、虹色を見つけやすくなります。

ハロは、空に向かって真っ直ぐ腕を伸ばしたとき、太陽から掌一つぶんと二つぶんの位置（視角度二二度と四六度）に現れます。掌一つぶんの「二二度ハロ」は薄雲が広がるとき、太陽に親指をあわせると、小指のあたりに「虹色の輪」が見つかるはずです。

一方、アークは形も出現位置も様々です。「逆さ虹」とも呼ばれる「環天頂《かんてんちょう》アーク」は、太陽から掌二つぶん上の位置に現れます。太陽の高さが低い朝や夕方、季節を問わず出会えます。「水平虹《すいへいにじ》」と呼ばれる「環水平《かんすいへい》アーク」は、太陽から掌二つぶん下の位置に現れ、春から秋にかけてのお昼前後、太陽高度が高い時間帯に観察できます。

外側が赤の虹（主虹）と異なり、ハロやアークは全て内側の太陽側が赤の虹色です。ただし、

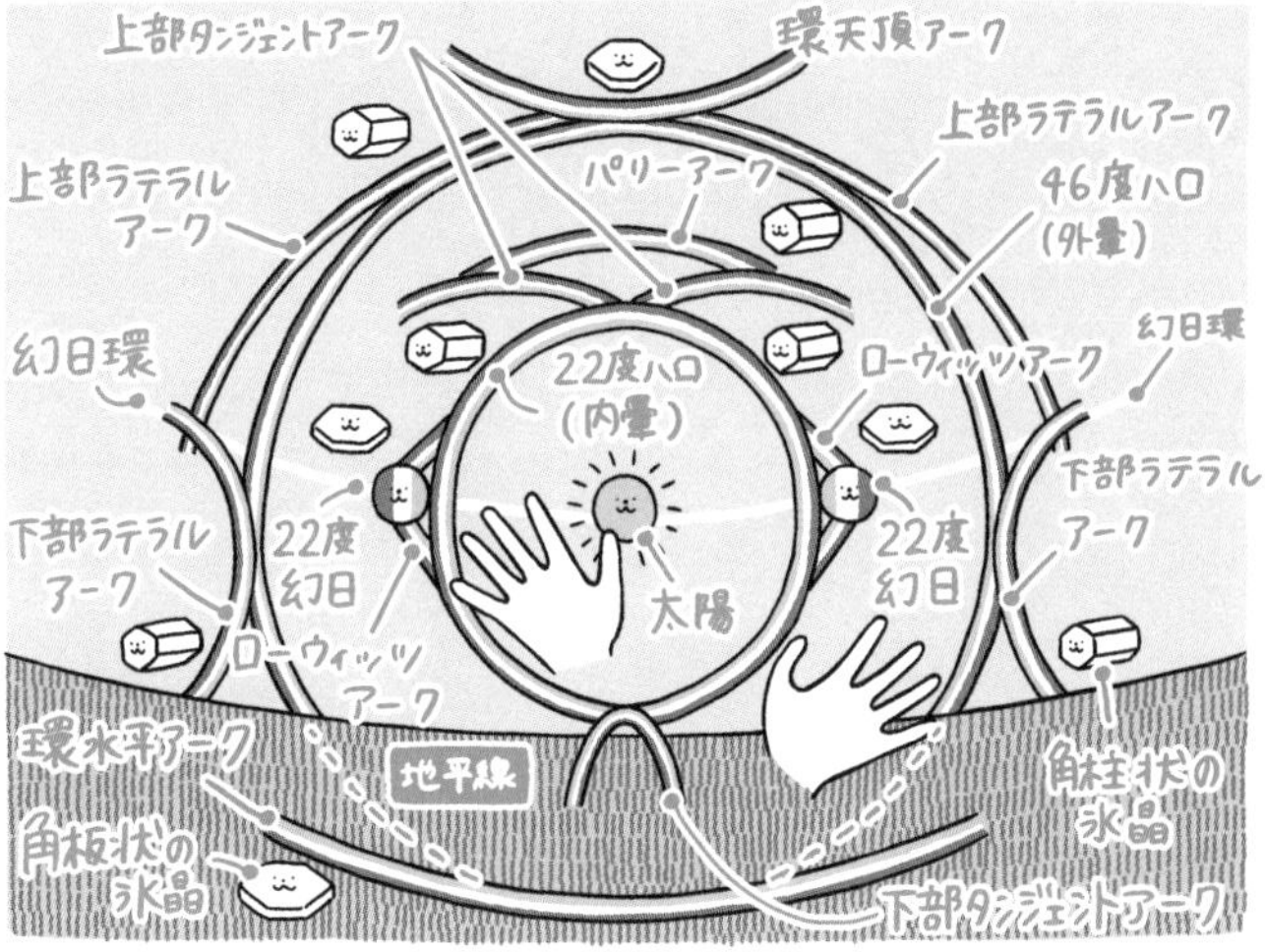

ハロとアークの発生位置

アークのうち、光の反射だけで生まれる「幻日環《げんじつかん》」や「太陽柱《たいようちゅう》」は、屈折を介していないため白い色になっています。

ハロやアークは、昔から世界中の空を彩ってきました。記録に残っている古いものでは、一五三五年にストックホルムで見られた現象を描いた絵画があり、そこでは二二度ハロや幻日《げんじつ》が表現されています。

日本でも江戸時代、一八四八年に現在の山形県庄内地方で観察されたハロとアークが、尾張藩士の安《やす》井《い》重遠《しげとお》（生年不明－一八六二）による「鶏肋集《けいろくしゅう》」にまとめられています。ここには二二度ハロや幻日、幻日環、上部タンジェントアーク、上部ラテラルアークのようなものまで表現されています。今も昔も、これだけの現象が同時に発生したら、心が動かされることでしょう。

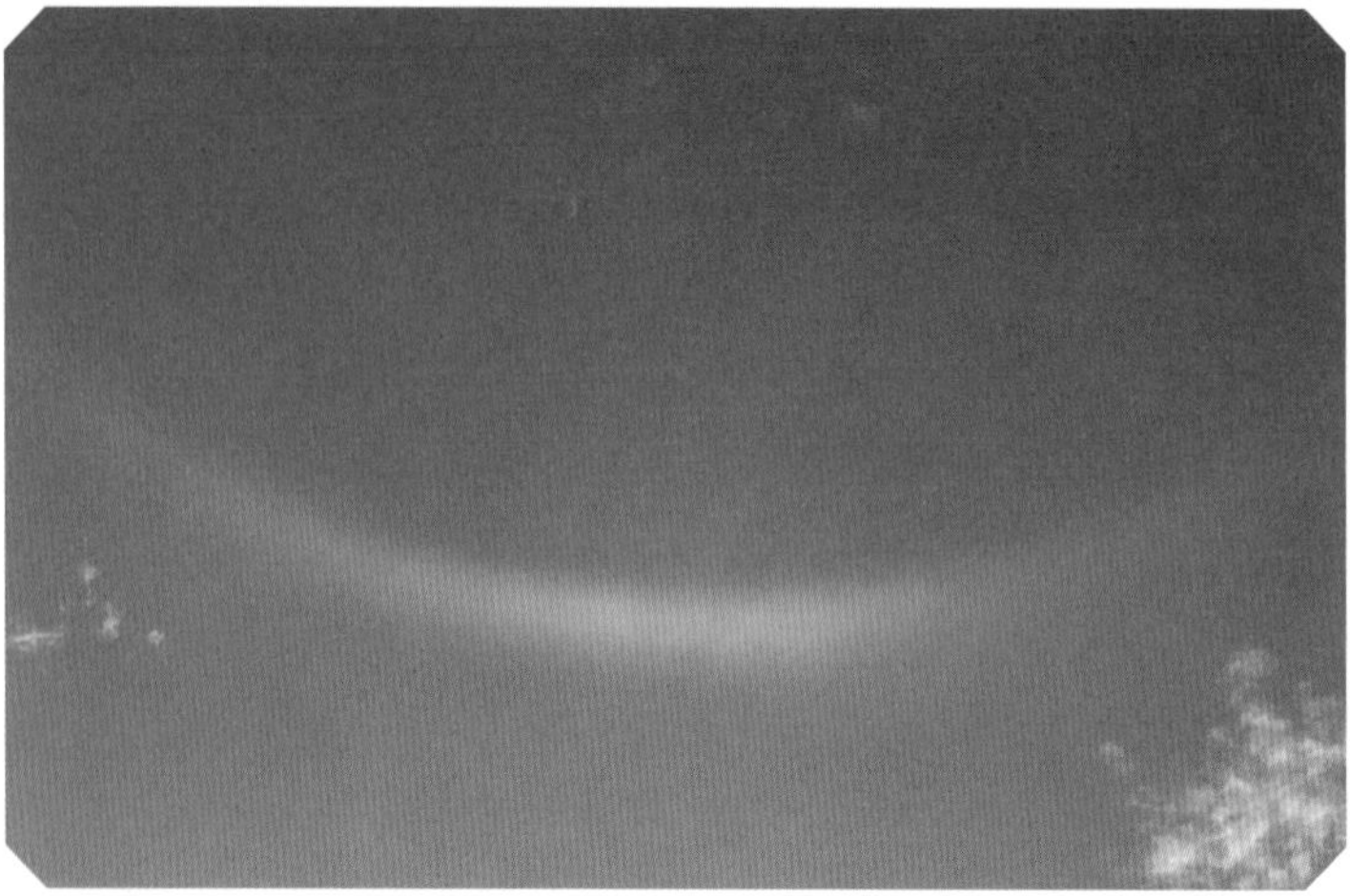

環天頂アーク（上）
環水平アーク（下）

幻日や環天頂アーク、環水平アークは、その一部が見えていると彩雲と間違えられることが多くあります。彩雲とアークを見分けるコツは、まず太陽に対してどのあたりに現れているか、位置関係を確認することです。

彩雲とアークの見分け方

彩雲は、太陽に向かって腕を伸ばしたとき、掌の半分くらいより内側の位置に発生します。それに対して、アークの多くは太陽から掌一つぶん以上離れたところに現れます。

色の並びも見分けるポイントです。虹色の並びが不規則な彩雲に対して、ハロやアークでは必ず太陽側が赤で、太陽の反対側が紫です。

一六〇頁の写真の虹色は、一見すると雲が虹色なので彩雲のようですが、色の並びは上が赤、下が紫と規則的に変化しています。このことから、これは氷の雲にできた環水平アークで、この雲の上に太陽があると推測できます。

太陽から離れた空に虹色を見つけたら、まずは一五七頁の図で位置を確認してください。色の並びが規則的であればアークの可能性が高いといえます。アークは鰯雲・鱗雲（巻積雲）が出ているときに、青空を背景にして綺麗な虹色で見える場合もあります。

巻積雲のある高い空はマイナス数十度の低温の世界ですが、巻積雲は過冷却の水の粒でできていることも多く、彩雲がよく見られます。ただ、局所的に空気が乱れたりかき混ざったりすると、過冷却水滴はみるみる氷の結晶に変わってしまいます。

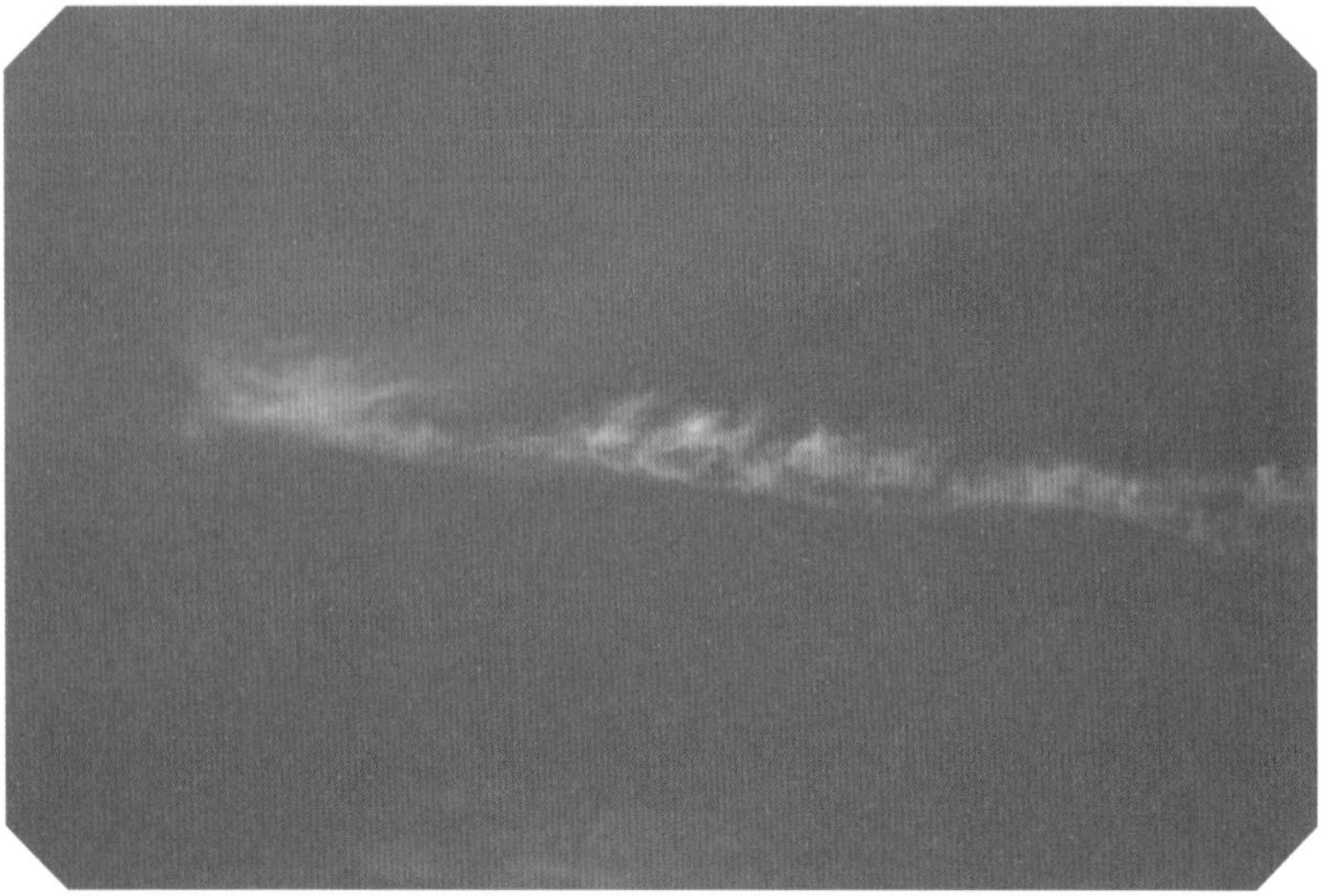

彩雲のように見える環水平アーク

鰯雲・鱗雲の近くにもわっとした雲が現れたら美しいアークを見る絶好の機会です。そのもわもわは、青空を背景にした氷の結晶です。鰯雲や薄雲を見かけたらしばらく観察してください。様々な表情の空に出会うことができるでしょう。

また、飛行機雲が成長した巻雲にもアークが現れることがあります。この場合、雲があるところだけが虹色に染まるので、彩雲と間違いやすい見た目になっています。

ＳＮＳなどで空の虹色を見かけて喜んでいる人がいて、もしその名前を間違っていても、頭ごなしに否定はせずに工夫して優しく伝えましょう。一緒に空を楽しむということが重要で、そこからさらに楽しさが深まり、広がっていくと思うのです。

薄明の空は最高に最高

浮世絵に見る薄明の空

美しい色の空を見たい方に推したいのが、日の出前、あるいは日の入り後の時間帯である「薄明《はくめい》」の空です。

英語でトワイライト（twilight）と呼ばれる薄明は、太陽の高さによって分類されます。


早朝、夜が明けて朝になる時間帯の空を思い浮かべてください。空が白みつつあるものの、六等星が肉眼では確認できないくらいの時間帯、太陽が地平線の下マイナス一八度からマイナス一二度の位置にあるときを「天文薄明」と呼びます。

もう少し時間が進み、太陽が地平線の下、マイナス一二度からマイナス六度のときは、海面と空の境界が見分けられる程度の明るさという意味で「航海薄明」といいます。太陽の位置がマイナス六度から地平線（零度）までの時間は、照明なしでも屋外で活動できる明るさになる

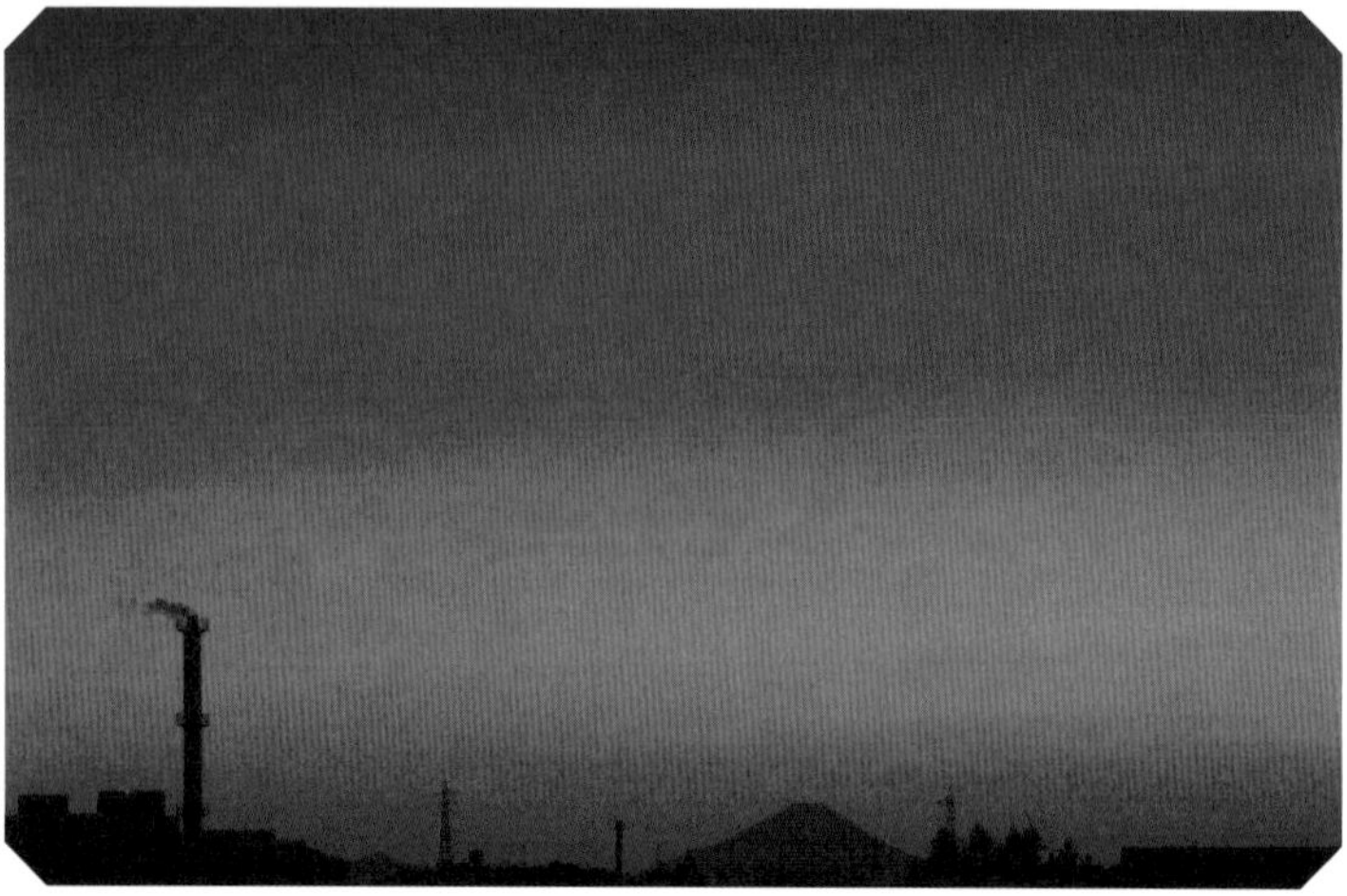

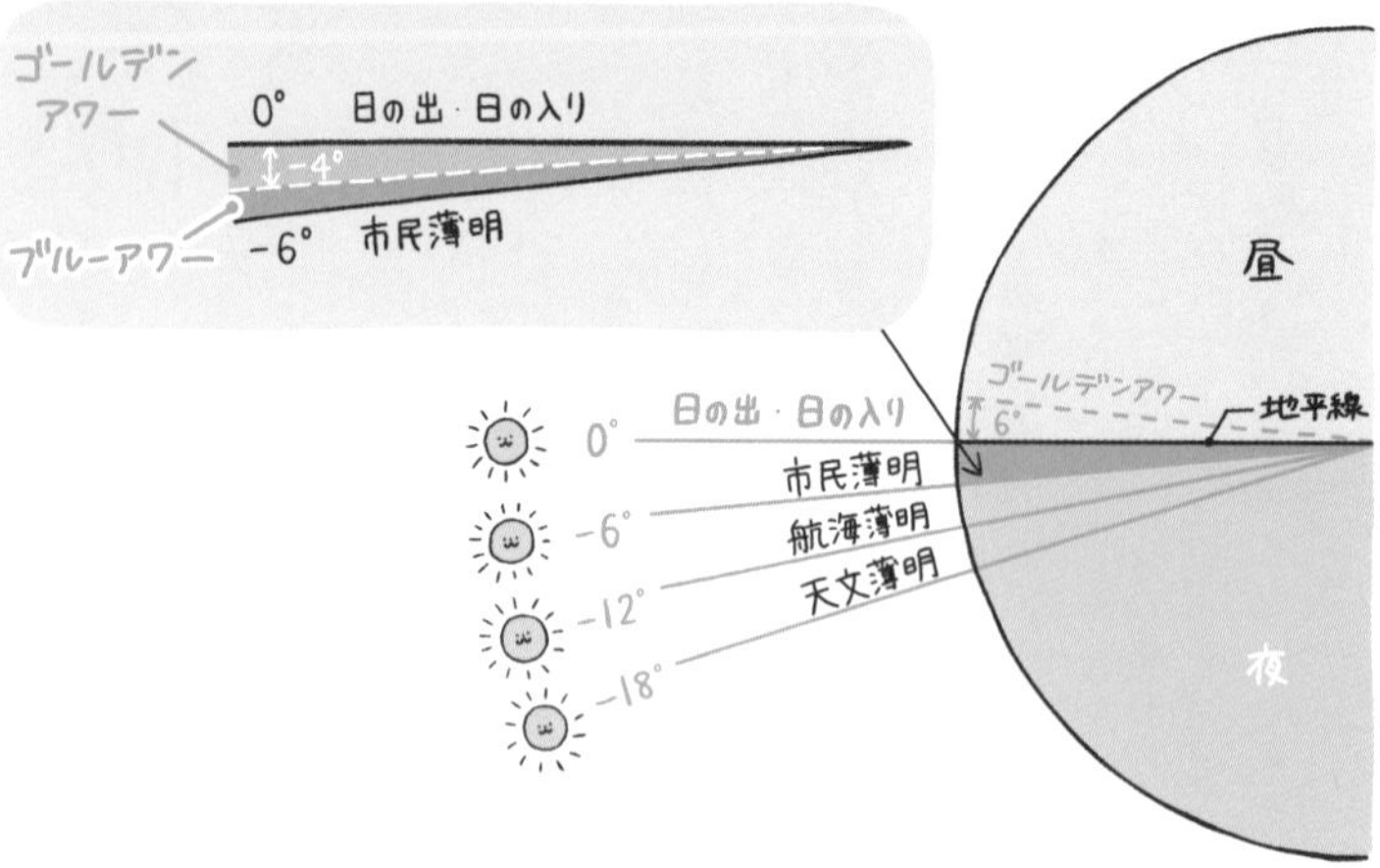

薄明の空（上）
薄明の分類（下）

『名所江戸百景』八景坂鎧掛松

ため「市民薄明（常用薄明）」と呼ばれます。これらは天文用語で、太陽高度によって日の出前と日の入り後の両方で同じ呼び方をします。

朝の薄明は「暁《あかつき》」「東雲《しののめ》」「曙《あけぼの》」、夕方の薄明は「黄昏《たそがれ》」や「薄暮《はくぼ》」とも呼ばれ、人々は暮らしの中で空を愛でてきました。

とりわけ美しい、市民薄明から航海薄明にかけての時間帯は、江戸時代の浮世絵師、歌川広重《うたがわひろしげ》（一七九七―一八五八）の作品にも多く描かれています。

『名所江戸百景』の「八景坂鎧掛松《はっけいざかよろいかけまつ》」では空の真ん中あたりが少し黄色くなっています。これはおそらく、中層に高積雲があり、そこに太陽の光が当たって黄金色《こがねいろ》に焼けている状況を表しているのだと思います。

空はなぜ青いのか

そもそも、なぜ日中の空は青いのでしょうか。

空が青く見える理由は「青い光が散乱しているから」です。可視光線は、自らの波長よりも小さな大気中の空気分子やエアロゾルに当たると、紫や青といった波長の短い光ほど、四方八方に強く散らばります。これは「レイリー散乱」と呼ばれています。

可視光線の中でもっとも波長の短い紫の光は大気の層の非常に高い位置で散乱されるため、地上にいる私たちの目には届きません。空には、その次に散乱されやすい「青い光」が広がるため、私たちの目に空は青く見えるというわけです。それ以外の光はあまり散乱されずに地上まで届くので、日中の太陽は白く輝いて見えます。

朝や夕方、太陽が低い位置にある時間帯には、太陽光が大気の層を通る距離が日中よりも長くなります。すると波長の短い光は全て散乱され、波長が長い「赤い光」だけが空に広がります。つまり、朝焼けや夕焼けが起こるのは、大気中の長い距離を駆け抜けて最後まで残った光が空に散乱した結果なのです。

ちなみに、信号の「止まれ」が赤いのも、赤い光が散乱の影響を受けにくく、遠くまで届きやすいためです。

マジックアワー、ビーナスベルト、ブルーモーメント

盛大に焼けた空が見られるのは、日の出前、日の入り後の薄明の時間帯です。太陽が地平線より下にある状態で高い空だけに雲があるとき、もっとも長い距離を通った光が強くレイリー散乱の影響を受け、深い赤になるからです。一方、雲のない晴天の日には、薄明のグラデーションが美しく見えます。

市民薄明の時間帯は、美しい写真が簡単に撮れるため、「マジックアワー」「ゴールデンアワー」と呼ばれます。赤から青に変化するグラデーション、黄金色の空、真っ赤に焼けた雲——

さらに、太陽と反対側の地平線近くの空には「地球影《ちきゅうえい》」と呼ばれる地球の影が映って少し暗

ビーナスベルトと地球影

くなることがあり、地球影の少し上には、紫がかったピンク色の「ビーナスベルト」も観察できます。

市民薄明の空は、晴れていれば一年中、一日に二度も楽しめるのです。日の出前と日の入り後の約三十分間の空に注目してください。

さらに、市民薄明の一部の時間に、空全体が群青色に染まる「ブルーアワー」が訪れます。このとき出会えるのは、あたり一面が深い青の光に包まれる「ブルーモーメント」という現象です。高い空で散乱した青い光が夜の暗さと混ざって群青色になるのです。

ブルーモーメントは雲の出方によって見え方が変わります。ゴールデンアワーに分類されるのは太陽高度が六度からマイナス

ブルーモーメント

四度であるのに対し、ブルーアワーはマイナス四度からマイナス六度と、二十分間ほどの時間です。短時間ではありますが一瞬で見えなくなるものではないので、晴れた日に狙えば出会えます。

仕事や勉強などで疲れてしまったときには、ぜひ少しでも時間を作って、薄明の空を見上げてみてください。すごく気分が落ち込んでいるときでも、美しい薄明の空を眺めていると、びっくりするほど心が軽くなります。

日中、忙しくてなかなか空を眺められないという方も、一日二回のドラマチックで美しい薄明の空を見て、一息ついてはいかがでしょうか。

天使の梯子を愛でる

空から伸びる光の筋

空に羊の群れのような高積雲や、空を曇らせる層積雲《そうせきうん》が広がっているときには、雲の隙間から地上に向かって放射状に光の筋が降り注ぐことがあります。

大気中のエアロゾルに光が当たって散乱し（ミー散乱）、その経路が見える「チンダル現象」による「薄明光線《はくめいこうせん》」です。『旧約聖書』の「創世記」（二八章一二節）で、イスラエル人の族長のヤコブが夢の中で、天使が梯子《はしご》で空と地上を昇り降りしているのを見たことから、この光の筋は「天使の梯子」「ヤコブの梯子」とも呼ばれます。

天使の梯子

芸術としての薄明光線

美しくドラマチックな薄明光線は、多くの芸術家の創作意欲を刺激しました。

たとえば、オランダの画家、レンブラント・ファン・レイン（一六〇六―一六六九）です。スポットライトを当てたように明暗を強調した画風で「光と影の魔術師」と呼ばれた彼は、薄明光線を描くことを好みました。薄明光線は「レンブラント光線」ともいわれています。一方、日本の詩人・作家の宮沢賢治（一八九六―一九三三）は、音楽の道を諦めようとする教え子に贈った詩「告別」の中で、薄明光線を「光でできたパイプオルガン」と表現しています。

私が気象監修を務めた映画『天気の子』

レンブラントの作品『キリストの昇天』

（新海誠原作・脚本・監督、東宝）にも薄明光線は登場します。リアルな気象の情景を追求するために、太陽の高さによって色を変えてもらいました。天使の梯子は、太陽の高さが低いときには「レイリー散乱」でオレンジや赤っぽい梯子になり、少し高いときには黄金色、正午に近い時間帯には白に近い色になります。映画ではその色合いも忠実に再現されています。

アニメ『フランダースの犬』（フジテレビ）の最終回、クライマックスのシーンでも天使の梯子が非常に印象的です。ついつい私も、疲弊していて召されそうなときに、ＳＮＳに天使の梯子の写真を投稿してしまいます。パトラッシュ……。

反薄明光線も見逃せない

「天使の梯子」は、曇っている空から下に向かって伸びる光の帯のことですが、薄明光線は、上から下に伸びるものだけではありません。太陽が積雲の後ろに隠れたときにも、光と影の筋が積雲や積乱雲から上空へ放射状に伸びることがあります。上向きに伸びた薄明光線が反対側の東の空まで伸びて、対日点に向かって光と影が集まっていく現象は「反薄明光線《はんはくめいこうせん》」「裏後光《うらごこう》」と呼ばれています。

空が割れているようにも見えるため、「天割《てんわ》れ」とも呼ばれます。関東などでは、山で積乱雲が発達しやすい夏の夕方、西の空で特に発生頻度が高めです。息をのんで見惚《みほ》れてしまう、とても美しい現象です。

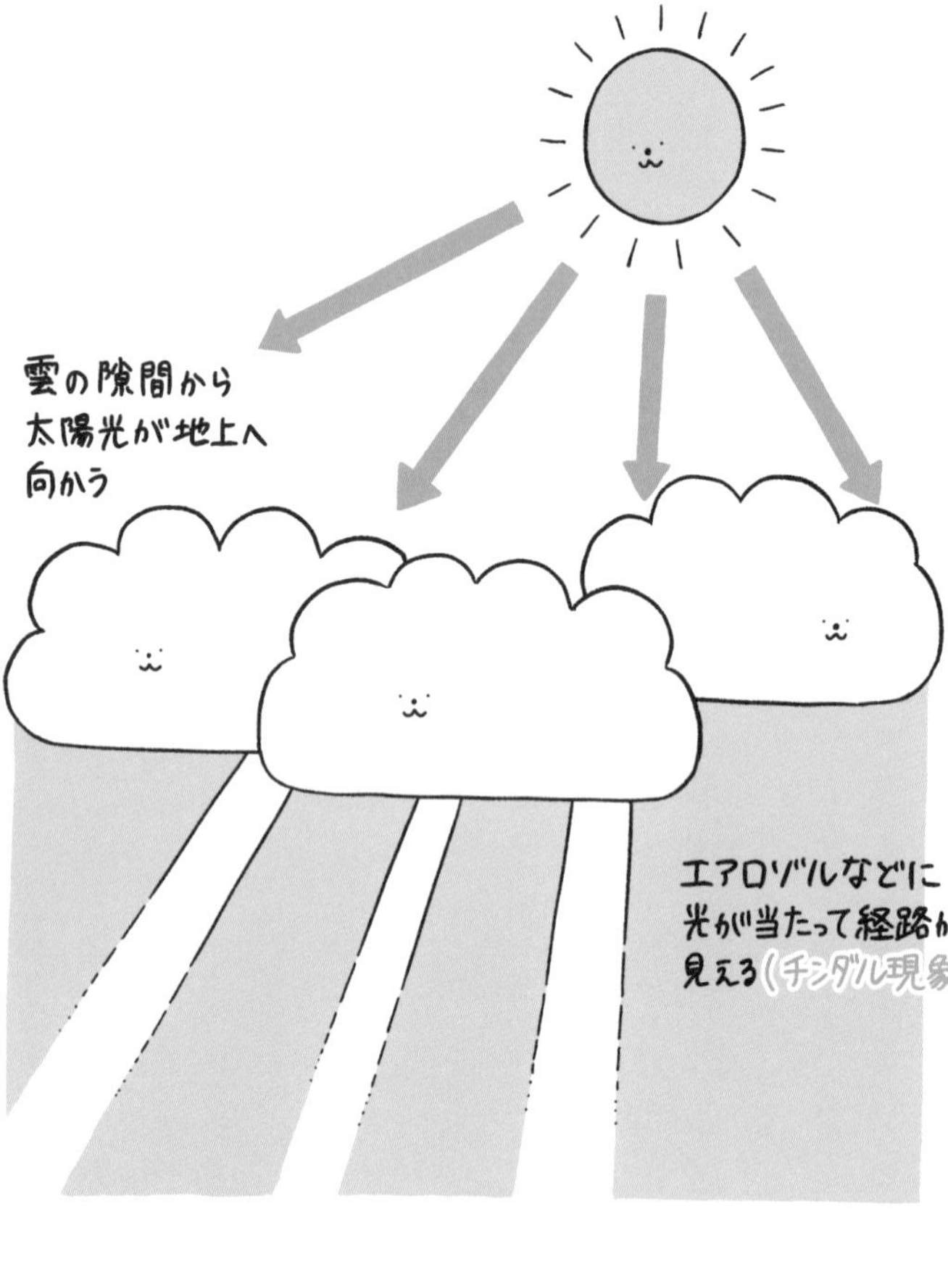
雲の隙間から
太陽光が地上へ
向かう
エアロゾルなどに
光が当たって経路が
見える(チンダル現象)

天使の梯子ができる仕組み

積乱雲から伸びる薄明光線（上）
反薄明光線（下）

太陽から空を読む

朝焼けや夕焼け、また日中の青空の源でもある太陽——太陽自体もまた光で見えているため、大気の層の影響を大きく受けています。ということは、太陽の様子から、そのときの空気の状態や空にどのような空気の層があるのかを判断できるのです。

深紅の太陽を生む空

朝や夕方、地平線に近い低い空にある太陽が、深紅に染まっているのを見たことはありませんか。あの美しい赤の原因は、実は大気中の微粒子、エアロゾルです。太陽からの可視光線は、大気中のエアロゾルに当たるとレイリー散乱を起こして散らばります。

空気が汚れていてエアロゾルが大量にある場合は、低い空はレイリー散乱が効きすぎて光が弱まり、全体的に灰色っぽく、暗くなります。一方で、光が最短距離で私たちの目に届く太陽自体は、深い紅に染まって見えるのです。

深紅の太陽が現れやすいのは、エアロゾルの多くなりやすい春、特に黄砂《こうさ》やPM2・5、花粉が飛んでいる日です。黄砂の飛散が予想されている日や、雨上がりで晴れて風が強く花粉の飛びやすい日には、日の出や日の入りの時刻をチェックしておくと、熟成イクラのような赤い太陽に出会うことができます。眺めているとなんだかお腹が空いてきます。

緑に輝く太陽

太陽には一瞬だけ緑色に輝く、「グリーンフラッシュ」という現象もあります。

グリーンフラッシュは日の出や日の入りの瞬間に現れます。可視光線は波長の短い光（紫や青）ほど大気で強く屈折する性質を持っており、太陽光が大気の層に入るときの角度がもっとも浅いときにもっとも大きく曲がります。

このとき、大気層の上部でレイリー散乱されてしまう紫に続いて、波長の短い青や緑の光が地上に届くはずですが、青い光のほうが強く散乱されるため、緑の光だけが残ってグリーンフラッシュが生まれます。

海などの水平線の見える場所でグリーンフラッシュを観察できますが、普段の生活の中でも、山などに太陽が沈む瞬間にグリーンフラッシュのような緑色の光が見える場合があります。緑

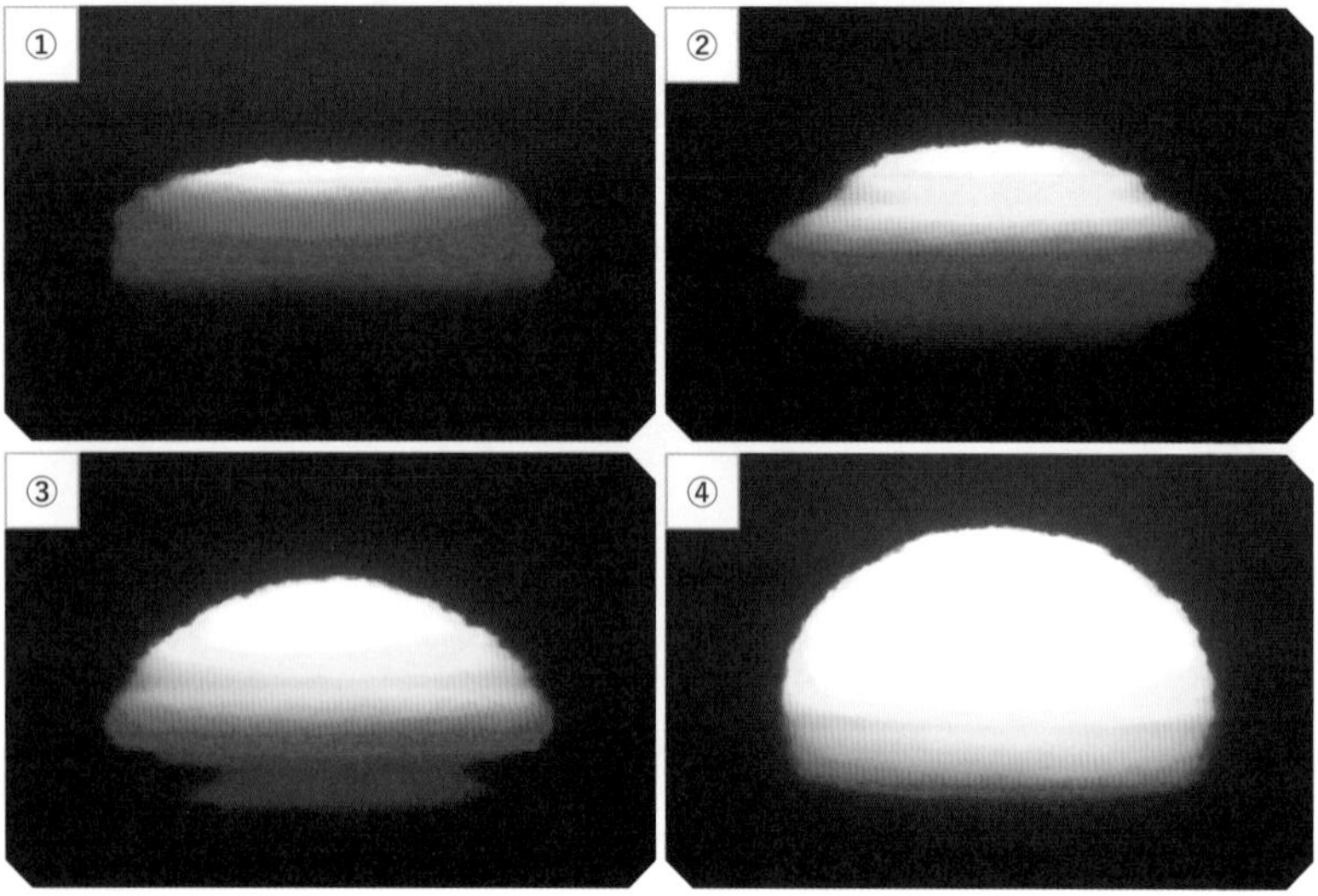

面白い形の太陽

色になる瞬間は太陽がとても小さいので、高倍率のカメラで連続撮影すれば撮れることがあります。

グリーンフラッシュは、見た人に幸せが訪れるといわれるレアな現象です。ごく稀《まれ》に、青い色に輝くブルーフラッシュが観察される場合もあります。それらは、大気による屈折・散乱で生まれた光なのですから、自然は面白いものです。

歪む太陽

十二月の早朝、関東で日の出の瞬間を撮影した写真①〜④をご覧ください。丸いはずの太陽が、四角く見えています。その後、下の部分が伸びてキノコ状の形になったかと思うと、おまんじゅうのような形から次第に円状になりました。これは「上位蜃気楼《しんきろう》」の仲間です（六一頁）。

冬の関東平野では夜間は晴れていることが多いため、放射冷却で地表近くの空気の層全体が冷たくなり、その少し上に相対的に暖かい空気の層が重なりやすくなります。昇ってきた太陽の光がこれらの層を通ると、昇ったはずの光が下向きに屈折します。

その結果、風景が上に向かって伸びて見えるのです。これらの写真は、上の丸く見えている部分だけが地平線から出た太陽です。その下の部分が「上に伸びた」ために、四角く見えているわけです。

温かい海上に寒気が流れ込んできたときには、太陽がワイングラスやダルマ形に見えることもあります。これは「下位蜃気楼」の仲間です。

太陽の形から、地上付近で大気の層がどうなっているのかがわかります。太陽が歪《ゆが》みながら目に見えない大気の状態を私たちに示しているのだと思うと、なんだか愛おしくなります。

月食で感じる地球の大気

神話においては、「太陽と月」は一対のものとして捉えられていることが多く、太陽→月→地球の順に一直線に並んだときに起こる「日食」の神話は同時に、月食神話ともなっています。

「月食」は、太陽→地球→月の順に一直線上に並ぶ現象です。地球の影に完全に入り込む皆既

月食とターコイズフリンジ

月食では、月は「赤銅色《しゃくどういろ》」と呼ばれる赤黒い色に鈍く光ります。

これは朝や夕方に空が焼けるのと同じ仕組みです。太陽光が大気を通る際、波長の短い可視光線のほとんどはレイリー散乱されてしまい、波長が長い赤い光だけが弱まりながらも大気を通過します。

太陽光は同時に大気で屈折し、影の内側に入り込みます。そのために弱い赤い光が月面を照らす、というわけです。

また、月食の際、赤銅色になる直前、部分食の状態のときに、月の輪郭が淡い青で縁取られる「ターコイズフリンジ」と呼ばれる現象も見られることがあります。高い空、オゾン層などで散乱された青い光で月の欠け際が照らされて生まれる、とても美しい現象です。

今宵も月が綺麗です

作家・夏目漱石（一八六七―一九一六）は受け持ちの生徒に対して「I love you.」を「月が綺麗ですね」とでも訳しておけばよいといったという（真偽不明の）エピソードがありますが、月の豊かな表情は本当に美しいです。

月の大きさと目の錯覚

月の出の頃、地平線から昇ってきたばかりの月は、太陽と同様に「レイリー散乱」の影響を強く受けるため赤く見えて、まるで恥じらっているかのようです。

月が空に昇るにつれて光が大気の層を通る距離が短くなり、オレンジ、黄、白へと暖色系から白に徐々に変化し、輝きが増していきます。赤い月を見て怖がる人もいますが、朝焼けや夕焼けと同じ仕組みです。赤くなっている月の出直後や月の入り直前を狙って観察していると可愛く見えてきます。

赤い月

地平線に近いときの月は少し楕円《だえん》で、空の高いところにある月と比べて大きく見えることがありますが、これは大きさのイメージしやすい建造物などの街並みと比較できる低い空に月があるせいで、いわゆる「目の錯覚」です。

月は地球の周りを正円で公転していないので、周期によって微妙に見える大きさが変わります。地球に最接近するときの満月はスーパームーンと呼ばれ、大きくて明るく見えますが、はっきり大きさの違いが認識できるほどではありません。

目の錯覚を利用して、被写体にしたい建物と月の位置関係を確認して夕方に出かければ、巨大な満月を背景にした面白い写真が撮れるかもしれません。

月には満ち欠けがあるため毎日形が変わ

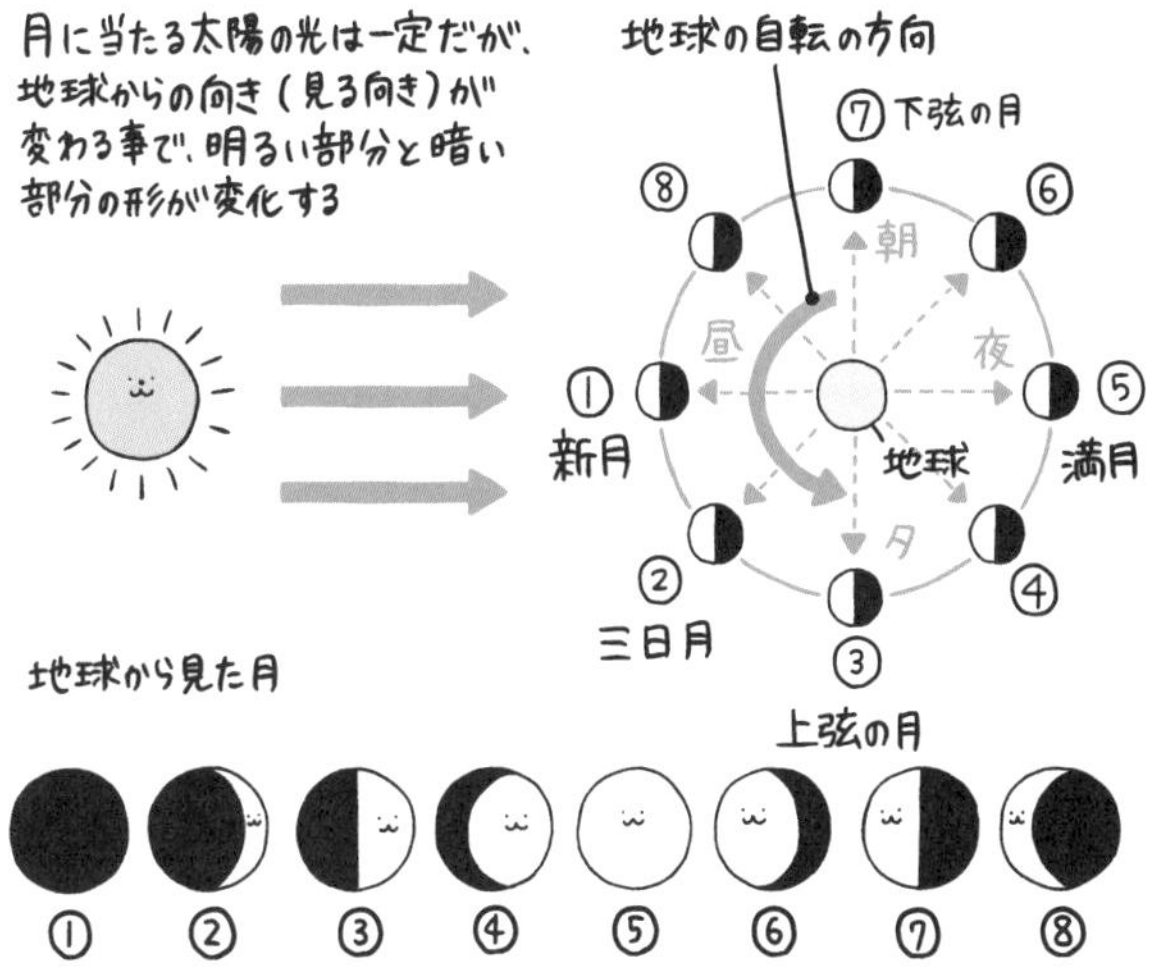

月の満ち欠けの仕組み

る上に昇る時刻も一日で五十分間ほど遅くなります。その日、その時間にしか出会えない月の表情を、ぜひ楽しんでください。

うっすら光る欠けた月

夜空に新月に近い細い月が浮かんでいるとき、月をじっくり眺めてみてください。太陽光が当たっていないはずの「月の欠けた部分」がうっすらと光って見えていませんか。これは、「地球照《ちきゅうしょう》」という現象です。

ちょうど新月のとき、月から太陽を見ると、太陽の光が月側を向いている地球を全て照らしている、満月ならぬ「満地球」のような状況です。月が細いときでも、太陽光の当たる地球の面積が大きく、地球で反射した太陽光が月にまで届くのです。

月の欠けた部分がうっすらと光っているのは、地球によって照らされた部分であり、それを私たちは地球上から見上げているというわけです。このとき、私たちの目にしているのが地球↓月↓地球と旅をしてきた太陽の光だと思うと、なんだか壮大な気分になります。


満月の夜は、月の表面を楽しめます。月は地球から約三八万キロメートル、赤道を一〇周したくらいの距離にありますが、地球にいる私たちに見えているのは月の表側です。月は地球の周りを一公転する間に、ちょうど一

満月のお供に月の地名を

自転しているため、地球からはいつも同じ面が見えているのです。

月面には明るいところと薄暗いところなど、肉眼でもうっすら確認できる模様があります。薄暗い部分をつなげて、「ウサギ」の形に見立てたのは中国に由来するようですが、ロバやカニ、女性の横顔などに見立てる国もあります。

月の模様には、実に多くの地名があります。ウサギに見える薄暗い模様は「海」、それ以外の部分は「陸」や「高地」と分類され、細かく名前がつけられています。

月の模様を初めて公表したのは有名なガリレオ・ガリレイ（一五六四―一六四二）です。一六〇九年に自作の望遠鏡で観察したと伝えられています。一六四五年には、ネーデルランド

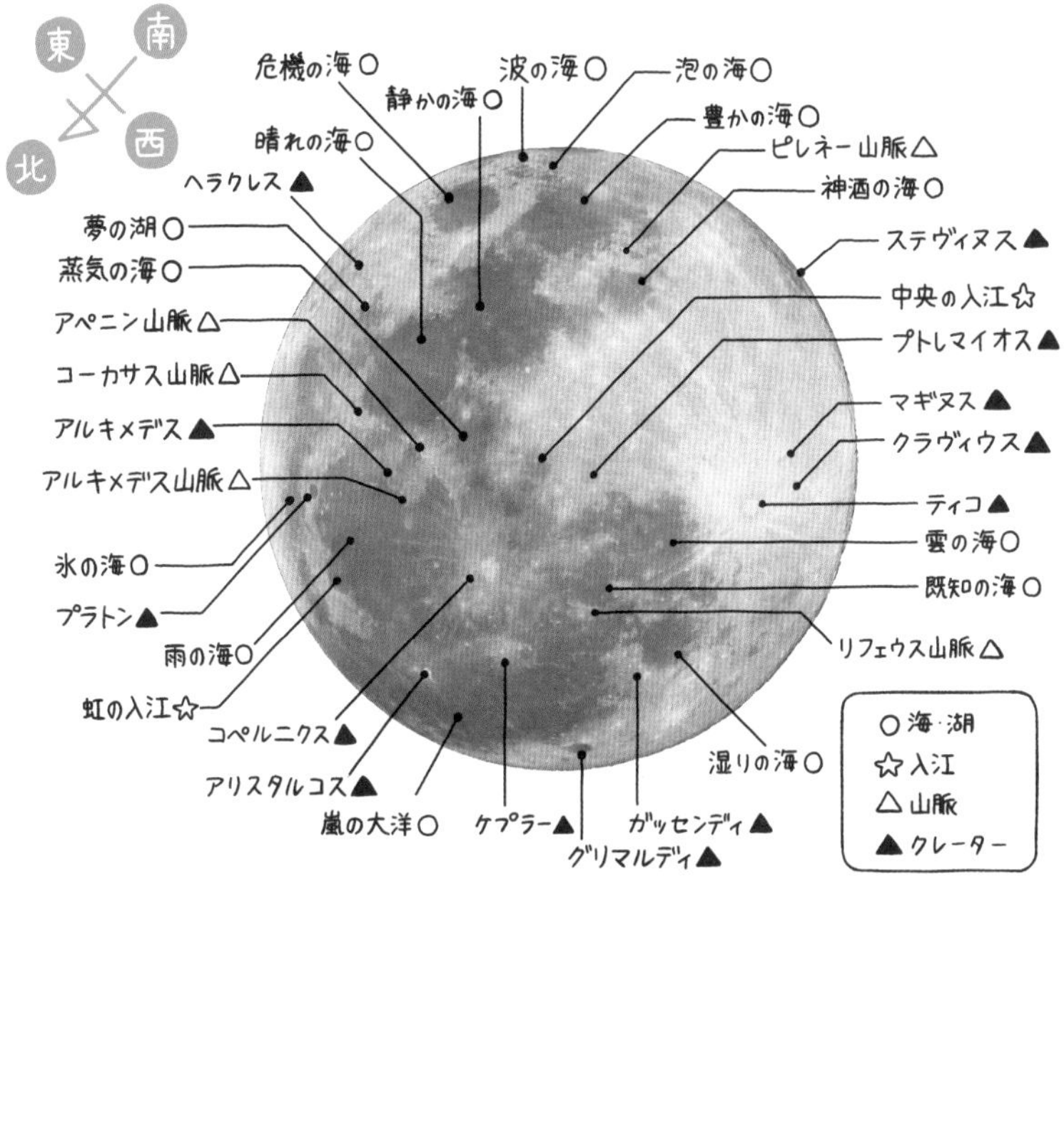

東
南
北
西
危機の海○
静かの海○
波の海○
泡の海○
豊かの海○
ピレネー山脈△
晴れの海○
神酒の海○
ヘラクレス▲
夢の湖○
ステヴィヌス▲
蒸気の海○
中央の入江☆
アペニン山脈△
プトレマイオス▲
コーカサス山脈△
マギヌス▲
アルキメデス▲
クラヴィウス▲
アルキメデス山脈△
ティコ▲
氷の海○
雲の海○
既知の海○
プラトン▲
リフェウス山脈△
雨の海○
虹の入江☆
コペルニクス▲
湿りの海○
アリスタルコス▲
嵐の大洋○
ケプラー▲
ガッセンディ▲
グリマルディ▲
○海・湖
☆入江
△山脈
▲クレーター

月の主な地名

ガリレオ・ガリレイ

ヨハネス・ヘベリウス

の天文学者のミヒャエル・ラングレヌス（一五九八―一六七五）が月の表面に地名をつけ、最初の月の地図を出版しました。彼は暗く見える部分を「海」、明るい部分を「陸」と名づけたのです。

　さらに、その二年後にはポーランド、ドイツの天文学者のヨハネス・ヘベリウス（一六一一―一六八七）が月の山脈に地球の山脈の名前をつけています。一六五一年には、イタリアの天文学者ジョヴァンニ・バッティスタ・リッチョーリ（一五九八―一六七一）が、クレーターや入江、山脈への名前の分類を体系化し、暗い部分の中でも小さいものに「沼」や「湖」の呼称を与えました。これは現在でも使われています。

　地球は、太陽と月の引力の影響を大きく受けており、それぞれの周期によって海面

ジョヴァンニ・バッティスタ・リッチョーリ

の高さ、潮位が変化します。太陽と月による干満差が重なると「大潮《おおしお》」に、反対に重なりあわないと「小潮《こしお》」になります。

月光による夜空の彩り

太陽で生まれる空の彩りは、月でも起こります。

たとえば「ハロ」です。月の光は太陽に比べて弱いため、肉眼で直接見ることができます。太陽によるハロが「日暈《ひがさ》」と呼ばれるのに対して月光によるハロは「月暈《つきかさ》」と呼ばれ、月から左右に掌一つぶんの位置には「幻日」の月版である「幻月《げんげつ》」も現れます。満月付近の明るい夜が特におすすめです。

鰯雲や羊雲が夜空に広がっているときには彩雲や「月光環《げっこうかん》」を観察できますし、花粉が飛散している春先には「花粉月光環」も見られます。満月付近の夜、局所的に雨が降った場合には月光による虹「月虹《げっこう》」が出ることもあります。

月の満ち欠けや雲の様子から、どのような現象が起こるか想像して夜空を見上げると、ロマンチックな空の表情に出会えるかもしれません。

月暈・幻月（上）
花粉月光環（下）

第4章

たとえ、天気が崩れても

曇り空の個性、雨の日の気象学者

曇り空の日は、気分もどんよりしがちです。雪や曇りの日が続き、日照時間が極端に少なくなる冬の日本海側では、精神を安定させる働きをするセロトニンという神経伝達物質の分泌が滞り、憂鬱《ゆううつ》な気分になる人が増えるといわれています。

曇り空にも個性がある

曇り空を飛行機に乗って昇っていけば、雲海の上に青空が広がっています。ただ、そんなに気軽に飛行機に乗れるわけでもありません。曇りの日は空を見ても面白くないと思われがちですが、曇り空のときこそ雲の動きや形に注目すると、普段見ることのできない大気の流れを感じることができるのです。

空一面に広がって止まっているように見える雲も、実はダイナミックに動いています。上空

曇天の上には青空が広がる

の風に流されて大きく動きますし、低気圧や前線の通過に伴って風向きが変われば雲の流れも変わります。

近くの空で雨が降っていると、雨によって振動した空気が大《たい》気《き》重力《じゅうりょく》波《は》を生み、雲の底を伝うことで、波打つ形の「うねり雲《ぐも》（アスペリタス）」と呼ばれる雲ができることもあります。

大気は絶えず動いていますが、私たちの目には見えません。それを可視化しているのが雲です。

雲は、体を張って空で何が起きているのかを教えてくれているのです。

曇り空に個性を見出せるようになると、空のドラマをより身近に感じられ、曇りや雨の日も楽しくなると思います。

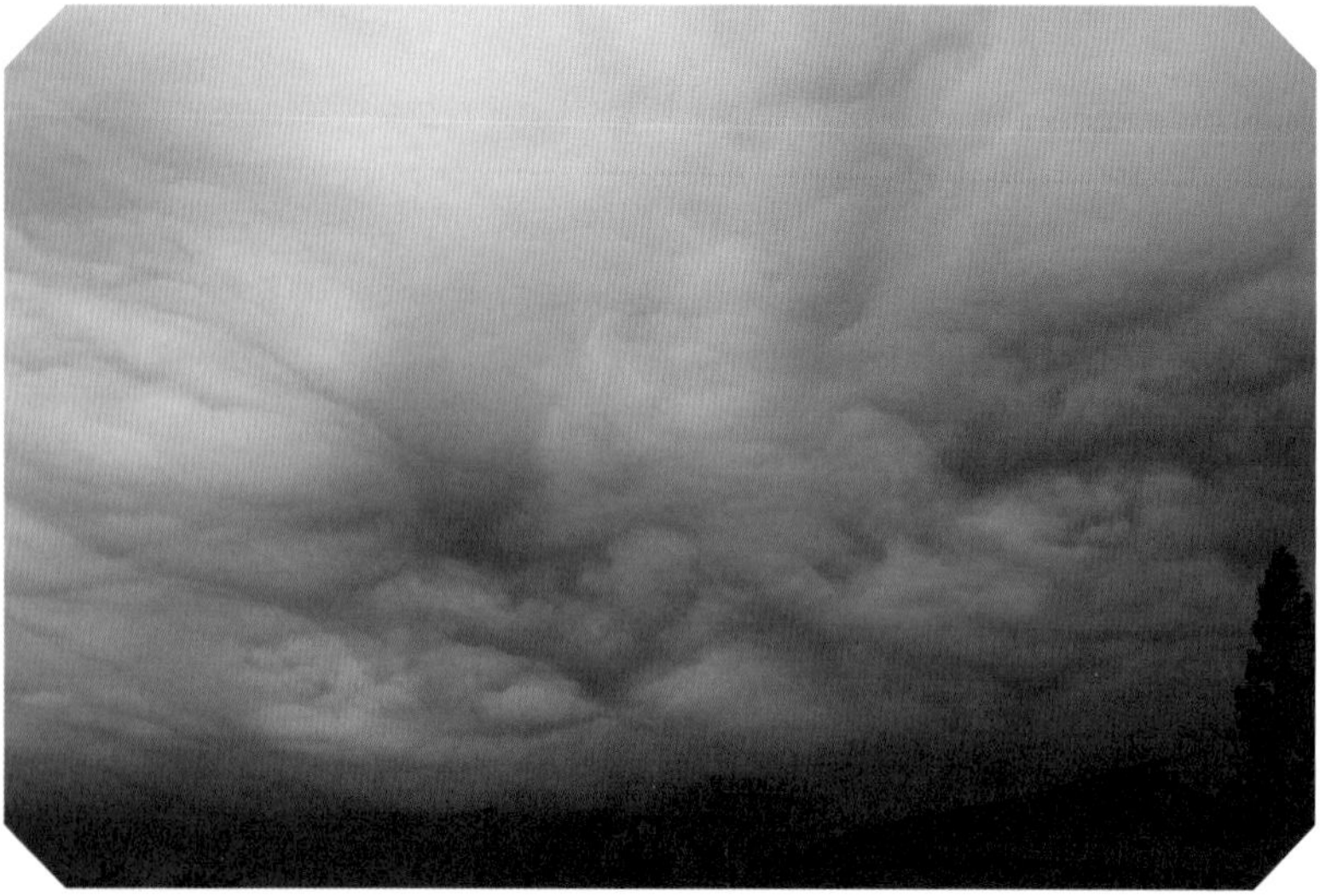

うねり雲

雨の日、気象学者はこう楽しむ

雨の日もまた、楽しいものです。おすすめは、スマートフォンで水たまりをスロー撮影することです。上から雨粒が落ちてきて、水たまりの水面に当たって跳ね上がり、また落ちて、さらに跳ねて……という一連の挙動が、ほんの数秒撮影するだけで見られます。

小さな水滴の場合、一度飛び跳ね、表面張力の影響で水面をコロコロとボールのように転がって散らばることもあります。

雨粒の跳ね方や、波紋の広がり方は、雨の強さによっても異なります。

弱い雨のときは、一つひとつの水滴が、ぴちゃんぴちゃんと踊るように跳ねますが、

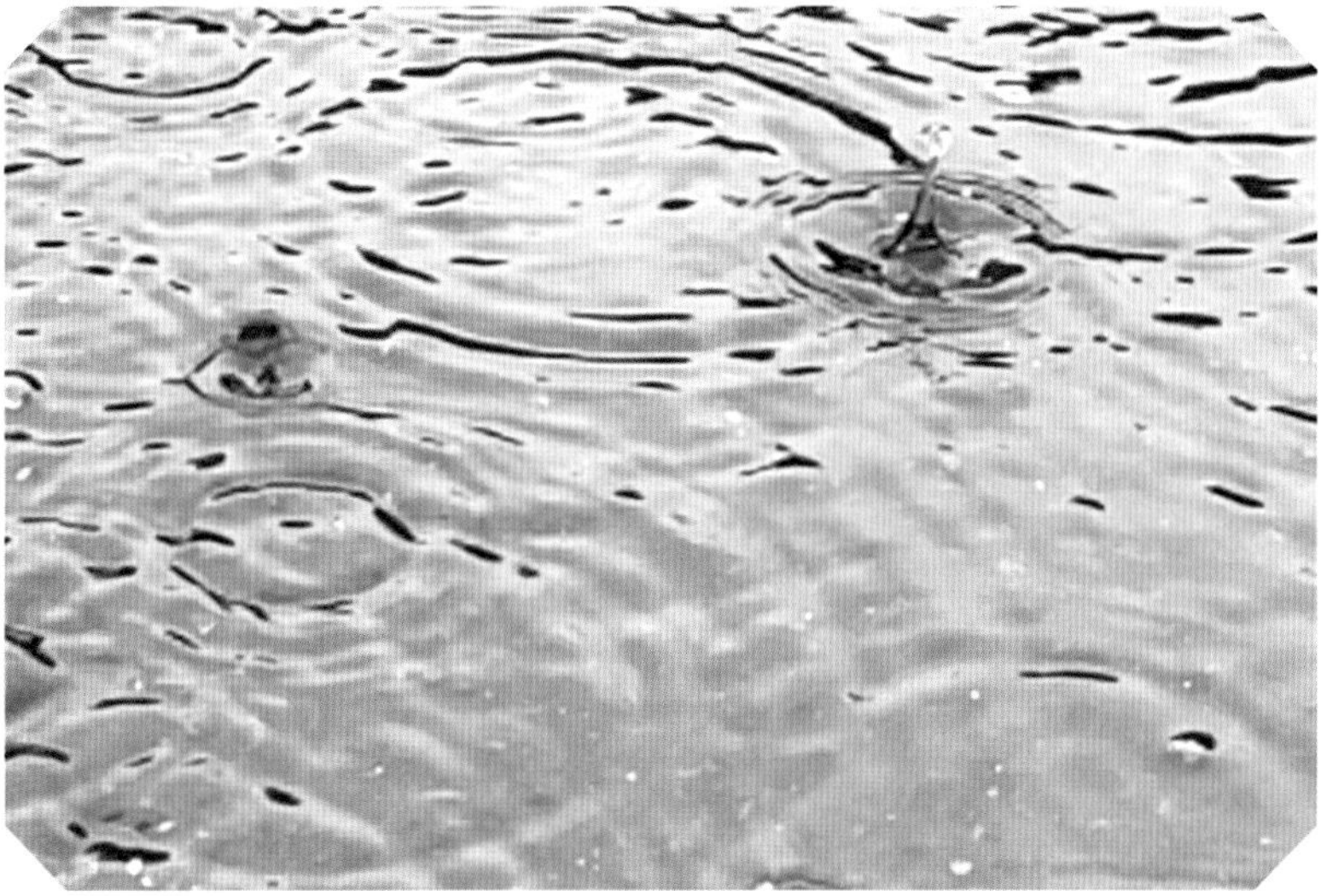

スロー撮影した水たまり

降り方が激しいときには水滴の落下した水面が大きく凹《へこ》んだあと、水滴は完全には跳ね上がらずに水面から水の球が顔を出すような形になります。普通の速度で見ているぶんにはわからない水滴の動きが、三、四秒スロー撮影をするだけで確認できます。

弱めの雨を狙って、水たまりのスロー撮影にぜひ挑戦してください。コツは、スマートフォンを水面から一〇センチメートルくらいに近づけて撮ることです。まるで新海誠監督の作品のような美しい世界を撮影することができます。

透明のビニール傘をさしているときや、バスや電車などに乗っているときにも、ぜひ雨粒の動きに注目してください。

雨粒が傘に落ちてきた瞬間、飛び散り、水滴が付着します。そこに次の雨粒がくっつくと、急速に水滴が大きくなり、重力で下に落ちていく──。
雲の中で雨が成長するのも、ほぼ同様の現象です。雲粒《うんりゅう》が周囲の水蒸気を吸って徐々に大きくなり、自分自身の重さで落下すると雨になります。落下速度は雨粒の大きさによって違うため、雨粒同士が途中でぶつかります（二五六頁）。ぶつかるとお互いがくっついて、急速に大きくなり、速度を増して下に落ちます。

雨の日の傘の上では、水滴が「降ってくる」「くっつく」「大きくなって我慢できなくなり流れ落ちる」という一連の楽しい動きが、至るところで絶えず起きています。周りに気をつけながら、傘の上や窓ガラスの水滴を観察すると雨が楽しくなります。

雨のにおい、雪のにおい

雨が降るとき、何か特有のにおいを感じることはないでしょうか。なんだか懐かしさを感じさせるような、土っぽいような、あのにおいです。そんな「雨のにおい」にも、名前があります。

一つは、「ペトリコール」という名前で、ギリシャ語で「石のエッセンス」という意味です。ペトリコールは晴れた日が続いたあと、久しぶりに雨が降るときに、地面から上がってくるにおいを指しています。植物からできた油分が、乾燥した地面の石や土の表面に付着して、雨が降ることによって空気中に放出されると考えられています。

ほかにも、「ゲオスミン」というにおいもあります。ペトリコールが雨の降りはじめのにおいであるのに対し、ゲオスミンは雨上がりのにおいです。土の中にいるバクテリアなどによって作られる有機化合物が雨水によって広がることで発生します。「カビ臭いようなにおい」と表現される場合もあります。

また、雷の放電に伴って大気中でオゾンが発生し、においが伝わってくることもあります。

雪が降る直前にも、鼻にツンとくるような「雪のにおい」を感じることがあります。これは、雪の降る直前の空の状況が関係しています。雪が落下してくるとき、雪が昇華《しょうか》することで空気を冷やしながら水蒸気に変わるため、上空から地上にかけて気温が下がり、湿度が上がります。気温が下がると空気分子は動きが鈍くなる性質があり、人はにおいを感じにくくなります。

一方、湿度が高いと嗅覚が刺激されて、鼻が温かく湿っていると感じるようになります。このときに冷えた空気によって刺激される三叉神経《さんさしんけい》は、もともとミントなどの香りでも冷たさや清涼感を感じる構造を持っています。

以上のことから、雪のにおいは、雪が降る直前の大気の温度の低下、湿度の上昇、それらで刺激される神経の働きと、においの記憶などが組みあわさったもの――つまり、においそのものはないのに、それらの組みあわせが雪を連想させるのではないかと考えられています。

雨や雪の日には、外で深呼吸をしてみてください。空は目で見て楽しむだけでなく、嗅覚や神経など、全身を使って楽しめるのです。

雪は天からの手紙

江戸時代の雪の結晶図

雪は昔から、人々を魅了してきました。アイザック・ニュートンも雪の結晶の形を調べていたといわれていますし、江戸時代には下総国古河藩《しもうさのくにこがはん》（現在の茨城県古河市）の藩主・土井利位《どいとしつら》（一七八九―一八四八）が顕微鏡で観察した八六種類の雪の結晶図などを収めた『雪華図説《せっかずせつ》』を出版しました。

それをきっかけに、江戸では「雪華《せっか》」模様が流行し、浮世絵やかんざし、着物の布地など様々なものに使われるようになりました。

ちなみに、浮世絵に描かれた女性の着物には、樹枝状《じゅしじょう》や扇形《おうぎがた》の結晶が多く見られますが、これは関東でよく降るタイプの結晶です。江戸時代も現代も、関東の雪結晶の特徴は大きくは変わっていないのかもしれません。

雪を愛した科学者

雪の研究といえば、中谷《なかや》宇吉郎《うきちろう》（一九〇〇―一九六二）が有名です。彼は世界で初めて人工雪を作ることに成功しました。気温と水蒸気の量によって雪の結晶の形がどう変わるかを解明した中谷は、雪の研究だけでなく、文学・芸術の方面でも精力的な活動をしてきました。

中谷はいくつか有名な言葉を残しています。その一つが「科学と芸術の間にはガラスの壁がある」という言葉です。科学者と芸術家はその本質において非常に似ているという意味だと、私は認識しています。

中谷宇吉郎

研究や創作に没頭しているときの心の状態も似ていますし、新しいものを見出そうとする点においても類似性があります。一方で、科学と芸術の間には相容れないものがある、いや、むしろ、互いに補うものがあるという意見もあり、その微妙なニュアンスを「ガラスの壁」と表現したのかもしれません。

私は映画『天気の子』の気象監修や絵本・図鑑などの制作をしてきた経験などか

ら、両者の組みあわせに可能性を感じています。とりわけ『天気の子』は、新海誠監督がもともと「科学的に整合性のとれた表現」を目指していることもあり、作品中に登場する気象表現を限りなくリアルに近づけながら、ストーリーに必要な要素を上手く組み入れることで、より深みと説得力のあるエンターテインメントに仕上がりました。

「芸術は感性で作るもの」といわれますが、その背景に科学への深い知見が加わると、より豊かな表現ができると思うのです。逆に、科学についても表現方法を工夫することで、より面白く、心に響く伝え方ができそうな気がしています。科学と芸術を別個のものとして分けるのではなく、両者を掛けあわせることで、新たな地平が開けるのではないかと期待しています。

「天から送られた手紙」を集める

中谷の有名な言葉に「雪は天から送られた手紙」があります。

これは、雪の結晶の形はその結晶が成長する雲の中の気温と水蒸気の量によって異なるため、空から降ってきた雪の結晶を観察することで、雲のことがわかるというものです。気温によって角柱状《かくちゅうじょう》・角《かく》板状《ばんじょう》になるかが変わり、水蒸気量が多いとより大きく成長するのです。

観測技術が発達して研究が進んでも、雪の結晶の形はあまりにも多様なため、数値化は非常に難しいのが実情です。環境によって全く違う形に成長しますし、融け具合によって落下速度

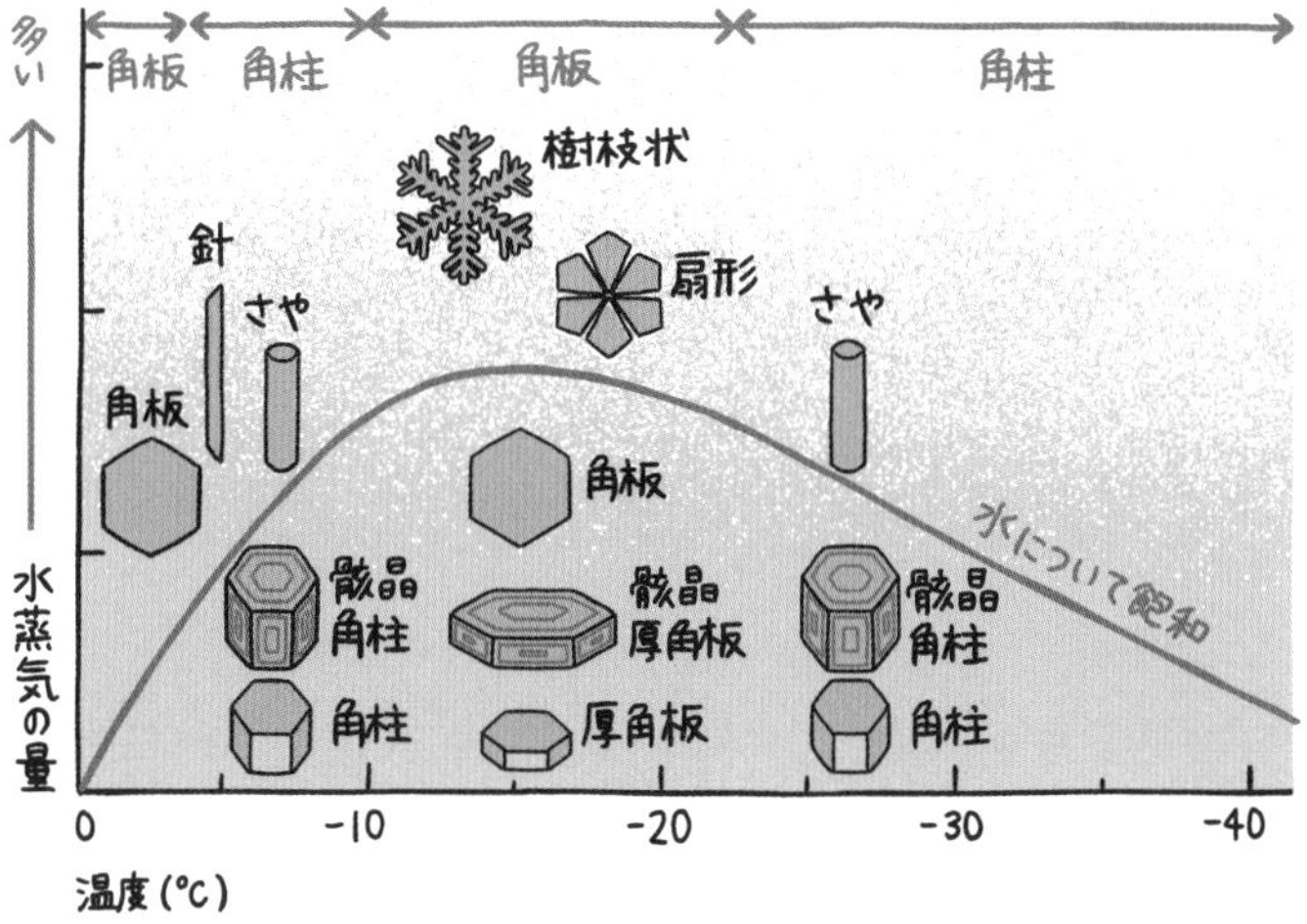

雪結晶の形と気温・水蒸気量の関係（小林ダイヤグラム）

も変わります。落下する様子を連続撮影できる機械もありますが、非常に高価なため多くの地点で観測できるほど普及していません。現時点では、落ちてきた雪を観察する方法が有効なのです。

機械的に行うのが簡単ではない雪結晶の観測ですが、防災の観点からも、雪結晶の解析は非常に重要です。

とりわけ、めったに降雪のない太平洋側では、少しの雪で交通が麻痺《まひ》し、転倒してケガをする人が続出するなど、大変な事態になります。「どこで、どのような種類の雪が降ったか」を解析し、雪雲の仕組みが解明できれば、予報の精度が向上し、被害を最小限に抑えることにつながるのです。

そこで私は、一般の方がスマートフォンで撮影した雪の結晶の写真を、ＳＮＳなどを通して集めて解析する「#関東雪結晶 プロジェクト」を気象研究所で実施しました。これは、インターネットやスマートフォンが普及した二〇〇〇年代からアメリカなどを中心に広がった「シチズンサイエンス（市民科学）」という方法です。市民の力を借りて大量の情報を集め、科学者だけでは得られなかった知見の獲得を目指したのです。

雪の結晶は見た目が美しく、実物を目にすると気持ちが高揚します。美しい結晶の写真を撮りたいという人々の気持ちも、シチズンサイエンスに協力するモチベーションとなっています。もちろん、防災に貢献したいという思いで参加してくれる方もいますし、何種類の結晶を観察できるか全力で楽しんで参加される方もいます。それからというもの、雪の降る日は、関東に限らず様々な地域から多くの結晶写真が届くようになりました。

さらには、「撮りたい気持ち」は、自然と人々の防災リテラシーを高めます。「美しい雪の結晶を撮るために雪がいつどこで降るのかを知りたい」と防災情報にアクセスするきっかけになるのです。次第に天気予報や防災情報に詳しくなるという利点もあります。

市民から寄せられた雪の結晶画像は、解析に大いに役立っています。研究所にある観測機器のデータと組みあわせて解析すると、「どのような粒子がどんな雲で生まれ育ち、降ってきたか」を知ることができるのです。

樹枝六花《じゅしろっか》
扇六花《おうぎろっか》
骸晶角柱《がいしょうかくちゅう》
針《はり》
針
放射交差角板《ほうしゃこうさかくばん》
角板付砲弾《かくばんつきほうだん》

様々な形の雪結晶

雪崩のしくみの解明に挑む

結晶は「雪の履歴書」です。結晶の形を見ると、その雪がどのような環境下で成長したのかがわかります。たとえば、樹枝状の結晶が成長するのは、水蒸気量が多いときです。一方、角板が交差するように成長した交《こう》差《さ》角板《かくばん》や、砲弾《ほうだん》といった結晶は、粒が小さく、マイナス二〇度以下の低温な雲で成長します(低温型結晶)。また、過冷却の雲粒のある雪雲内では、雪結晶に雲粒が付着して雲粒付《うんりゅうつき》結晶が成長します。

二〇一七年三月二十七日、栃木県那須郡那須町の雪山で行われた登山講習会中に雪崩《なだれ》が発生し、高校生七名と教諭一名が亡くなる痛ましい事故が起こりました。

現地調査で雪崩の発生原因を調べたところ、最初の積雪のあと、「弱層」と呼ばれる崩れやすい層ができ、その上にさらに多くの雪が積もったことで、「表層雪崩」が起きたことがわかりました。

この弱層になっていた積雪は、雲粒の付着していない板状《ばんじょう》の結晶でした。このような結晶が降り積もると、結合力が弱く崩れやすい弱層を形成することがあります。その後、低気圧が近づいてきたことで山地の風上側の斜面のすぐ上に過冷却雲粒でできた雲が発生し、局地的に降雪が強まっていました。このとき、短時間で雲粒付結晶を含む多量の雪が弱層の上に降り積もったことで、滑りやすい弱層が崩れ、積もった雪が一気に流れてしまったのです。

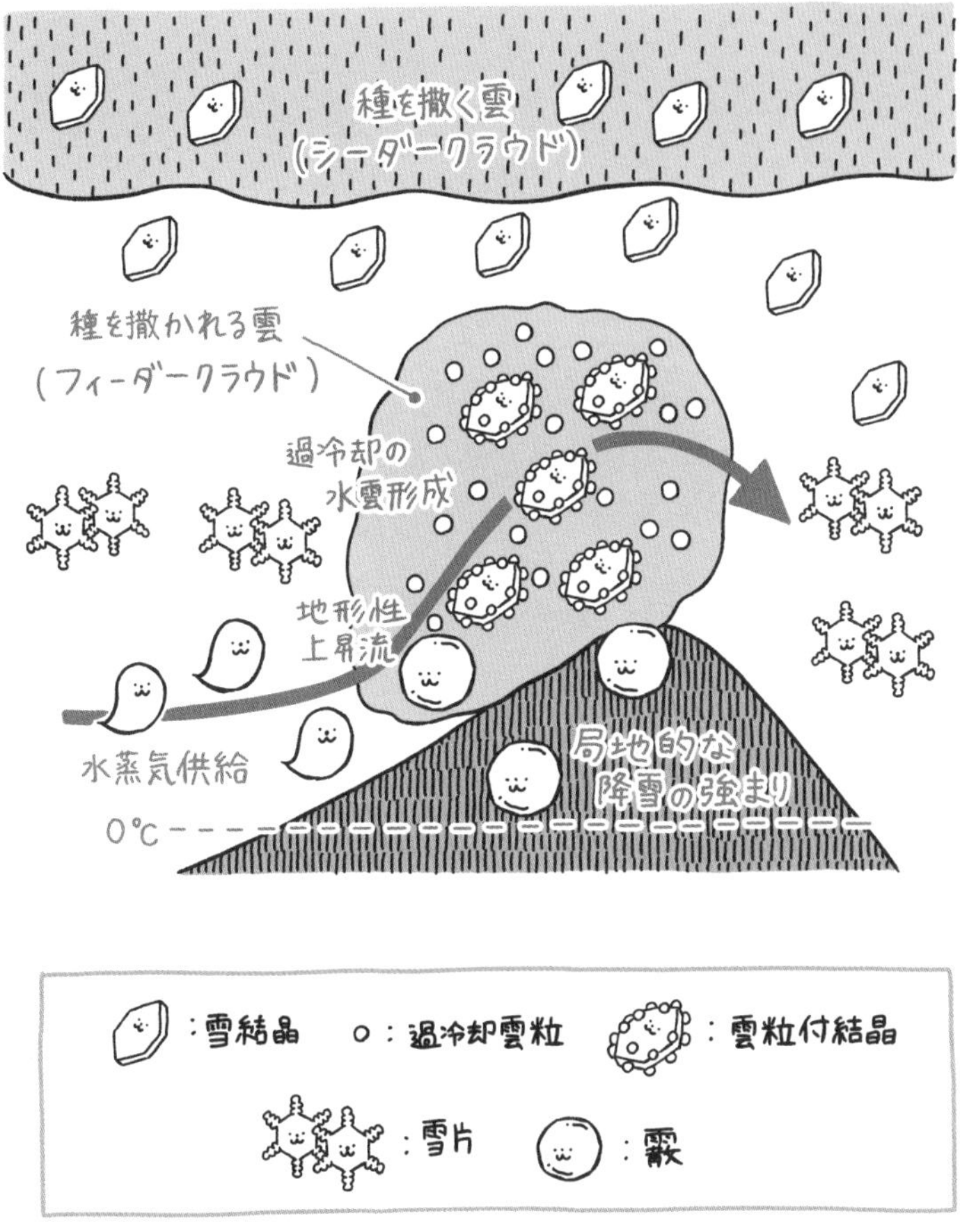

2017年3月27日の那須町での大雪の仕組み

また、近年、低温型結晶が雪崩の発生に関わっていることが明らかになってきました。低温型結晶の雪はさらさらしていて流動性が高く、降ったそばからすぐに崩れてしまうのです。

そうした雪の性質は、結晶を見ればわかるのですが、降った雪の結晶を確認していては時間がかかり、リアルタイムで雪崩のリスクに備えることはなかなか難しいのが現状です。そこで、どのような気象条件のときに低温型結晶が降るのかを調べ、予測に活用しようと、「#関東雪結晶 プロジェクト」で結晶写真のサンプルを集めたのです。

約三年ぶんのデータを使って分類し、一時間ごとにどの種類の結晶が降ったかを解析した結果、低温型結晶がずっと降っている場合と、全く観測されない場合のあることがわかりました。

さらに詳しく調べると、前線を伴ったいわゆる「温帯低気圧」か、前線を伴わない低気圧かの違いがありました。低温型結晶を降らせていたのは「温帯低気圧」でした。低温型結晶は、マイナス二〇度以下の低温でのみ成長する結晶で、気象衛星を使って雲を観測すると、温帯低気圧の雲は背が高く、内部はマイナス三〇度にまで達していました。

また、低温型結晶が観測されない低気圧は、雲の背が低く、相対的に雲の温度が高くなっていました。つまり、同じ降雪量の雪予報だったとしても、低気圧の雲の背の高さや構造によって、表層雪崩のリスクは変化することがわかったのです。

雪を知り、備え、楽しむ

これらの研究成果は、すでに気象庁内で共有され、低気圧の構造や雲の背の高さを加味した上で、「なだれ注意報」を発表することが、新たに検討されるようになりました。

これまでの方法では、山のある県では「なだれ注意報」が長時間発表されている状況になりやすいという懸念点がありました。頻発すると『イソップ物語』の「オオカミ少年」のように信頼性が下がってしまうため、事故の抑止には、メリハリをつけた精度の高い注意報を発表することが重要です。

雪の結晶を見ると雲のことがわかるのと同様に、積雪の断面からは、その冬の降雪の履歴を知ることができます。違う性質の雪の層が地層のように積み重なっているのです。各層がいつどのような条件で降った雪なのか、積雪粒子を調べることで、不安定な層を検出し、表層雪崩の予測に役立てられないかという研究も進められています。

「#関東雪結晶 プロジェクト」は降雪の実態解明の研究の役に立っています。雪の結晶の撮影を楽しんだら、ぜひX（Twitter）にハッシュタグをつけて投稿して、ほかの方の撮影した雪の結晶にどんなものがあるかもチェックしてみてください。

私は、このシチズンサイエンスの論文の締めくくりの言葉として「将来的に、『雪が降ったら雪結晶観測』が当たり前の文化が築き上げられることを願う」と書きました。誰もが自然現象に親しみ、楽しみ、そして危険には備えるというような、気象とのつきあい方が根づくことを期待しています。

雪の日に美しい映像を

雪の日にもスマートフォンのスロー撮影で遊べます。窓の外をスロー撮影するだけで、雪の結晶がくっついてふわふわと落ちてくる「牡丹雪《ぼたんゆき》」の美しい姿が確認できますし、背景が暗めの景色を選んで撮れば雪がさらにくっきり見えて、雰囲気のある美しい動画になります。

雪が止んだあとは、積もった雪にも注目してください。

私が好きなのは「雪の粘性」を感じる現象です。雪国では、屋根に積もった雪が丸く曲がって屋根からはみ出していることがあります。これは「雪庇《せっぴ》」といい、冬にニュースなどで見かけます。このような形になるのは、雪の集合体である積雪が粘り気を持つためです。

同様の仕組みで、関東でも見られたのが「雪紐《ゆきひも》」です。ベランダの手すりなどに雪がこんもり積もることがあります。その後に風が吹き、積もった雪が動きかけたものの粘性によって持ち堪《こた》えると蛇のような曲線を描きながら手すりにへばりつきます。雪紐のできあがりです。雪紐は従来、雪国だけのものと考えられていましたが、関東でも発生することがわかりました。

雪の粘性といえばもう一つ、「雪まくり」という現象もあります。これは雪の層が一部分だ

雪紐

け巻き上げられ、ぐるぐるとロール状に転がってできるものです。まるで、自然が作る「雪だるま」です。

また、ある程度の雪が積もって晴れた日には、積雪しているところを横から少し掘ってみてください。上から光が届くくらいの場所を掘ると、その中が青く光って見えることがあります。これは氷河が青く見えるのと同じ仕組みです。

水を多く含む湿った雪や氷には、波長の長い赤い光を吸収し、青い光を通しやすい性質があります。特に、雲粒のついていない結晶の積雪では、結晶がでこぼこしていないために通る光の量が増え、青い雪が見えると考えられています。白い雪の中に突然現れる青色は、雪の日にしか見られない、とっておきの美しさです。

凍る準備はできている

過冷却の水を凍らせる快感

空では日々刻々とドラマが生まれています。そのいくつかは、身の回りのものを使った実験でも体感することができます。「水の雲粒が氷の粒に変わる瞬間」を、ペットボトルを使って目撃する方法を紹介しましょう。

水が氷に変化する凝固点は零度ですが、「零度になれば必ず凍る」というわけではありません。冷凍庫の製氷皿に入れた水も、実は零度で凍ることは稀《まれ》で、マイナス一〇度などかなり低い温度で凍っています。特に、蒸留水や不純物が含まれていない水を静かにゆっくりと時間をかけて冷やすと、凍らずに液体のまま氷点下になります。この状態を「過冷却」と呼びます。

過冷却状態の水にわずかな衝撃が加わると、その部分から一気に凍る様子を見ることができます。ペットボトルに蒸留水を入れて、冷凍庫などで冷やして過冷却の水を作ります。そのペットボトルを指ではじいて刺激を加える、あるいは氷のカケラなどを中に入れてみると、そこからどんどん凍っていくのです。

なぜそのようなことが起こるのでしょうか？　凝固点に達した過冷却の水は「凍る準備」はできている――しかし、凍りたいけれど凍れない状況にあります。

実は、雲も同じなのです。夏の日本では空は高度五キロメートルほどで零度に達し、それ以上の高さでは氷点下になっています。雲は冷たい空に浮かんでいるため、いつでも氷になれるはずです。にもかかわらず、実際の雲では、内部がマイナス二〇度という低温でも、「雲粒が過冷却の水のまま」ということが結構あるのです。

雲の粒は、空気中の微粒子、エアロゾルを核にして発生します。その核が硫酸塩や海塩など、水溶性の物質である場合には、液体の雲の粒になります。液体の雲粒の芯になる物質は、一立方センチメートルあたり数百から数千個も漂っています。つまり、ものすごく数が多いのです。

一方で、氷の粒の核になるエアロゾルは、すごく少なく、一リットル（一〇〇〇立方センチメートル）あたり数個あるかどうかです。氷の結晶はとてもできにくいのです。

過冷却の水も、本来は零度を境に融けたり凍ったりしますが、芯になる不純物がないとなかなか凍れずに、そのまま冷えていきます。そこに芯となるものが現れると、みるみる凍るというわけです。

過冷却の水に刺激を加えたのと同じ状態が雲の中で起こると、「霰《あられ》」や「雹《ひょう》」が生まれます。

積乱雲《せきらんうん》は内部の上昇気流が強く、水滴が勢いよく持ち上げられ、過冷却状態の雲粒が無数にできます。

霰と雹の違い

そこに雪が降ると、雪の結晶に過冷却状態の水の雲粒がくっつき、結晶の表面で凍ります。雪が過冷却の雲粒を道連れにして回転しながら成長したもの、それが霰です。霰とは、空から降る直径五ミリメートル未満の氷の粒のことで、直径が五ミリメートル以上になると雹と分類されます。

霰が落下して、零度より高い温度の空までくると、表面が少し融けて水の膜ができます。表面が融けた状態の霰が、積乱雲の上昇気流によって再び氷点下の空に持ち上げられると、また水の膜が凍り、そこに新たに過冷却の雲粒がくっつき、大きく重くなったことで再び落ちていく……というように、この上下運動を繰り返すことでできるのが、雹です。

雹の断面を見ると、透明な部分と白っぽくなった部分が、まるで年輪のように層を作っています。これは、その上下運動の過程を表しています。白い部分は雲粒がくっついて凍った隙間のある層で、透明なのは水の膜が凍った層です。

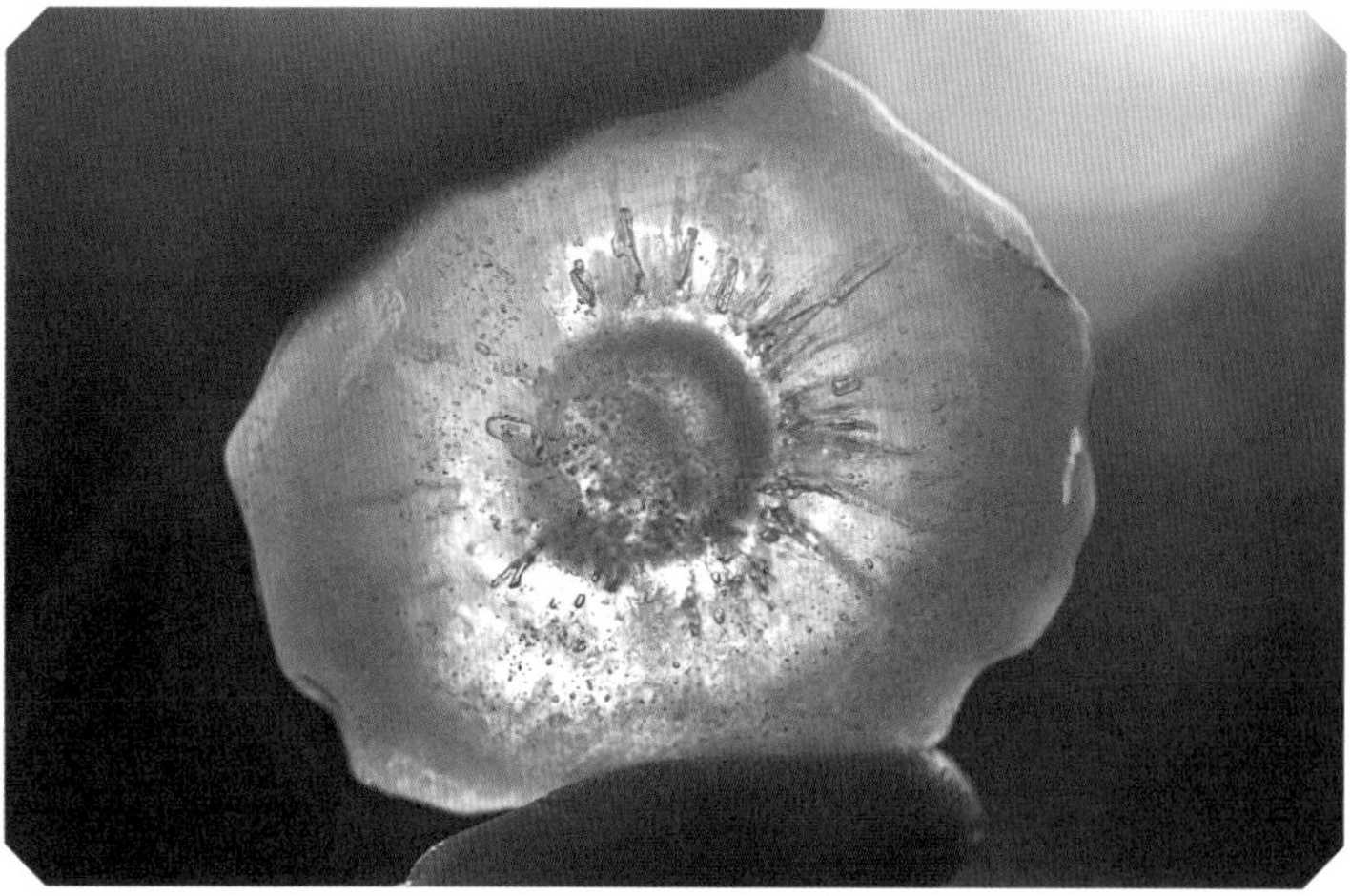

霰（上）、雹（下）

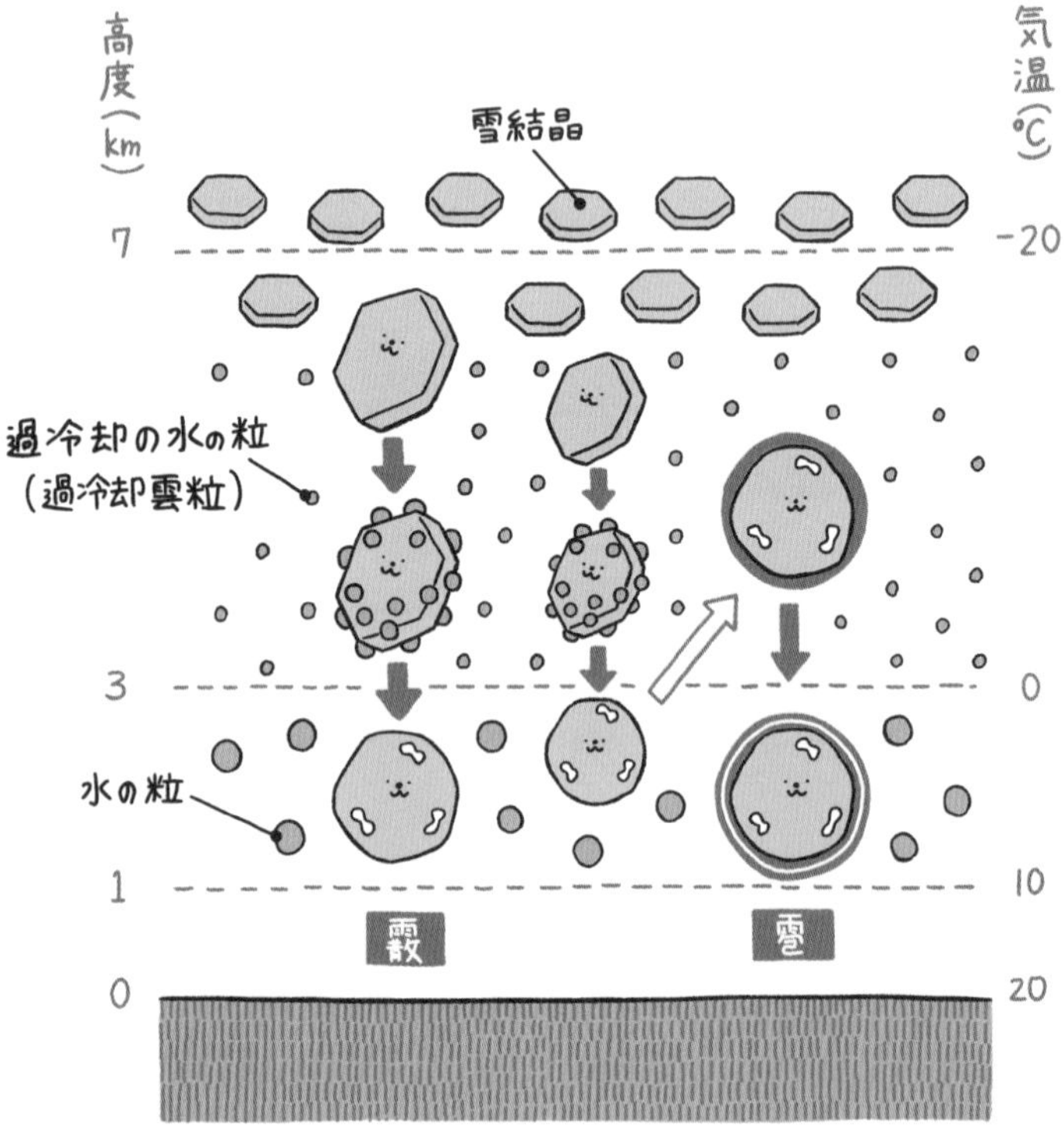

霰と雹ができる仕組み

「霰」と「雹」の漢字はよくできている

「霰」は雨かんむりに散る、「雹」は雨かんむりに包むと書きますが、この漢字表記にも、実はそれぞれの成長過程の特徴が表現されています。

霰は落下すると地面にコロコロと散らばります。雨かんむりに「散る」という漢字には霰の物理的性質が反映されています。

雹についても成長のプロセスを思い出してください。雹が落下する途中で表面が融けて水膜に包まれ、それが上昇して凍結して、新たに過冷却の雲粒を周りにくっつけながら落下する、これを繰り返して成長する……成長過程で何度も「包まれて」大きな氷の塊になるのです。物理的な特徴がしっかりと漢字に反映されていることには驚かされます。

『雨かんむり漢字読本』（円満字二郎著、草思社）によると、古代中国では霰は平和の表れ、雹は世の乱れの兆しであると考えられていたそうです。実際、雹が降るのは、発達した積乱雲が上空にあるとき、つまり天気が乱れるときです。

穴あき雲に見るドラマ

「穴あき雲《ぐも》」は、空に鰯雲《いわしぐも》や羊雲《ひつじぐも》が広がっているところに、ぽっかり穴が開く現象です。特に穴あき雲の見られやすい鰯雲（巻積雲《けんせきうん》）は、高度一〇キロメートルほどの、高い空にあります。マイナス三〇度にもなる冷たい環境

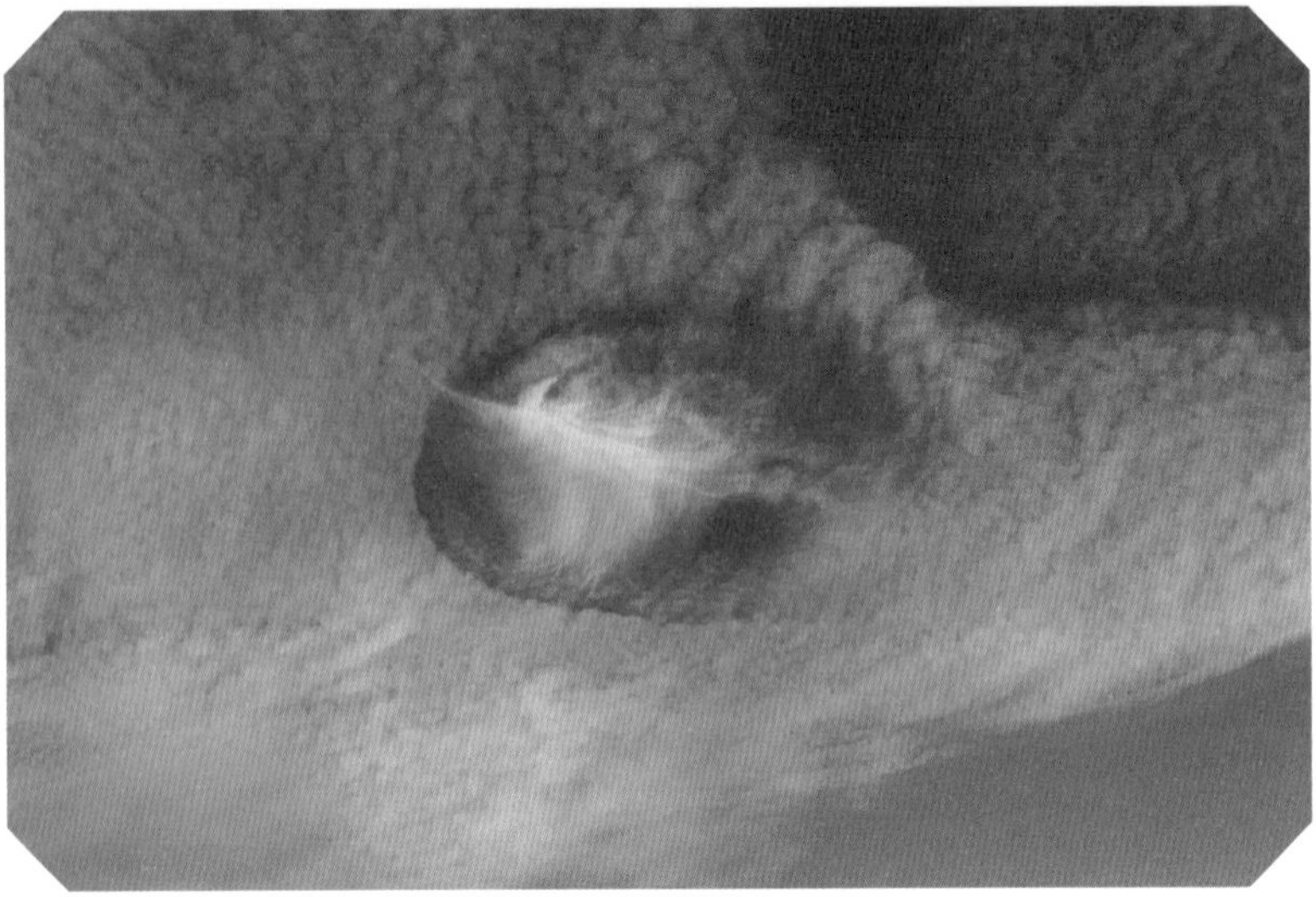

穴あき雲

で、雲粒は過冷却の水でできています。

　雲粒は凍りたくても凍れない状況ですが、気流が乱れるなどのきっかけがあると、氷の結晶が発生します。すると、氷は周囲の水蒸気を取り込んで大きく成長します。

　氷が成長すると、空の水蒸気が足りなくなります。それを補うために過冷却の雲粒たちが蒸発し、水蒸気を供給します。「氷になれそうでなれない水」は不安定です。「早く安定したいのに氷になれない状態」の雲粒は、周囲で水蒸気が足りない状況になると、安定しようとして蒸発します。

　その結果、雲の中の氷は成長しますが、雲粒は蒸発するために雲が消え、その部分に「穴があく」のです。

　また、穴あき雲の中心には、モヤッとしたなめらかな姿の雲が見えます。これは氷

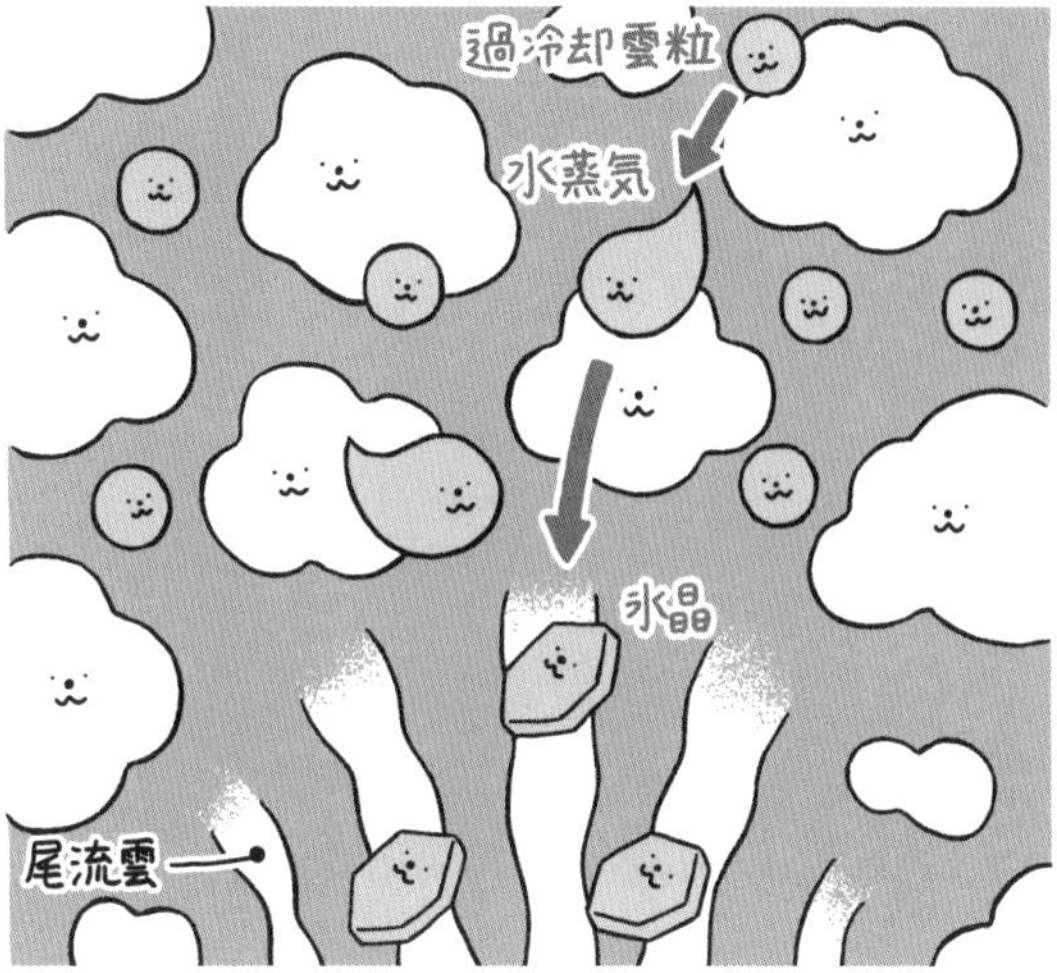

穴あき雲の仕組み

の結晶でできた雲です。このように上空から落下する氷や雪の結晶や雨が途中で蒸発し、風に流されて消える様が尻尾のように見えることから「尾流雲《びりゅううん》」と呼ばれます。

鰯雲は彩雲《さいうん》やハロ、アークの美しい虹色を空に作ると同時に、過冷却の水が氷になる瞬間も表現している——ドラマチックな鰯雲の人生を、ぜひ空を眺めながら感じてください。

霜柱を踏みしめて

氷は空の上だけでなく、地面にもできます。その代表が「霜柱」です。冬の寒い朝、土が盛り上がっている部分を踏みしめると、ザクザクと音がします。湿った土の表面が夜間の放

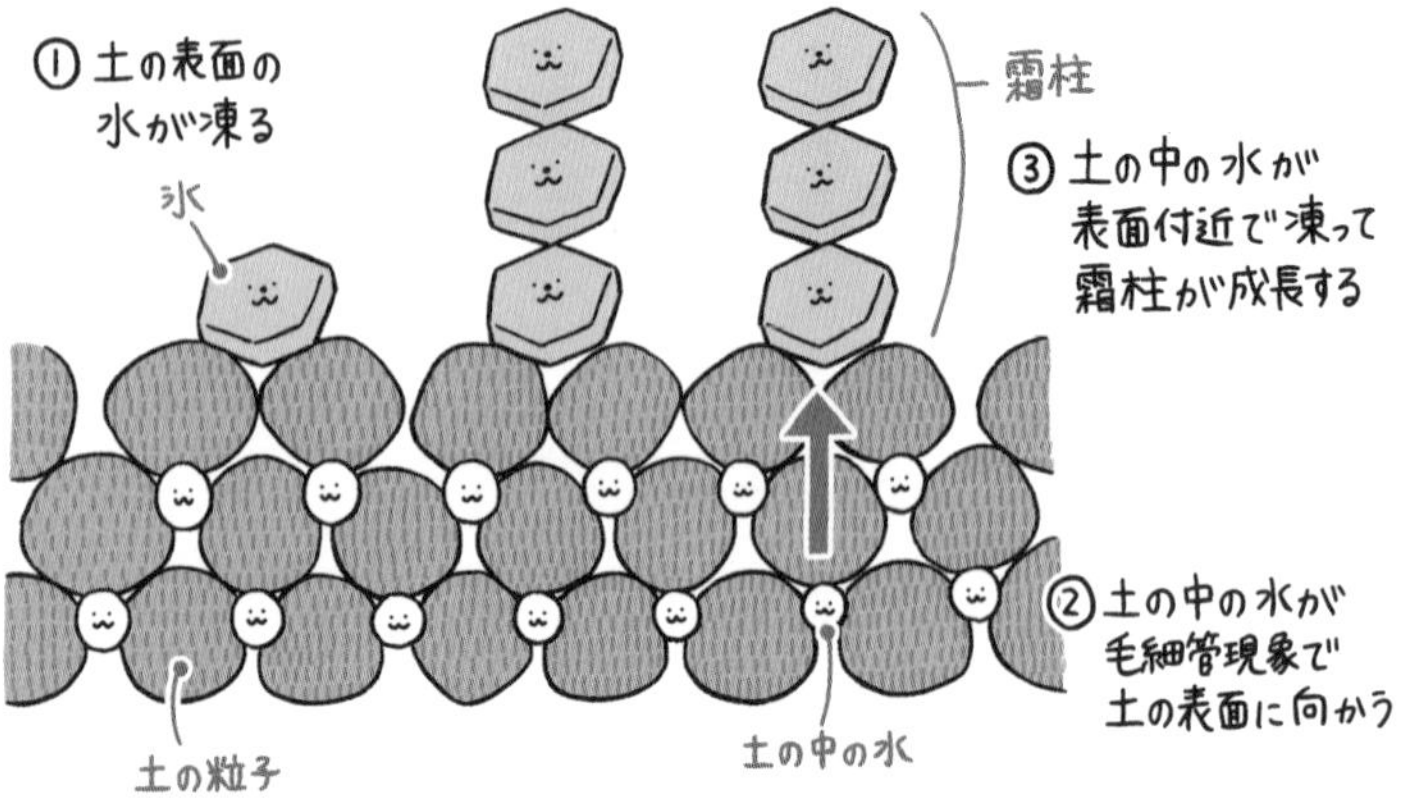
①土の表面の
水が凍る
氷
霜柱
③土の中の水が
表面付近で凍って
霜柱が成長する
②土の中の水が
毛細管現象で
土の表面に向かう
土の粒子
土の中の水

霜柱ができる仕組み

射冷却によって冷やされることで生じる現象です（上の図の①〜③）。

夜間の放射冷却では、まず地表付近がもっとも冷たくなって凍ります。しかし、地面の下はまだ温かく水のままです。そこで「細い管状の物体（毛細管）の内側の液体が、外部から力を加えられずに管の中を移動する物理現象」である「毛細管現象」が起こります。土の中からどんどん凍った地表面に向かって水が吸い上げられ、その水が上から順に凍って柱状にせり上がって霜柱ができます。何気なく踏みしめる霜柱にも物理現象があるのです。

霜柱は、水が染み込んで湿った土の地面にできやすいため、庭や家庭菜園がある方は、夜間が晴れていて、翌朝の気温が数度程度まで下がると予測されている日の夜に、土を少し柔らかくほぐして、水をかけておくと、翌朝に綺麗な霜柱を見ることができます。

家庭菜園で野菜を育てるのには時間がかかりますが、霜柱は「わずか一晩」です。霜柱の生き様に思いを馳《は》せながら、ときには霜柱の集団の一部を収穫してみましょう。収穫した霜柱を、スマートフォンで拡大してみるとその構造がよく観察できて面白いです。観察したあとは、ザクザク踏みしめる快感も味わってください。

シンデレラタイム

冬の朝に地面で白く、キラキラと輝いているのが「霜」です。白っぽくなっている地面は土や草などの表面で氷の結晶が成長したものです。遠目だと白く輝いているくらいにしか見えませんが、スマートフォンにマクロレンズをつけて観察すると、美しい霜の結晶を確認できます。

花のように大きく成長する霜もあれば、細長い形の霜もあります。霜の結晶には正式な分類はないのですが、私は雪氷《せっぴょう》研究者と協力して観察結果をもとに、角柱状、杯状《はいじょう》、針状《しんじょう》、角板状、扇状、多重板状《たじゅうばんじょう》、貝殻状《かいがらじょう》、樹枝状、氷粒付《ひょうりゅうつき》の九つに分類しました。

霜は、水蒸気が多いほうが大きく成長しやすいですし、植物の毛のようなものを芯にしてできる霜は針状になりやすいといった特徴はありますが、雪の結晶と同様、全く同じ形に成長することはありません。

様々な霜の結晶

特に美しいのが、霜の結晶に朝日が当たり、ほんの少し融けた瞬間です。朝日を浴びるとすぐに融けてしまうのですが、氷に光が当たって屈折して、虹色の光が生まれます。融けゆく中で虹色に輝く――この美しくて儚《はかな》い時間帯を、私は「シンデレラタイム」と呼んでいます。

霜の結晶のシンデレラタイムを目撃するには、いくつかの条件があります。まずは、最低気温が数度以下に冷え込んだ、風の弱い晴れた朝です。空が開けている草地だと、より見つけやすいと思います。

なお、天気予報で聞く「最高気温」や「最低気温」は、地上から一〜二メートルの高さの気温を基準にしています。夜間の放射冷却では地面に接した空気から冷えるため、朝の最低気温が数度であっても、地

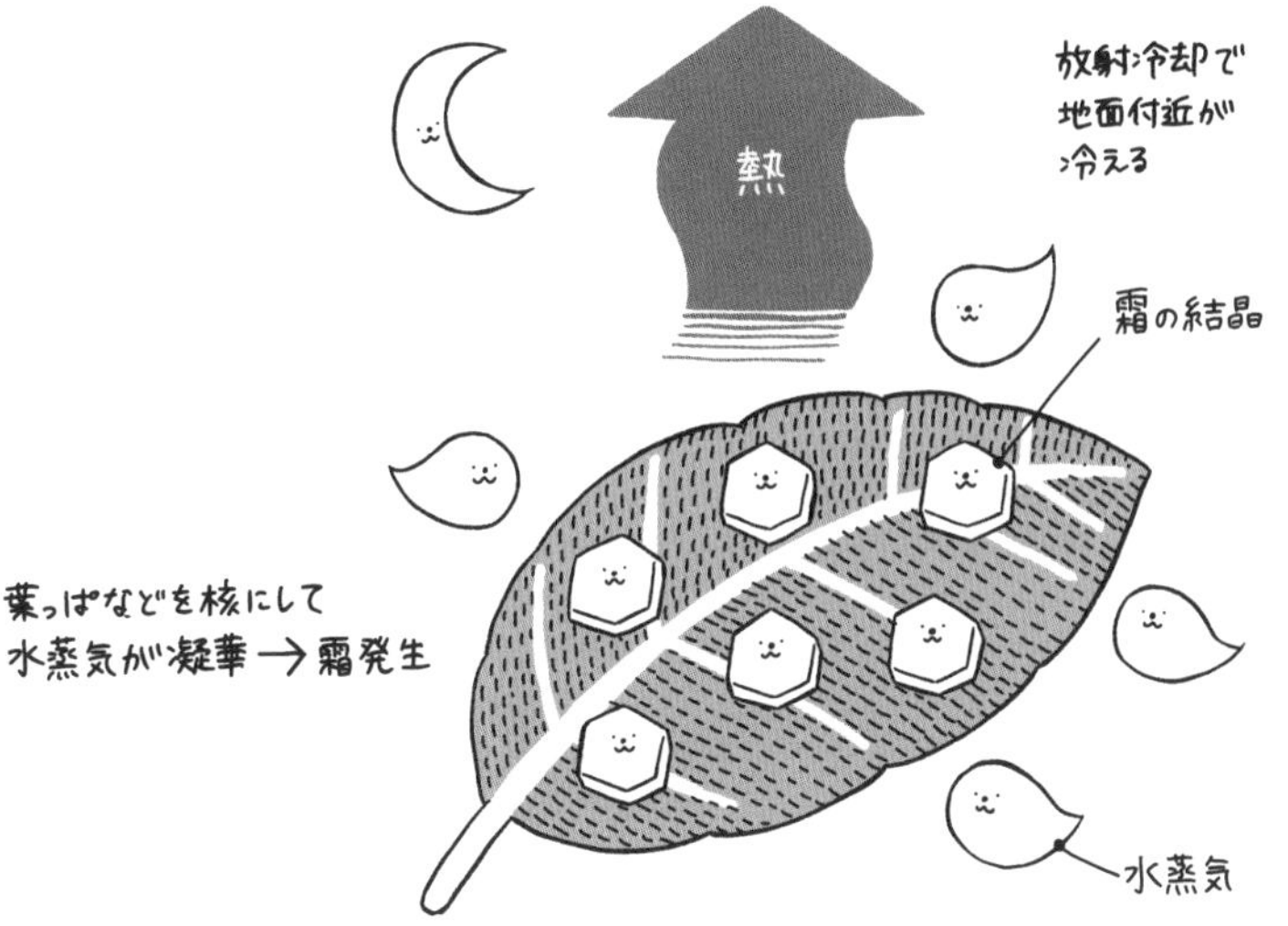
放射冷却で
地面付近が
冷える
熱
霜の結晶
葉っぱなどを核にして
水蒸気が凝華 → 霜発生
水蒸気

霜ができる仕組み

表付近は氷点下になっていることが多く、霜が成長できる条件を満たしているというわけです。

霜の結晶をスマートフォンで撮影したら、「#霜活《しもかつ》」というハッシュタグをつけてX(Twitter)やInstagramに投稿してみましょう。このタグで検索すれば、霜を観察している多くの仲間の作品を見ることができます。

もともと「#霜活」は、「#関東雪結晶プロジェクト」で雪結晶の観察の練習としてはじめたものです。太平洋側では雪が降る機会が少ないため、雪結晶と同じくらいのサイズであり、かつ冬の朝には頻繁に出会える霜の結晶がスマートフォンによるマクロ撮影の練習に適しているのです。多くの方に広がった結果、すでに「#霜活」はある程度文化となっているように感じています。

天気予報を上手く使いこなして、翌朝が晴れそうで気温も数度以下とわかったら、出勤前に公園に寄ってみてください。芝生に霜が降りてキラキラと輝く様子や、美しくも儚いシンデレラタイムを目撃できるかもしれません。

「霜の結晶を見たいけれど冬まで待てない……」という方は、アイスの表面で成長する霜の結晶を観察してください（六〇頁）。アイスを使った「#霜活」は、夏でも楽しめます。

水に「感謝」を伝えても結晶は変わらない

雪や氷、霜の結晶は、時を忘れて見入ってしまうほど美しいものです。しかし、それらはあくまで緻密な物理現象によって起きている自然現象です。

かつて、水に「ありがとう」と感謝を伝えると美しい結晶になるとまことしやかにいわれ、氷の結晶の写真を紹介した本がベストセラーになりましたが、そこに科学的事実は全くありません。

雪の結晶や氷の結晶の形は、気象条件や水蒸気の量によって決まることが、科学的に立証されています。人の思いや感謝の気持ちが物理現象に影響を与えることはありません。このようなデマが広がったことを受け、日本雪氷学会から否定する論文も出版されています。

デマに振り回されないように気をつけつつ、科学としての結晶を楽しみたいものです。

霧との出会い、雲海との遭遇

雲の中に入ってみたい――そのように夢見たことはありませんか。実は地上にいながら、雲の中に入ることのできる場合があります。それが「霧」です。

特に狙いやすいのが「放射霧《ほうしゃぎり》」です。

地上にいながら雲の中

夜に晴れると、地面の温度が下がる放射冷却で地表付近の空気が冷えて飽和に達し、雲粒が発生します。霧は地面と接している雲なので、霧の中に入れば雲の中を体験できるのです。

霧には種類があり、海に発生するのが「海霧《うみぎり》」です。冷たい海面に暖かく湿った空気が流れ込むと、海面付近で冷やされた空気が飽和して霧が発生します。空気の流入によってできるので、分類上は「移流霧《いりゅうぎり》」と呼ばれます。

温かい地面や水面に冷たい空気が流れ込むことで生まれる霧もあります。それが「蒸気霧《じょうきぎり》」

です。畑など、土が剥き出しの地面が温かい状況で、その上の空気だけが冷えると、湯気が昇るように霧が発生します。同様の現象は川でも起こり「川霧《かわぎり》」と呼ばれています。

海でも同様の仕組みで蒸気霧が発生します。たとえば陸地で冷えた空気が弱い風となって海に流れ出し、暖かく湿った海上の空気が冷やされて飽和に達し、湯気のような霧が発生します。このようにして海面で発生する霧は「気嵐《けあらし》」と呼ばれています。

また、温暖前線などでしとしと雨が降るとき、雨粒が蒸発して水蒸気となり、それがすぐに凝結《ぎょうけつ》して雲粒が発生して霧になる「前線霧《ぜんせんぎり》」ができることもあります。

放射霧（上）、移流霧（中）、蒸気霧（下）

特に放射霧が出たときには、「白虹《しろにじ》」と「ブロッケン現象」の観察がおすすめです。雨上がりの夜、天気予報で翌朝にかけて濃霧注意報が出た場合には、翌日の早朝、濃い霧が出る可能性があります。

太陽が昇る前、暗いうちに、安全を確保した上で少し開けた場所で車を停め、ヘッドライトをハイビームにします。車を背にしてヘッドライトの前に立つと、目の前に白虹が現れ、その内側には自分の影を取り囲む虹色の環、ブロッケン現象も見られるのです。

霧や雲の中は湿度一〇〇パーセントなので、かなり「しっとり」していて中に入るとすごく濡《ぬ》れますし、視界も悪いのですが、中に入って深呼吸をすると何万、何億という雲粒《くもりゅうし》子を体内に取り込み、雲と一体化することができると考えると気分が高まります。

ただし、都心や工場地帯でスーハーすると、霧の中の有害物質まで取り込んでしまう可能性があるので、空気の綺麗な場所で挑戦してください。

都心でも眺められる雲海

登山をする方にはお馴染みの「雲海」は、春から秋に放射冷却などによる霧や雲が、山の間の盆地に溜まることで発生する場合が多いです。雲の海に山々が島のように浮かんでいるように見える、とても幻想的な風景です。

北海道の「星野リゾート　トマム」には、空中にせり出した展望テラスから雲海を眺められ

雲海テラスの雲海

る「雲海テラス」があります。夏から十月にかけて低い空に雲が出やすい、この地の特徴を利用した施設で、条件が適した日には、もこもこした層積雲《そうせきうん》、雲上部がなめらかな層雲《そううん》による雲海を間近で楽しめます。

雲海は、特別な場所で出会えるものと思われがちですが、実はありふれた場所でも見られます。

放射霧は地面から一〇メートル程度の低い層に発生することも多く、一面に広がった霧は、高い建物から見下ろすと、雲海になるのです。前日の夕方から夜にかけて発表される、翌朝を対象とした濃霧注意報にぜひ注目してください。

「空」を測る

どうやって空を測るのか

私たちの生活に身近な天気予報は、気象観測からはじまります。観測にはいくつかの種類がありますが、重要なのが、誤差が少なく信頼性の高い「直接観測」です。

まず有名なのは「アメダス」です。

正式には地域気象観測システム（AMeDAS：Automated Meteorological Data Acquisition System）という名前で、頭文字をとってアメダスと呼ばれます。降水量については全国に約一三〇〇箇所ほど設置されて観測しており、このうち約八四〇箇所では気温・湿度・風についても自動で観測しています。雪の多い地方では積雪の深さも約三三〇箇所で測っています。

また、「ラジオゾンデ観測」も重要です。ラジオゾンデは上空の気圧・気温・湿度・風を測定するもので、センサーを気球に取りつけ、全世界で同時（日本では朝・夜の九時の一日二回）に

気象衛星「ひまわり」の画像

揚げ、そのデータから大気の状態を解析し、天気予報の出発点にしています。

海では「海洋気象観測船」やブイを漂流させて海上の空気や海水温などを観測し、空では民間の航空機に上空の気象データを観測してもらい、天気予報に使っています。

離れた場所の状態を推定する「リモートセンシング」も有効です。電波で雨や雪を測る気象レーダーや、上空の風を調べるウィンドプロファイラなどがあり、陸上のレーダーで見えない海上の観測には気象衛星が役立っています（一三二頁）。

リモートセンシングはあくまで推定する手法なので、誤差の評価が重要です。一方、直接観測は正確ですが点のデータなので、広範囲を観測できるリモートセンシングと組みあわせて使用されます。

レーダーで捉える

私の所属する気象研究所には、いくつかのレーダーがあります。

まずは本館屋上に設置された「二重偏波《へんぱ》気象ドップラーレーダー」です。レーダーは、電波を当てる向きの強さで、雨や雪の強さがわかります。戻ってくる電波（エコー）と戻ってくるまでの時間で、雨や雪が降っている場所を観測します。

現在は、気象ドップラーレーダーの導入で「降水粒子がどのように動いているか」——つまり雲の中の「気流構造」がわかるようになりました。これにより積乱雲の中にある小さな低気圧（メソサイクロン）を検出して「竜巻の発生確度（発生する可能性の程度）」も測っています。

気象ドップラーレーダーは「移動するものから届く波（電波や音波）の波長は、移動速度によって変わる」という「ドップラー効果」を利用して波長の違いを解析できるレーダーで、全国に配置されています。

二重偏波気象ドップラーレーダーは、それをもう一段階バージョンアップしたもので、垂直と水平両方の電波を出すことができます。

跳ね返りの波の大きさが垂直方向と水平方向とで違うことから、雨粒の形状や、雪の種類、雹までである程度正確に推定できるので、高精度な降水量の観測が可能になりました。近い将来、「今どこで何が降っているか」をリアルタイムで可視化できるようになるかもしれません。

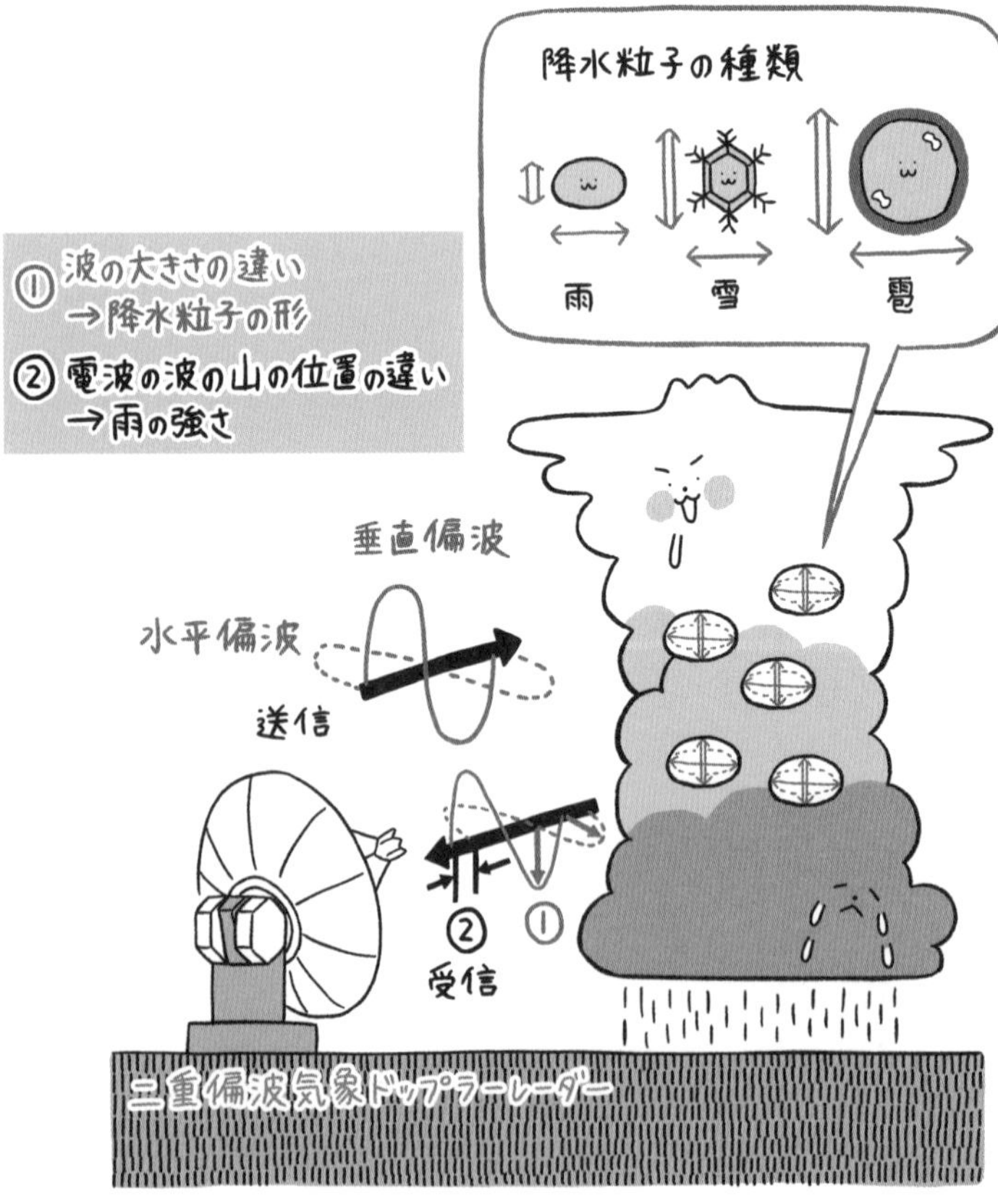

二重偏波気象ドップラーレーダーの仕組み

もう一つは「フェーズドアレイ気象ドップラーレーダー」です。通常のレーダーが五〜十分をかけて空全体をスキャンするのに対し、わずか三十秒で空全体を見ることができます。このレーダーのおかげで、積乱雲の内部構造の変化や、竜巻の発生プロセスを詳細に確認することが可能になりました。

なお、気象レーダーに映るのは雨や雪だけではありません。昆虫の群れや、渡り鳥、火山灰、大規模な野焼きの灰が映ることもあります。特に蚊などの浮遊性の昆虫の場合、晴れた日の日中に風がぶつかりあっている前線で持ち上げられ、「晴天エコー」という弱いエコーが観測されることがあります。これは、昆虫が雨粒と同じくらいのサイズであることが原因です。

昆虫は上空の風に流されているため、気象ドップラーレーダーで昆虫による晴天エコーを観測することで、上空の風がわかります。このデータをシミュレーションに使ったところ、風のぶつかりあいなどが表現できるようになり、予測の難しかった大雨を上手く計算できるようになったという研究例もあるのです。昆虫の存在が大雨の予測に貢献するという事実には驚かされます。なお、二重偏波の情報があれば、昆虫なのかどうかの判別もできます。

最近では、フェーズドアレイに二重偏波の機能をつけた「フェーズドアレイ二重偏波気象ドップラーレーダー」も開発されて、研究が続いています。

メイキング・オブ・天気予報

私たちの日々の暮らしに欠かせない天気予報。今朝は傘を持って外出するべきか、週末の予定をどうするか、洗濯物を干すタイミングは……。皆さん、テレビやウェブで天気予報を調べていることと思います。

天気予報をどのように作るのか

その天気予報はどのように作られているのか？――気象衛星やラジオゾンデなどによる観測で大気の状態を調べて、それを出発点にシミュレーションを行い、天気予報を作っています。コンピュータ上で、空の状況の変化を予測する計算をするのです。

基本的に使用するのは「時間微分方程式」です。「現在、空のある地点にあるものがこれくらいの速度で動いているとしたら、五秒後にはどこにあるか」といった運動を連続的に計算することで、将来の大気の動きを予想します。

空気の動きだけでなく、雲の中の粒子の様子、太陽光の当たり方や空気の温まり方、地表面の状況など、わかっている諸々の物理条件をプログラムに組み込み、スーパーコンピュータで計算します。

そうした大気をシミュレーションするプログラムが「数値予報モデル」です。数値予報モデルにはいくつかのタイプがあります。

地球全体を横方向に約一三キロメートル間隔で計算する「全球モデル」、日本周辺を五キロメートル間隔で計算する「メソモデル」、より細かく日本周辺を二キロメートル間隔で計算する「局地モデル」などが気象庁の運用している代表的なモデルです。

局地モデルは一時間ごとに十時間先までを新たに計算しており、更新頻度が高いため、たとえば、航空分野など「その時刻の空の情報を詳細に知る必要」があるときに有効です。

しかし、計算コストが膨大になるので、それより先の予報には使えません。今日・明日の天気予報には主にメソモデル、それよりもう少し先の予報には全球モデルが使われています。これらのモデルの性能や計算領域、予報時間などは、気象庁関係者の尽力とコンピュータの進化とともに、日進月歩で充実しています。

数値予報モデルの計算結果は、気温、気圧、風などの数値データとして出力されますが、それらの数値データを人間が読み取るのは大変です。また、モデルは大気を計算する間隔よりも細かい現象を基本的には表現できず、そもそも細かな地理的特徴や周囲の環境は考慮できていません。

地域ごとの特性を踏まえ、数値予報モデルの持つ系統的な誤差を考慮するために使われるのが、ＡＩ手法、機械学習による「ガイダンス」です。これは数値予報モデルの数値データを「晴れのち雨」や「降水確率＊パーセント」などといった人間にわかる言葉に翻訳したものです。

ＡＩと人間

なお、ＡＩ（人工知能）というと最近普及してきたもののように感じられるかもしれませんが、実は古くから様々な種類のＡＩ手法があります。ガイダンスは「ニューラルネットワーク」という、人間の脳の働きをコンピュータ上で模倣するような手法で作られてきました。

その歴史は古く、最初の理論は一九四三年に提唱されました。最近流行っているのは「深層学習（ディープラーニング）」で、こちらは注目すべきデータの特徴を人間ではなくコンピュータが決めるという違いがあります。現在、深層学習も予測技術に組み込む開発が行われています。

数値予報モデルとガイダンスを経て、天気予報のベースができあがりますが、予報のシナリオを作るのは人間です。数値予報モデルはまだまだ不完全で、十分には表現できない現象が数多くあるからです。

結局、気象予報士や気象庁の予報官などの予報担当者が「この予測はこういっているけれど、観測結果とは違っている。この一つ前の計算のほうが信用できそうだ」というように、数値予報モデルの信頼性、妥当性を実際の観測データに照らして判断することが、精度の高い天気予報には不可欠です。

「ＡＩが発達すれば予報担当者は不要になる」といわれることがありますが、今の段階では決してそんなことはありません。ＡＩ手法は学習させるデータが重要なので、災害を引き起こすような稀な現象を上手に表現することは原理的にできないのです。

さらにいえば、多くの気象はまだ完全には解明されておらず、モデルの精度を上げなければ表現できない現象も多いため、課題は山積みです。

とはいえ、予報担当者が「自らの経験則のみ」で判断するのも間違っています。もちろん、経験は大事です。しかし、それは「実際の現象をモデルがどう表現するか、モデルの計算結果は妥当なのかを判断する科学的思考による経験」であって、科学的根拠のない感覚次第の予報は「たまたま」で語れるものでしかないのです。

また、気象庁のガイダンスがあれば、「天気予報らしきもの」はできますし、精度の高いメソモデルのガイダンスならある程度の成績は出るでしょう。しかし、ガイダンス頼りの予報官（「ガイダンス予報官」と揶揄《やゆ》されることもあります）は、モデルが外すときは当然外してしまいます。

現代の予報担当者に求められるのは、モデルの仕組みと特性への深い理解（そのモデルがその現象をどこまで表現できるか）と、気象の仕組みを把握した上で、実際の観測データを見て、モデルの信頼性、妥当性を判断できる能力です。天気予報とは、そのような工程を経て初めて作られるべきものです。

天気予報の裏を読む

さて、ここで質問です。

降水確率一〇〇パーセントの雨とは、どのような雨でしょうか。

一〇〇パーセントの勢いで降る猛烈な雨……ではありません。降水確率とは、「予報対象期間において対象地域に一ミリメートル以上の降水がある確率」です。一ミリメートルの雨は傘をささずにいるとまあまあ濡れるくらいの降水量で、降水確率が高いからといって降水量が多いとは限りません。

降水確率の値は、降りやすさの度合いなので「大気の状態が不安定」で「降水確率三〇パーセント」で土砂降りの雷雨になることもあれば、「降水確率一〇〇パーセント」でしとしとと弱い雨が降ることもあります。

天気予報で「大気の状態が不安定」「所により雷」という言葉を聞いたときは「積乱雲が発生する可能性がある」と考えてください。積乱雲は正確な発生時刻や位置の予測が難しいので

大気の状態が不安定な空の雷

すが、積乱雲が発生できる空かどうかは予測ができるのです。

「大気の状態が不安定」で「降水確率三〇パーセント」のようなとき、予報官が様々な検討を重ねて悩みながらこの数字をつけたのだ、と想像してもらえると、天気予報の裏側が垣間見えるかもしれません。そしてこの予報のときは、傘を持って外出してください。

リチャードソンの夢

現在では、数値予報モデルが発達し、天気予報の精度はずいぶん向上しました。天気予報のことを考えるとき、私が思い出すのは、イギリスの気象学者ルイス・フライ・リチャードソン

（一八八一―一九五三）です。

彼の生きた一九二〇年頃は、まだコンピュータが実用化されておらず、計算は手動に頼っていました。現在では横方向に約一三キロメートル間隔で地球全体を計算していますが、当時は二〇〇キロメートル間隔で計算することを想定していました。それでも、六時間先の予報をするのに、一ヶ月以上もひたすら時間微分方程式を手で解かなくてはならなかったのです。これではとても使える予報にはなりません。

しかし、リチャードソンは諦めませんでした。「六万四〇〇〇人が大きなホールに集まり、一人の指揮者のもとで整然と計算を行えば、実際の時間の進行と同程度の速さで予測計算を実行できる」と提唱したのです。これは「リチャードソンの夢」といわれています。

その後、コンピュータが登場して一九五〇年代にはアメリカや日本で数値予報が実用化されることになります。スーパーコンピュータが発達した現在では、演算能力は飛躍的に向上しました。気象庁のスーパーコンピュータでは、人間が電卓を使って計算する場合、「地球上の全人口八〇億人全員がおよそ二十二日間、不眠不休で計算するのと同じ量をたった一秒で計算」できるのです（二〇二三年八月現在）。

「リチャードソンの夢」は、別の形で叶《かな》ったといえるのではないでしょうか。

第 5 章

感動する気象学

気象学が解き明かすもの

あの空の美しさの正体

気象とは何か。なぜ、空は晴れたり、雨が降ったりするのか。あの雲の形は何を意味しているのか。空にかかる美しい虹の正体は？——私たち人類は空を眺めては、遥か高き空に想いを馳《は》せてきました。

また、それはロマンチックなものだけにとどまりません。人類にとって気象は生存を大きく左右するものでもありました。大雨、大雪、はたまた日照り、さらに竜巻や台風——気象災害や異常気象も起こっています。

とりわけ、農耕をはじめてからの人類にとって「気象」と上手につきあうことは、大変に重要な課題となりました。天気や天候の変動によって、人類の食料生産は大きく影響を受けます。雨乞《あまご》いの儀式が世界各地に見られるように、かつては「神頼み」に属していた気象は、人類の

空にかかる美しい虹

進歩や文明の発展に伴い、科学として成立するようになります。

それでは、気象学とは何か？

現代の定義でいえば、気象学は「大気をはじめとする気象を、主に物理学で解き明かす学問」となります。大気の運動から雲などの気象全般を扱いますが、季節や一年を通した長期の現象を扱うものを「気候学」と呼びます。気象学と気候学はあわせて「大気科学」に分類されています。

気象学の分類と関わり

気象学で扱う現象には、いくつかのスケールがあります。地球規模の現象を扱う「惑星気象学」、低気圧や高気圧といった一〇〇〇キロメートルのスケールの場合は「総観気象学」、ある程度まとまった大きさの雲や小さな低気圧などについては「メソ気象学」、さらに竜巻をはじめとする短時間の局地的現象や、都市で吹くビル風のような現象については「局地気象学」「微気象学《びきしょうがく》」と呼ばれます。

大気の物理過程を理解するアプローチとしては、流体力学、大気熱力学に加えて、大気の流れや熱に影響を及ぼす雲・乱流・放射の物理が中心になります。

また、大気中で起こる現象には、様々な物理過程が複雑に関係しているため、多分野の学問を駆使する必要があります。たとえば、「統計学」です。今まさに空で何が起きていて、これからどうなるのかを議論するためには、過去の観測データの積み重ねが重要です。多数のデータを扱うという意味で、気象学には統計学的な側面もあるのです。

さらに、それらのデータに基づき未来予測をシミュレーションするには、スーパーコンピュータの利用が必須です。そのため、「数学」に加えて、「計算科学」、ハイパフォーマンス・コンピューティング（HPC）技術も必要です。気象には地理的な要因から起こるものも多いため、「地理学」も必要ですし、気象による災害を防ぐという意味では「災害情報学」とも密接に関わります。大気環境の影響を加味すれば「環境学」を知る必要もあります。

大気科学は広くは、海洋や地震、火山、地質を含む「地球科学」に分類されます。気象学はこの「地球科学」という大枠の中に入るため、必然的に様々な分野と関わることになるのです。

大気中に浮かぶ微粒子は、化学反応を起こすため「化学」としての視点も重要です。気象の変化は人体や動植物の活動にも影響を与えるため「生物学」とも関係しますし、大気や雲、雨を観測するには計測器が必要なため、「工学」としての側面もあります。

気象学は総合知

気象衛星を使った観測を行っている現在では、膨大なデータの送受信が必要で、通信技術も重要です。雪の降る地域では、降雪量に応じた家屋の荷重設計が必要になりますから、建築にも気象は欠かせませんし、ダムなど

気象は農業にとって重要な存在

の利水や洪水を防ぐ治水といった土木にも関わります。防災政策や教育という側面では人文・社会学にも、保険や経済活動、道路交通など経済学や商学にも関係します。

そしてもちろん「農学」は、気象の影響を受けやすい分野であるとともに、作物管理や森林資源管理、地球温暖化による影響を農学モデルと組みあわせることで将来予測につなげられる側面もあります。

大気汚染物質の拡散や気温の変化によって健康被害が起きるという意味では、「医学」にも関わりがあります。

このように、多くの学問が関係しているのが気象学なのです。

私は現在、「地上マイクロ波放射計」という観測機器を使って、雲の仕組みを研究しています。観測の精度を高めるために、工学の専門家（天文分野の研究者）と組んで計測器を開発したことがあります。

異なる分野と手を取りあって

天文観測を専門にする人たちにとって、大気中の水蒸気はノイズです。大気中に水蒸気があるとその背景にある宇宙からの放射を観測する際に誤差が大きくなってしまうため、できるだけ高い山に登って放射をものすごく細かく観測しています。

この技術を気象観測に応用したところ、従来よりも高速で水蒸気の観測ができるようになりました。一つの基礎技術は様々な分野で応用されているため、意外なところとつながり、研究が進むこともあるのです。

天気予報は、私たちの生活に身近な気象学であり、社会経済活動を支えるものであるとともに、防災や地球環境に対する政策立案・施行の基盤となる知識を提供する、社会的意義のある存在です。

地球温暖化など長期的な環境問題の議論には、全世界的な取組みが必要です。気象学・気候学で得られた知見を社会にフィードバックすることには、「地球の未来を考える政策決定のための知識を提供する」という意味もあるのです。

未来を知るために

研究をしていると、気象学にはよくできたサイクルがあると実感します。

気象学のベースは観測です。空を測り、実際に何が起こっているのかをまず知ります。そして、一つひとつのプロセスを調べるために室内実験を行います。その二つを通して見えてきた物理法則を定式化し、シミュレーションできる形にするのです。

そのシミュレーション結果の検証と改良には、また観測データとプロセス研究が必要になります。観測－プロセス研究－シミュレーションの三つをサイクルし続けることで現象の理解を深め、予測手法の精度を高めるのです。

とはいえ、気象学の観測技術自体は、まだ完全ではありません。自然現象は様々な物理法則を内包しているため、全てがわかるまでの道のりは長いのです。

工学的側面からも観測技術を上げつつ、一つひとつの現象の本質を物理的に探り、シミュレーションできる仕組みを作り上げようとしている段階です。

積乱雲

観測は楽しい

気象の研究を行っている中で、私がもっとも楽しいと感じているのは「観測」です。

観測データで見えることはとても限定的で、たいていは、その現象の一側面しか理解できません。しかし、自分で仕入れたデータには愛着が湧きますし「おいしく調理してやろう」というモチベーションが高まります。

私が特に最近力を入れているのが、上空の水蒸気の観測です。

積乱雲《せきらんうん》は局地的に発生し、寿命も短いことから、現状では正確な予測が難しい現象です。積乱雲の発生のしやすさや、発生した場合の上昇気流の強さ、どの高さまで発

雪の結晶

達できるかなどに重要な大気の状態は、上空の水蒸気の量と気温で決まります。

しかし、積乱雲の発生直前に大気の状態がどのように変化しているのかは、観測データが少ないためによくわかっていません。これを理解するために、上空の水蒸気の量や気温を高精度かつ高頻度に観測するための技術開発をしています（三六一頁）。

また、雪の観測も楽しいものです。

関東の雪は年に数回しか発生せず、雪の観測網も充実していません。そのため、仕組みが十分には理解できておらず、関東の雪の予報も難しいのが現状です。

こういうときの観測は非常に重要です。観測データを集めて総合すると、現象の真相が見えることがあります。

観測とは「パーツ集め」のようなもので

す。パーツが集まるに従って、今まで知らなかったパーツも見えてきますし、ぼんやりと全体像が見えるようになります。そこが面白いのです。「次はこういうことが起こるだろう」と予測できるようになるのは、とてもワクワクします。

数値が表す現象を知るということ

シミュレーションの結果として得られるのはあくまで数値の情報ですが、これを現象と結びつけて理解するには、体験することが重要だと私は思っています。これは研究者に限らず、誰しもにいえることです。気象情報として「一時間に○○ミリ」と聞いてもイメージしにくい雨も、体験すればよくわかります。

また、気象には美しい現象が多くあります。目で楽しめる空や雲の動きを物理法則で科学的に理解するのは楽しいことです。気象に関わる物理、流体力学や熱力学は、実は生活の中にも活きています。私たちの日々の生活と空は、気象のことを知れば知るほどつながっていく――こう考えると、気分が高揚しませんか？

つまり、気象はとても身近な学問です。生活の様々な場面に気象の物理現象はありますし、天気予報によって私たちの日々の行動は左右されます。生活を支えるとともに、私たちの行動を変える判断材料を与える学問が「気象学」です。

気象学のはじまり

気象は今も昔も人類の生活に身近で重要なものです。古くは紀元前三五〇〇年頃から、雨乞いが行われていたとの記録もあるくらいです。

雨乞いから自然哲学へ

古代ギリシャの哲学者アリストテレスの『気象論』は、その後の気象に関する考え方に大きな影響を与えたと考えられています。アリストテレスは『天体論』で星の動きなど天上界のことを、『気象論』で地理や地質、海洋といった地上界の自然科学のことを扱いました。その土台となったのが、やはり「観察」でした。

観察をベースに現象の原因を解明しようという試みは、アリストテレスの時代から行われてきたのです。アリストテレスは虹やハロ、幻日《げんじつ》といった現象の原因が太陽の光であることを観察によって突き止めているのだから、すごいですね。さらには水循環に加えて、蒸発や凝結《ぎょうけつ》といった降水の物理についても関心を持っていたといいます。

印刷技術の発明と科学革命

そのように少しずつ発展していた自然哲学は、キリスト教の出現によって否定されていきます。当時のキリスト教社会では、自然は神の領域であり、人である私たちが神の営みを解明することは許されなかったからです。

こうしてしばらく自然科学の進歩は停滞します。

その後、古代ギリシャ哲学がイスラム圏経由でヨーロッパに入ってきて受け入れられると、自然哲学や占星学についても翻訳して研究しようと各地に学校が作られて、現在の大学の原型の一つとなりました。その中で、農業などの分野で日々の天候の予想をするべく「占星気象学」が実用的に信じられるようになっていきます。

ターニングポイントとなったのは、印刷技術の発明です。古代ギリシャ哲学を基礎にした考え方は印刷を通して人々に普及しました。ガリレオ・ガリレイ、アイザッ

アリストテレス

ク・ニュートン、エドモンド・ハレー（一六五六―一七四二）、ブレーズ・パスカル（一六二三―一六六二）など、天体の運動と大気の運動を調べる人たちが増えて、細かな物理法則が洗練され、科学革命が起こりました。

江戸時代の天文台

日本では江戸時代、第八代将軍の徳川吉宗（一六八四―一七五一）が江戸城内に天文台を作り、一七一六年には雨量の観測をしたという記録が残っています。

しかし、体系化された学問として気象学が導入されたわけではありません。世界的に見れば、かなり遅れていました。江戸時代後期に天文観測の補正を目的とした気象観測が幕府によって行われるようになり、明治時代に欧米の技術が入るとともに気象観測も発展を遂げます。

明治時代にまず導入されたのが、各種の計測器でした。当時は海難事故が非常に多くありました。記録によると、一八七四年から一八七六年の三年間で、二〇〇〇隻以上もの船舶が難破しています。

悪天候をもたらす台風や暴風雨などで人命が失われる中で、雇用していた外国人から「電報を使って暴風がくることを前もって知らせれば、人命被害を軽減できる」とのアドバイスを受け、暴風警報の必要性が唱えられるようになりました。

農業や漁業など生活に必要な知識として古くから興味を持たれていた気象情報ですが、研究の進展に大きな影響を与えたのは「防災」だったのです。一八七〇年代になって、ようやく政府は情報伝達体制を作りはじめます。

日本で初めて天気図を作成し、天気予報の礎《いしずえ》を築いたといわれるのが、ドイツ人のエルヴィン・クニッピング（一八四四―一九二二）です。全国で観測した気圧・気温・湿度・風などのデータを、電報を使って比較的短い時間で集める仕組みを整備しました。データ解析の仕組みを整えて、一八八三年二月十六日、初めての天気図を作成しました。

当時の観測はまだ十分ではなく、上手くいかないことはあったようですが、大変に大きな一歩です。

エルヴィン・クニッピング

気象学と研究者

気象学は、様々な人たちの発見と達成が積み重なり、発展しています。

現在、私たちが天気予報に使っている数値予報モデルのもとを作ったのが、ノル

ドミトリー・メンデレーエフ

ヴィルヘルム・ビヤクネス

ウェーの気象学者ヴィルヘルム・ビヤクネス（一八六二―一九五一）です。

ロシアの化学者・気象学者ドミトリー・メンデレーエフ（一八三四―一九〇七）は元素周期表を作成し、現在の「ラジオゾンデ観測」の元となる気球を使った高層気象観測も確立しました。ビヤクネスは、その観測データを「時間微分方程式」に当てはめて、将来の状態を求めるモデルの基礎を作りました。

ビヤクネスは低気圧が悪天候を引き起こす主要因であることを突き止め、そこから気圧の変化を予測する方程式を作り出したのです。天気を数値的に予報するという科学のレールを敷き、それを広めていったという意味で、気象学に多大な貢献をしており、五回にわたってノーベル賞の候補者になっています（残念ながら、受賞には至りませんでした）。

ただ、実際の大気は非常に複雑です。ビヤクネス自身、現実的には大気の将来の状態を物理の方程式で解くのは容易ではないことを認識していて、図を使って予想するというやり方を念頭に置いていたようです。その方程式を解いて正確な予測をしたいと考えたのが、イギリスの数学者・気象学者ルイス・フライ・リチャードソンでした。

リチャードソンは大学卒業後、ダムの研究の際、差分法を適用して微分方程式を解くという試みを初めて行っています。彼は、リアルタイムの予報について提唱した「リチャードソンの夢」（二三三頁）で知られる人物で、第一次世界大戦中に砲弾の飛び交うフランスの戦場で、救急車を運転して負傷者を運びながらも気象予測の計算をしていたという執念の持ち主です。クエーカー教徒であり平和主義者で、平和を数学的に研究しようとしていました。

そうした人たちの苦労と夢の上にできているのが、今の天気予報なのです。

ルイス・フライ・リチャードソン

科学技術の多くは戦争をきっかけに発達するといわれており、気象の分野でも同様でした。第二次世界大戦はレーダーや観測技術、そしてコンピュータの発達を加速させました。

世界大戦と軍事機密

気象観測の発達でもっとも顕著《けんちょ》だったのは、ラジオゾンデによる高層気象観測です。この世界大戦をきっかけに、上空も含めた三次元の観測、つまり現在の天気予報に使われる観測が日常的にできるようになったのです。

長期予報の軍事的価値は計り知れません。高層観測網が拡大したことによって、軍隊で気象技術者が養成されるようになり、その数は一気に増加しました。

第二次世界大戦中には、電波を使って遠くの航空機を探知する実験が進み、レーダーの本格的な開発もはじまりました。レーダー開発は当時、最重要の軍事機密でした。戦争で必要なのは空中の航空機の存在をいち早くキャッチすることです。

大気中の雨や雪に当たって戻ってくるレーダーの電波は軍事的にはノイズだったのですが、それがのちに、数百キロメートル先の雨や雪を探知するための気象学の研究ツールになり、嵐の規模や強さ、進行速度を調べるのに役立つようになるのですから、思いも寄らないところから物事は進んでいくものです。

戦時中に観測方法が発達し、豊富なデータが扱えるようになると、今度はデータの品質を管

ジョン・フォン・ノイマン

正野重方

理して計算する効率的な方法が必要になります。それを可能にしたのが、電子計算機（コンピュータ）でした。

電子計算機の開発に尽力したのが、数学者のジョン・フォン・ノイマン（一九〇三—一九五七）です。彼は原子爆弾開発のマンハッタン計画に参加した人物としても知られています。

爆発の際の流体力学を測定するためにコンピュータの開発に関わるようになり、そのコンピュータで扱う対象として、気象の数値予報を選んだといわれています。

なお、日本で気象学の第一人者といえば、東京大学の正《しょう》野《の》重方《しげかた》（一九一一—一九六九）です。ご本人ももちろんすごいのですが、弟子として教えを受けた方々もとにかくすごい方だらけです。突風被害の状況から風速を推定する藤田スケール（Fスケール）を作った藤田哲也（一九二〇―一九九八）、二〇二一年にノーベル物理学賞を受賞した眞鍋淑郎《まなべしゅくろう》（一九三一―）などなど、錚々《そうそう》たる学者たちが正野のもとで学んでいます。

正野は電子計算機を導入して数値予報を行おうとしました。「電子計算機を買うのか庁舎を買うのか」と当時の大蔵省（現・財務省）に迫られ、計算機を選んだというエピソードが残っていますから、彼には先見の明がありますね。

つまり、日本でもっとも初期に導入された大型電子計算機が気象研究に使われていたということです。今日《こんにち》の日本のコンピュータ技術の原点の一つは気象学にあるともいえるのです。

今もなお、コンピュータの性能は、日々加速度的に高まっています。気象庁のスーパーコンピュータも計算能力が向上したことで、様々なシミュレーションをリアルタイムで実行し、天気予報や防災情報が作成されています。

先人たちの偉業が、現代の私たちの生活を支えているのです。

雨と雪にはドラマがある

雫形のかわいい雨粒はあり得ない

雲の中で成長するもの、それが「雨」と「雪」です。

背の低い、水だけでできている雲から降る雨を「暖かい雨（warm rain）」、雲の中で一度でも氷を経てから融けて降る雨は「冷たい雨（cold rain）」といいます。

ただし、天気予報でよくいわれる「冷たい雨」は、単純に気温が低い中で降る、体感的に寒いことを指しているものなので、気象学的な「冷たい雨」とは違います。

降ってくるときの雨粒は、大粒のものは楕円《だえん》のような形をしています。雨粒といえば、雫《しずく》形のイメージがあるかもしれませんが、これは物理的にはあり得ない形です。雨粒が小さいうちは球形ですが、サイズが大きくなると空気抵抗を受けておまんじゅう形になり、半径三ミリメートルほどの大きさで分裂して球形になります。頭が尖《とが》りはしないのです。

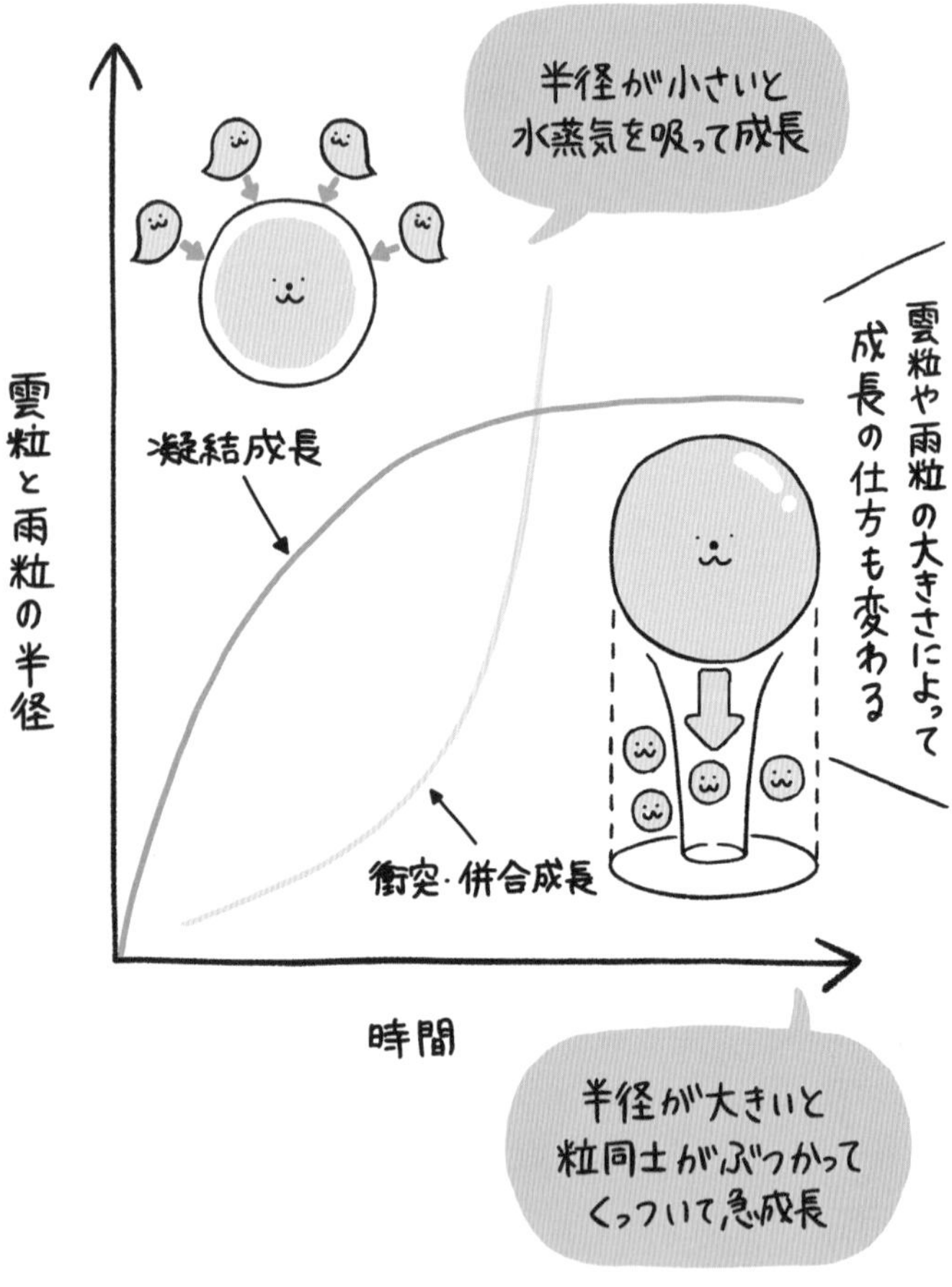

雲粒と雨粒の成長の仕組み

では、雨粒は雲の中でどのように成長するのでしょうか。

雲粒《うんりゅう》は表面から水蒸気を取り込む凝結成長で大きくなります。球状の雲粒の半径が大きくなるにつれ、小さい水滴の頃より成長に必要な水蒸気の量が増えるため、雨粒サイズになると成長速度は落ちてしまいます。

ただ、雲の中には様々なサイズの雲粒や雨粒があり、水滴の大きさによって落下速度は変わるため、大きい雨粒が小さい雨粒にぶつかる衝突・併合成長が起き、加速度的に成長します。

この雨粒の成長過程は、人間のコミュニティにも似ています。面白い人たちがぶつかりあいながらも集まってグループが成長しますが、様々な人たちが加わって大きくなりすぎることで抵抗が生まれて分裂する——そのような「人間らしさ」を雨粒の成長のドラマにも感じます。

雪と氷は一二一種類

氷を含む雲の中では、何が起きているのでしょうか。

雲の中で水の粒が凍ると氷の結晶、「氷晶《ひょうしょう》」が生まれ、水蒸気を吸って大きくなります（凝華《ぎょうか》成長）。最初に生まれる氷の粒は、もともと六角柱です。水分子のO（酸素）一つとH（水素）二つが安定した結晶構造をとれる最小単位が六角柱だからです。

温度によって六角柱の結晶は縦に伸びて針になったり、横に大きくなって六角形の板になり、角から枝が伸びて樹枝状《じゅしじょう》になったりすることもあります。水蒸気の量が多いと、より大きく複

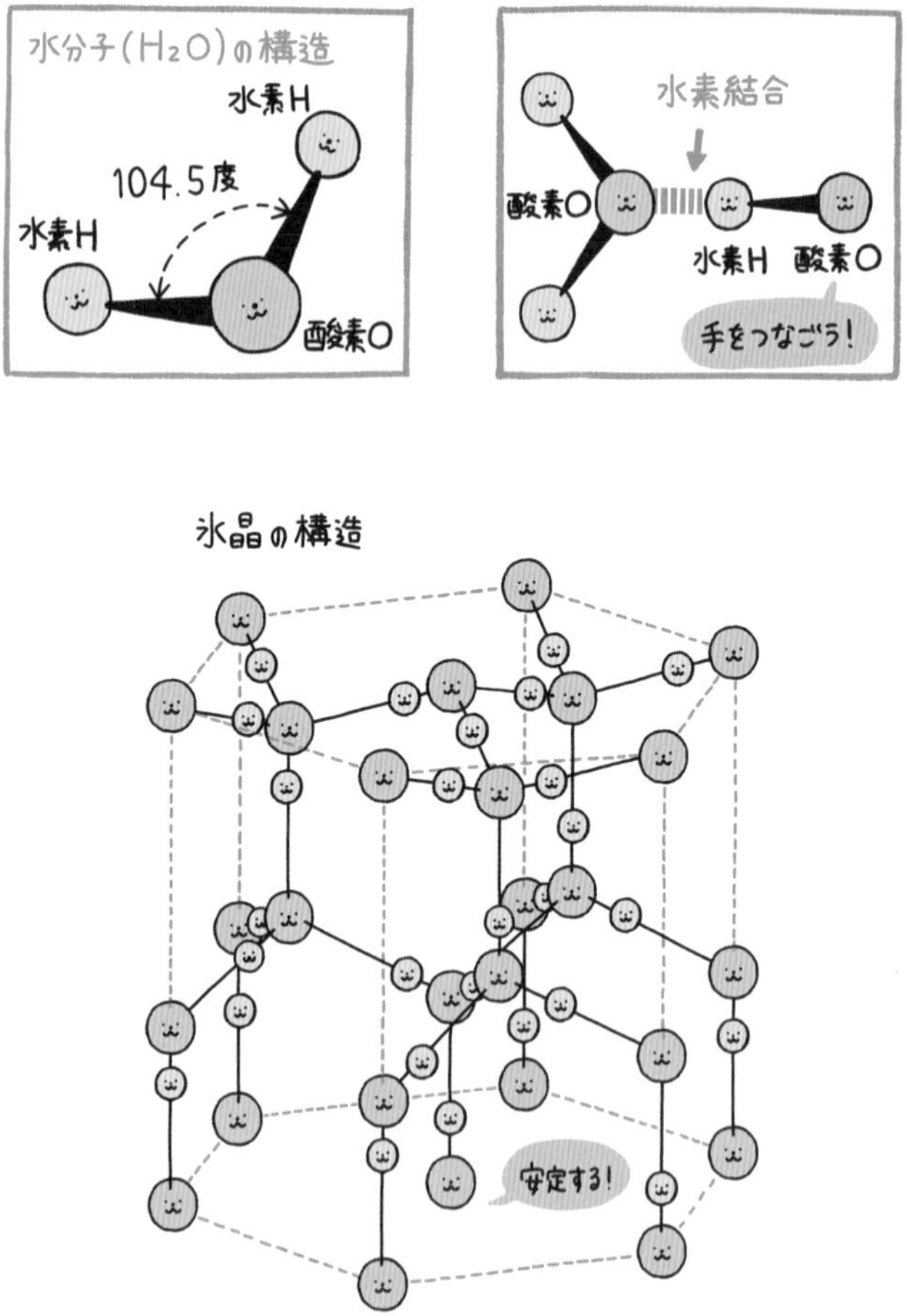
水分子（H₂O）の構造
水素H
104.5度
水素H
酸素O
水素結合
酸素O
水素H
酸素O
手をつなごう！
氷晶の構造
安定する！

氷の結晶（氷晶）の構造

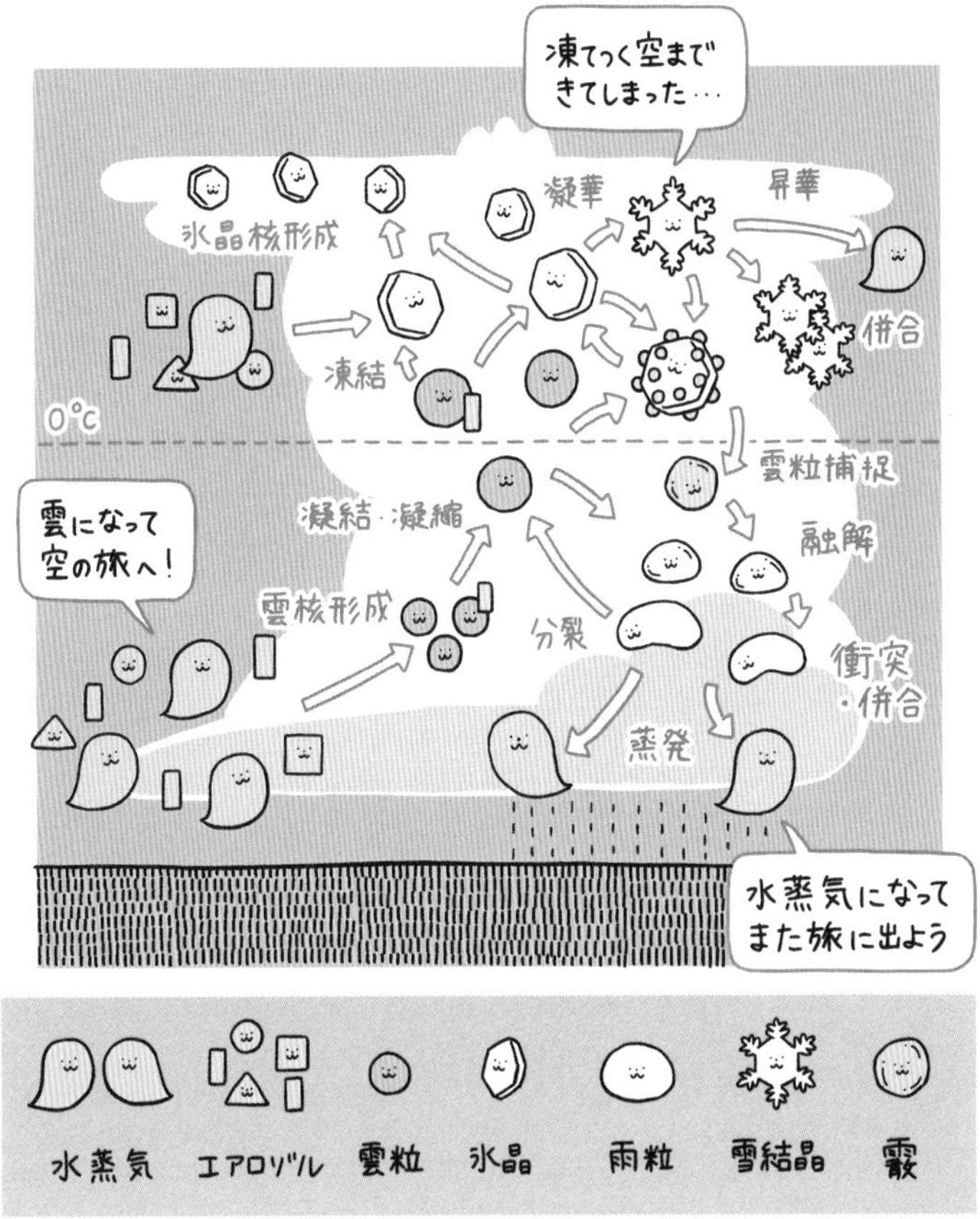

雲の中で粒子が変化する仕組み

雑な形に成長するのです（一九六頁）。そうして成長した結晶が空から降るのが「雪」です。

積乱雲のような上昇気流の強い雲の中には、過冷却の雲粒が豊富です。上空から雪の結晶が落下する際、過冷却の雲粒が雪結晶にくっつくとその瞬間に凍るため、「雲粒付結晶《うんりゅうつきけっしょう》」ができて、回転しながら落下することでコロッとした霰《あられ》になります（雲粒捕捉成長）。霰を降らせる雲は、上昇気流が強い雲ともいえます。

ふわふわと空から降ってくる大粒の雪は、「牡丹雪《ぼたんゆき》」とも呼ばれます。これは、一つの雪結晶が大きくなったわけではなく、いくつもの結晶が重なったものです（併合成長）。特に、互いに絡まりやすい樹枝状の結晶が成長するマイナス一五度前後や、過冷却雲粒が接着剤として働きやすい零度より少し低い温度などでよく見られる雪です。

そして、雪の結晶には多くの種類があります。日本雪氷《せっぴょう》学会が提唱する「雪結晶・氷晶・固体降水のグローバル分類」では、霙《みぞれ》や雹《ひょう》なども含めて、一二一種類に分類されています。

地上付近の気温が低いと雪や霰は融けずに降りますが、気温が高いと融けて雨になります。日本で降る雨の大部分は、氷を経た「冷たい雨」だと考えられています。

雨の日に私たちは傘をさして外出します。そのとき傘にぶつかって流れ落ちていく雨粒たちは、遥か上空の氷点下の空から降ってきているものなのです。私にとって雨の日は、雲と雨の大自然を体感できる、貴重な時間です。

土砂降りと、しとしと雨

　土砂降りの雨をもたらす典型的な雲が積乱雲です。積乱雲は上昇気流が強く、雲粒は成長しながら上空に運ばれます。その過程でひとたび氷ができると、氷の結晶は雲粒より水蒸気を取り込みやすいため、一気に成長して降水が強まるようになって、激しい雨が降りやすくなります。

　一方で、乱層雲《らんそううん》のように広い範囲に及んで上昇気流も緩やかな雲の場合は、長い時間降り続く、しとしと雨になりがちです。乱層雲は温暖前線や停滞前線の北側で発生するため、梅雨時によくあるしとしと雨が、まさに乱層雲による雨なのです。

　雲の性質によって雨の降り方は決まりますが、層状の雲でも、いくつかの要因で降水効率が上がることはあります。

　その一つが「シーダー・フィーダーメカニズム」です。

　雲が二層以上に重なっている場合、上の雲から降ってきた雨粒が下の雲を通るときに雲粒とくっついて成長し、それによって降水効率が上がり、雨量が増えるという仕組みです。まるで、上空の雲が種を撒《ま》いて（シーダークラウド）、それより下の雲は種を撒かれている（フィーダークラウド）ように見えることから、このように名づけられました。

「シーダー・フィーダーメカニズム」は空の至るところで起きており、特に現れやすいのは、山の風上側の斜面です。上空に雨を降らせる雲があったとします。湿った下層の空気が、強い

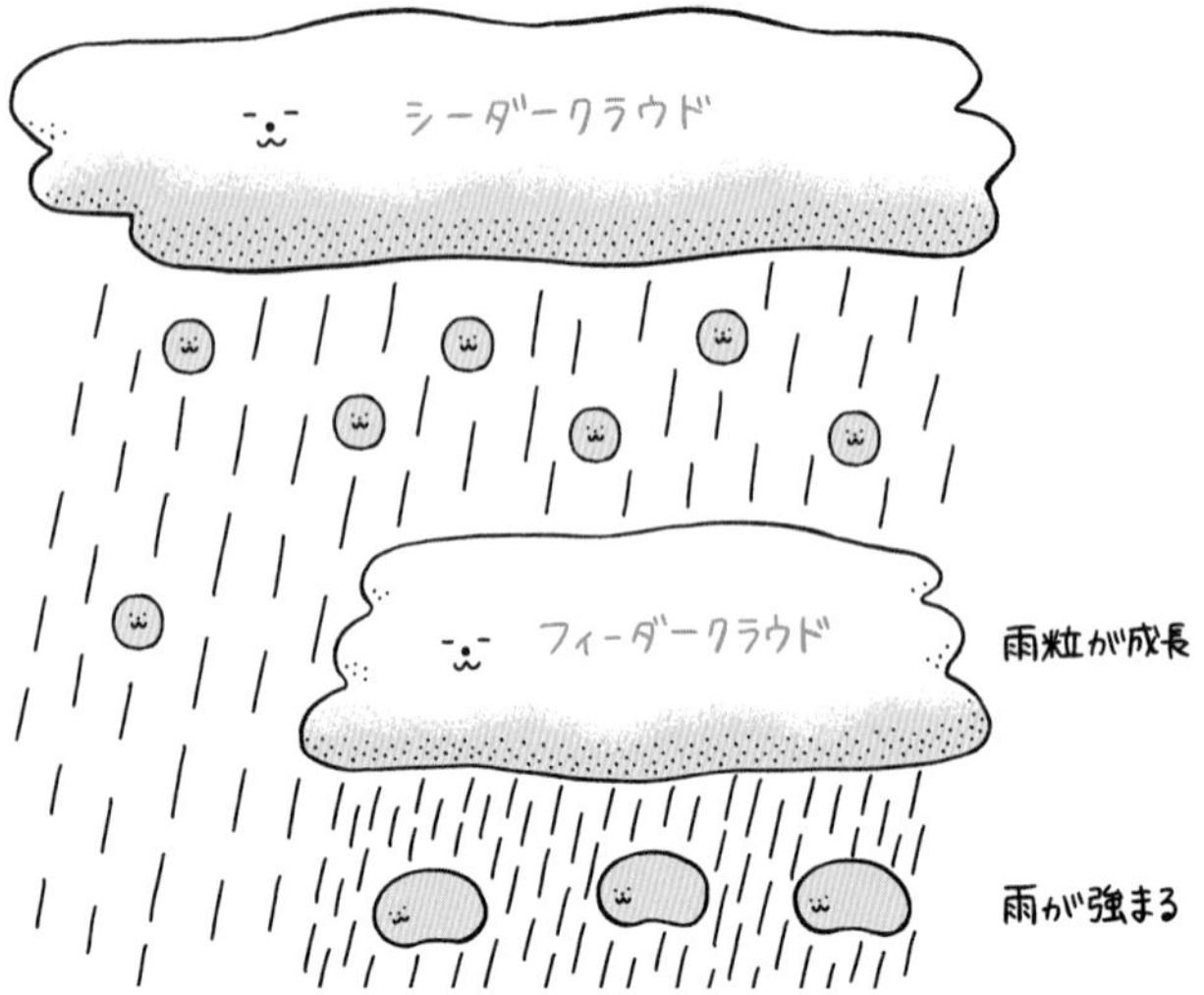

シーダー・フィーダーメカニズム

風で山にぶつかると、山の斜面の上にも水の雲ができます。そこに上から雨が降ると、雨粒と雲粒で衝突・併合が起きて、雨が強まりやすくなるのです。

雪でも同様のことが起こります。上から雪が落下してきたところに、過冷却の水雲《みずぐも》があると「雲粒捕捉成長」が起こり、降雪が局地的に集中することになります。

この仕組みで台風や低気圧接近時に山の斜面などで雨や雪が強化され、災害の原因になることがあります。

広い範囲で層状の雲から降るしとしと雨は、ある程度予測しやすい一方で、局地的な雨や雪の強まりについては正確な予測が難しい場合もあり、実態解明や監視・予測のための研究が行われています。

夏は暑く、冬が寒いのはなぜか？

気温が変化するしくみ

地球上の気温は放射によって決まります。放射とは、熱を持つ全ての物体が発している「電磁波」のことです。火のついたコンロに手を近づけると熱いのは当たり前ですが、少し離れたところからでも熱いと感じることがあります。遠赤外線のストーブなどが離れていても温かいのは、電磁波の放射によって熱が届くためです。

電磁波の特性は波長によって大きく変わります。可視光線《かしこうせん》の紫より波長が短いところが紫外線、赤より波長の長いところが赤外線と呼ばれる領域です。

なお、太陽光は紫外線や可視光線、赤外線など様々な光が重なった状態で地球に届きます（太陽放射）。それに対して地球からの放射は地球放射といい、こちらは赤外線がメインです。

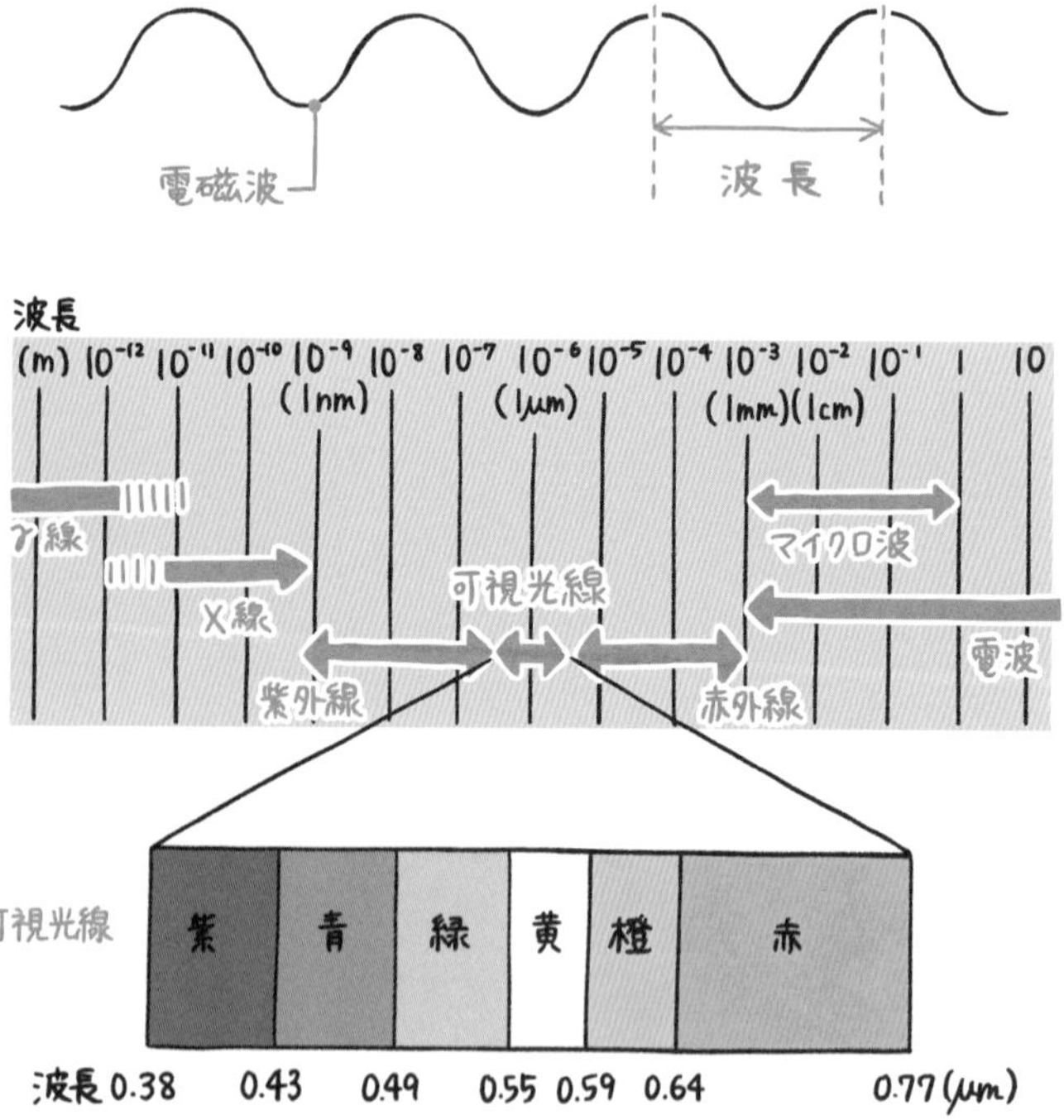
電磁波
波長
波長
(m) 10⁻¹² 10⁻¹¹ 10⁻¹⁰ 10⁻⁹ 10⁻⁸ 10⁻⁷ 10⁻⁶ 10⁻⁵ 10⁻⁴ 10⁻³ 10⁻² 10⁻¹ 1 10
(1nm)
(1μm)
(1mm)(1cm)
γ線
X線
マイクロ波
可視光線
電波
紫外線
赤外線
可視光線
紫
青
緑
黄
橙
赤
波長 0.38 0.43 0.49 0.55 0.59 0.64 0.77(μm)

電磁波の分類

温度が高いほど波長の短い電磁波を強く放射できることは「ウィーンの変位則《へんいそく》」と呼ばれています。鍛冶場《かじば》で鉄を高温に熱すると色が赤から黄色に変わっていくのは、温度によって波長が変化するからです。

太陽放射と地球放射のバランスで、一日の気温変化、季節の変化を説明できます。

最高気温が出やすい時間

太陽は日の出からだんだんと昇り、南にあるときにもっとも高くなります。地表で受ける放射量は太陽高度が高くなるほど多くなるため、正午頃がピークになります。

午後になると熱を受けて温まった地表から、宇宙に向かって熱を逃がす放射のほうが大きくなりはじめ、その頃に気温がピークに達します。これが、午後二時頃に最高気温が観測されやすい要因です。

一方、地表面からの熱の放射で地面が冷える放射冷却は、太陽が出ていない夜間に特に効きます。最低気温が出やすいのは、日の出頃の時間です。

夏至の地球　2023年6月21日06:00、地軸の傾き（約23.4度）がわかる

夏は暑く、冬は寒い理由

気温は季節によっても変化します。

地球は地軸が傾いた状態で太陽の周りを公転しているため、北半球では夏至のときに昼がもっとも長く、太陽放射の影響を受ける時間が長くなり、受け取るエネルギーも増えます。逆に、冬は受け取るエネルギーが減る上に、夜が長く、太陽放射の影響が小さくなって気温が下がりやすくなります。夏と冬の気温が大きく違うのは、そういうわけです。

もちろん、緯度によっても気温は変わります。極に近い高緯度地域では、赤道域に比べて同じ面積で受け取る放射が少なくなります。このため、北半球では北ほど寒く、南ほど暖かいのです。

天気はどうして変わるのか

ヘクトパスカルとキュウリ

気圧とは、空気がものを押す力のことで、上に載っている空気の重さが、そのまま気圧となって表れます。

気圧は単位としても使用され、海面における気圧を一気圧として、一気圧＝一〇一三・二五ヘクトパスカルで定義されます。重さで考えると、一ヘクトパスカルは一〇センチメートル四方、掌《てのひら》ほどの大きさのところに一〇〇グラム、キュウリ一本が載っているくらいの圧力です。

つまりキュウリ一本ぶんが一ヘクトパスカルです。地上は約一〇一三ヘクトパスカルなので、掌にキュウリ一〇〇〇本ぶんが載っているイメージです。

キュウリ一〇〇〇本は重すぎるように思いますが、私たちの身体は潰れません。それは、身体の内側からも同じ圧力で押しているからです。押して押される環境に、人間は適応しているのです。

深海魚を例に考えてみましょう。

深海の水圧は非常に高いため、深海魚はその環境でも生活できるように内側からすごい圧力で押し返しています。その深海魚を急激なスピードで水面に上げると、圧力のバランスが取れなくなり、体が膨らんで内臓が破裂してしまいます。なお、高山病は、地上の気圧に慣れている人が富士山のような高い山に登ったとき、気圧の低下などにより吐き気などの症状が出る病気です。

気圧は、高度が一〇メートル上がるごとに約一ヘクトパスカル下がります。東京スカイツリーの天望回廊は高さ四五〇メートルほどなので、地上から天望回廊に昇ると約四五ヘクトパスカル下がることになります。

私のいる茨城県つくば市のシンボル、筑波山《つくばさん》の標高は八七七メートルですから、山頂では約八八ヘクトパスカルほど、海抜零メートルの海面との気圧差があることになります。海面を一〇一三ヘクトパスカルとすれば山頂は約九二五ヘクトパスカルなので、とても発達した台風の中心気圧と同じくらいといえます。

風が吹く理由

このように気圧は「縦方向」の上空ほど低くなっていますが、「横方向」で気圧に違いがあるのはどのような場合でしょうか。それが、「高気圧」と「低気圧」です。

高気圧・低気圧とは、周囲に比べて気圧が高い・低いところです。あくまで相対的なもので、中心気圧の数値によって決まるわけではありません。

放射などが影響して、大気には相対的な温度差が生まれます。冷たい空気は密度が大きくて重く、暖かい空気は膨らんで軽くなります。

そのため暖かい空気のほうが冷たい空気に比べて気圧が低くなります。押す力の強い高気圧と押す力の弱い低気圧が隣りあっていると、気圧の傾きによる力（気《き》圧《あつ》傾《けい》度《ど》力《りょく》）が生まれ、高気圧から低気圧へと空気が運動するようになります。

これが、風が吹く理由です。

地上では高気圧から低気圧に向かって空気が動いていくため、低気圧の中心に向かって風が吹き込むようになります。風が集まって行き場をなくした空気が上昇すると、上昇気流によって雲が生まれます。そのため、低気圧の近くでは曇りや雨になりやすいのです。

高気圧からは、地上で風が吹き出しているため、吹き出していった空気を補おうとして上空で下降気流が起こります。空気が下降すると、周囲の気圧が上がるので周りから押される力が強くなり、空気は圧縮されます。そのぶんのエネルギーが熱として現れるため、空気の温度が

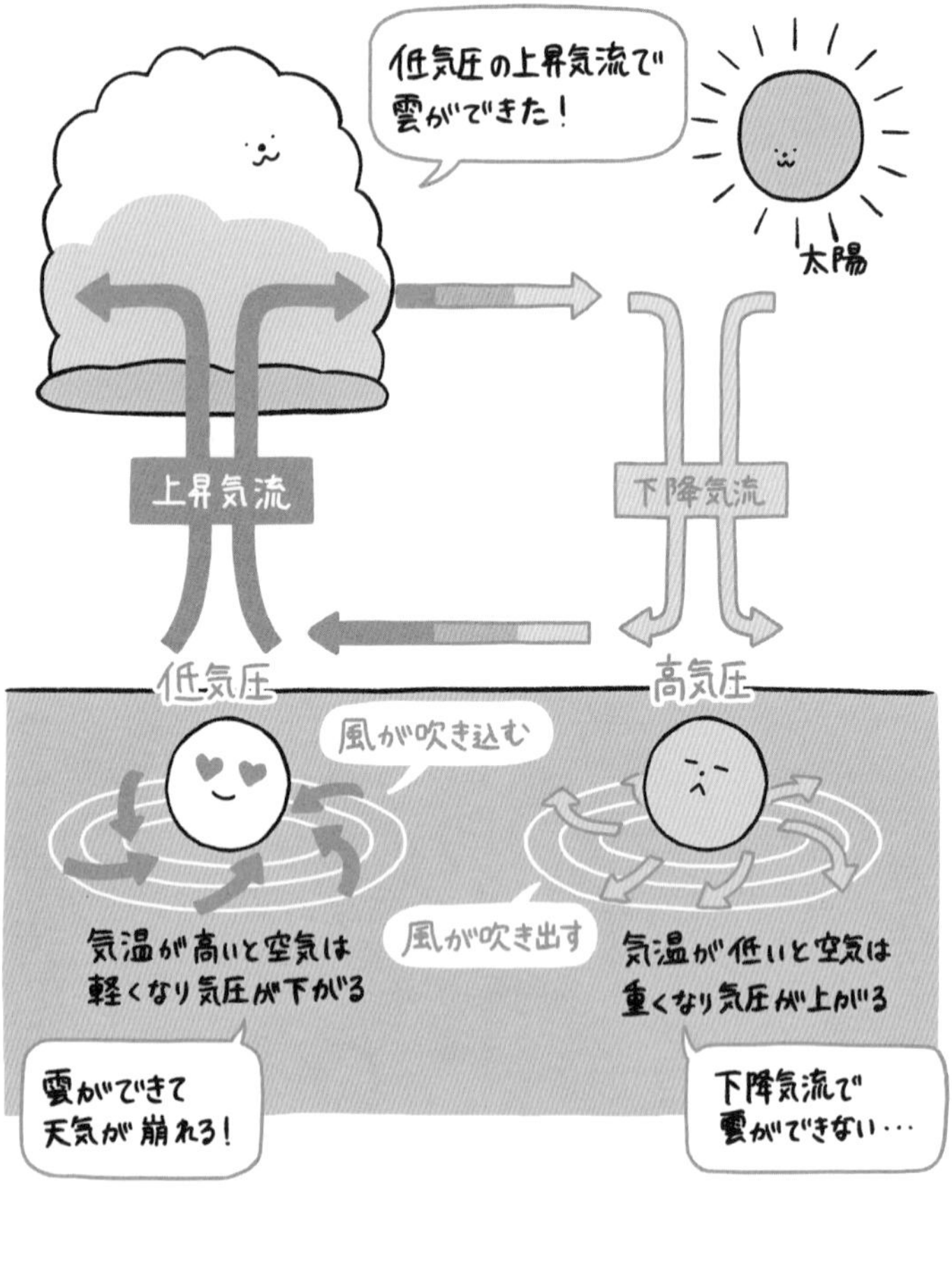
低気圧の上昇気流で
雲ができた！
太陽
上昇気流
下降気流
低気圧
高気圧
風が吹き込む
風が吹き出す
気温が高いと空気は
軽くなり気圧が下がる
気温が低いと空気は
重くなり気圧が上がる
雲ができて
天気が崩れる！
下降気流で
雲ができない…

低気圧と高気圧

上がります。

下降する空気の温度が上がれば含有できる水蒸気量が増えるため、飽和していた場合でも未飽和になります。そのため、高気圧の圏内にあるときは、雲ができにくく、晴れやすいのです。

哲学者と気象の単位

気圧を示す単位「ヘクトパスカル」の「ヘクト」はギリシャ語のヘカトン（一〇〇）に由来して一〇〇倍という意味で、「パスカル」の元になったブレーズ・パスカルは、フランスの哲学者です。


空気は目に見えないものの、昔の人はそこに何かが存在していると感じていて、それを「気」と呼んでいました。アリストテレスは「もし気のない空間である真空を作り出そうとしても、自然の意思はそれに反発して真空をなくそうと働く」と考えていました。

真空を発見したのが、ガリレオ・ガリレイの弟子であるイタリアの物理学者エヴァンジェリスタ・トリチェリ（一六〇八―一六四七）です。

彼は水銀柱の実験によって真空を示すとともに、大気に重さ（圧力）があると考えました。その実験を知ったものの、パスカルは当初、気圧の存在を信じられませんでした。しかし、同時代の哲学者のルネ・デカルトに「山の上で実験しよう」と提案されたことから、山の上と中腹と麓《ふもと》の三箇所で水銀柱の実験を行い、気圧の存在を実証することになります。その功績によって、気圧の単位にパスカルの名が刻まれました。

コリオリの力

北半球では、低気圧は反時計回りの回転、高気圧は時計回りの回転をしています。これには「コリオリの力」が関係しています。

地球は北極点と南極点をつなぐ軸を中心に自転しており、ものを真っ直ぐ投げたつもりでも、宇宙から見れば真っ直ぐなのですが、自転と一緒に回転している地球上から見ると、あたかも運動に対して直角右向きに力が加わって右に曲がっているように見えるのです。逆に南半球では、運動に対して直角左向きに力がかかって左に曲がっているように見えます。このときの見かけ上の力が、コリオリの力です。

赤道上では地軸に対して地面が平行なので、コリオリの力は働きません。緯度が高い極域（北極・南極）に近いほどコリオリの力が働き、曲がり方は大きくなります。

北半球で考えると、気圧傾度力を受けた方向に動く空気に対して、直角右向きにコ

ブレーズ・パスカル

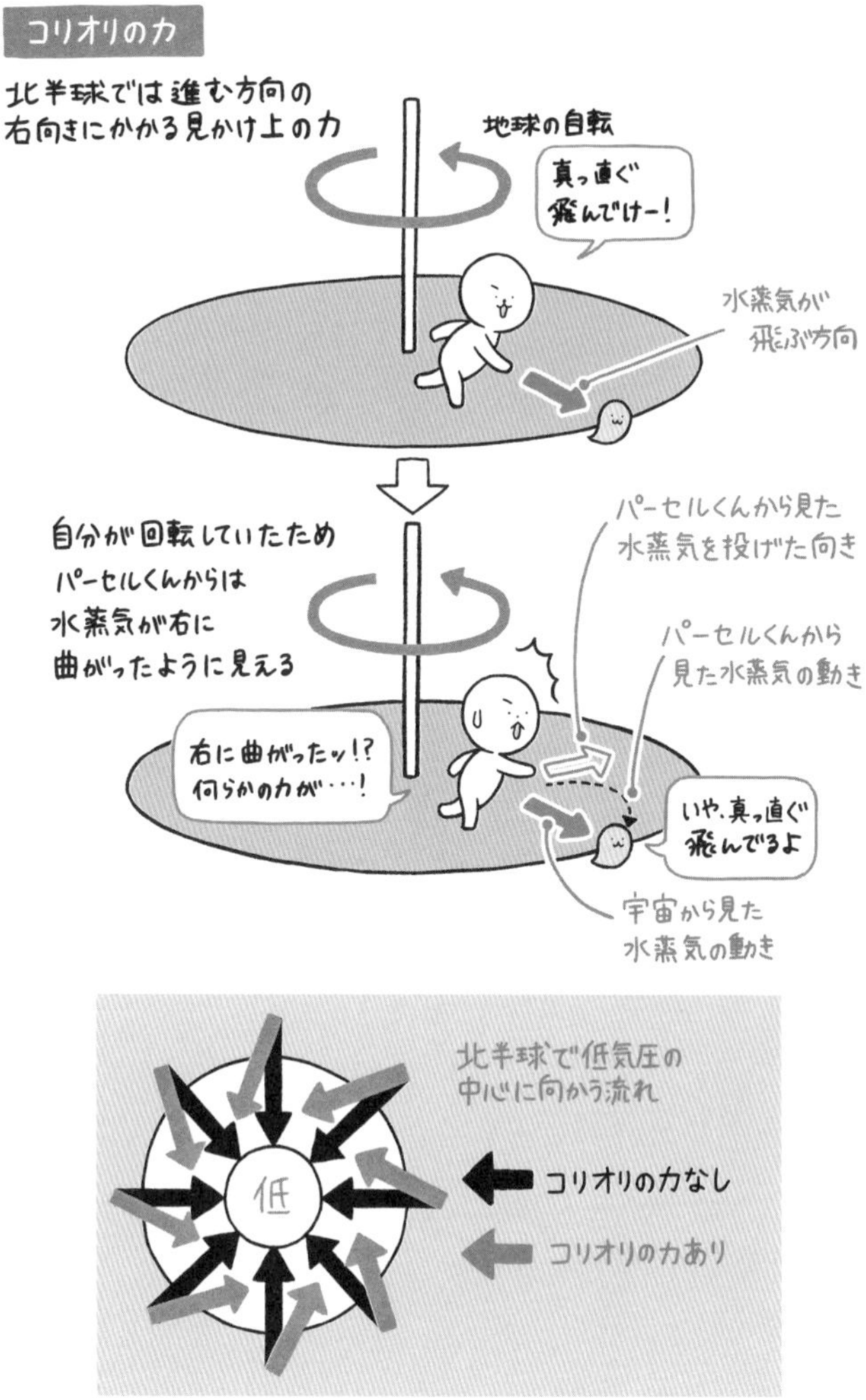
コリオリの力
北半球では進む方向の
右向きにかかる見かけ上の力
地球の自転
真っ直ぐ
飛んでけー！
水蒸気が
飛ぶ方向
自分が回転していたため
パーセルくんからは
水蒸気が右に
曲がったように見える
パーセルくんから見た
水蒸気を投げた向き
パーセルくんから
見た水蒸気の動き
右に曲がったッ!?
何らかの力が…！
いや、真っ直ぐ
飛んでるよ
宇宙から見た
水蒸気の動き
北半球で低気圧の
中心に向かう流れ
低
コリオリの力なし
コリオリの力あり

コリオリの力とは

リオリの力がかかるため、空気は高気圧を右手に、低気圧を左手に見て動きます（地衡風《ちこうふう》）。しかし、地上では地面との摩擦が働くため、風は気圧が低いほうに曲げられて吹きます。つまり地上付近の風は、気圧傾度力、コリオリの力、地表からの摩擦力の三者が釣りあった状態で吹くのです。

風向きは三つのバランスによって決まりますが、地表の摩擦が大きいと低気圧の中心に向かう方向に近づき、摩擦が小さいと等圧線に平行な向きに近づきます。このようにして、北半球では低気圧の中心に向かって反時計回りに風が吹き込み、高気圧の中心から時計回りに風が吹き出すのです。

気圧の差が大きいと気圧傾度もきつくなり、風も強く吹きます。天気図で等圧線の間隔が狭いのは「気圧差が大きい」という意味で、風が強くなることを示しています。

偏西風とジェット気流

地球規模の風で、日本付近に特に影響するのが「偏西風」です。

北半球の中緯度上空では西風の偏西風が強く吹いています。日本付近では、冬にもっとも南下していて、春から夏にかけてだんだん北上します。そのため、夏の日本の上空は風が弱いのですが、秋から冬にかけてまた偏西風が南下するので、冬は上空の風がもっとも強くなります。特に偏西風の強

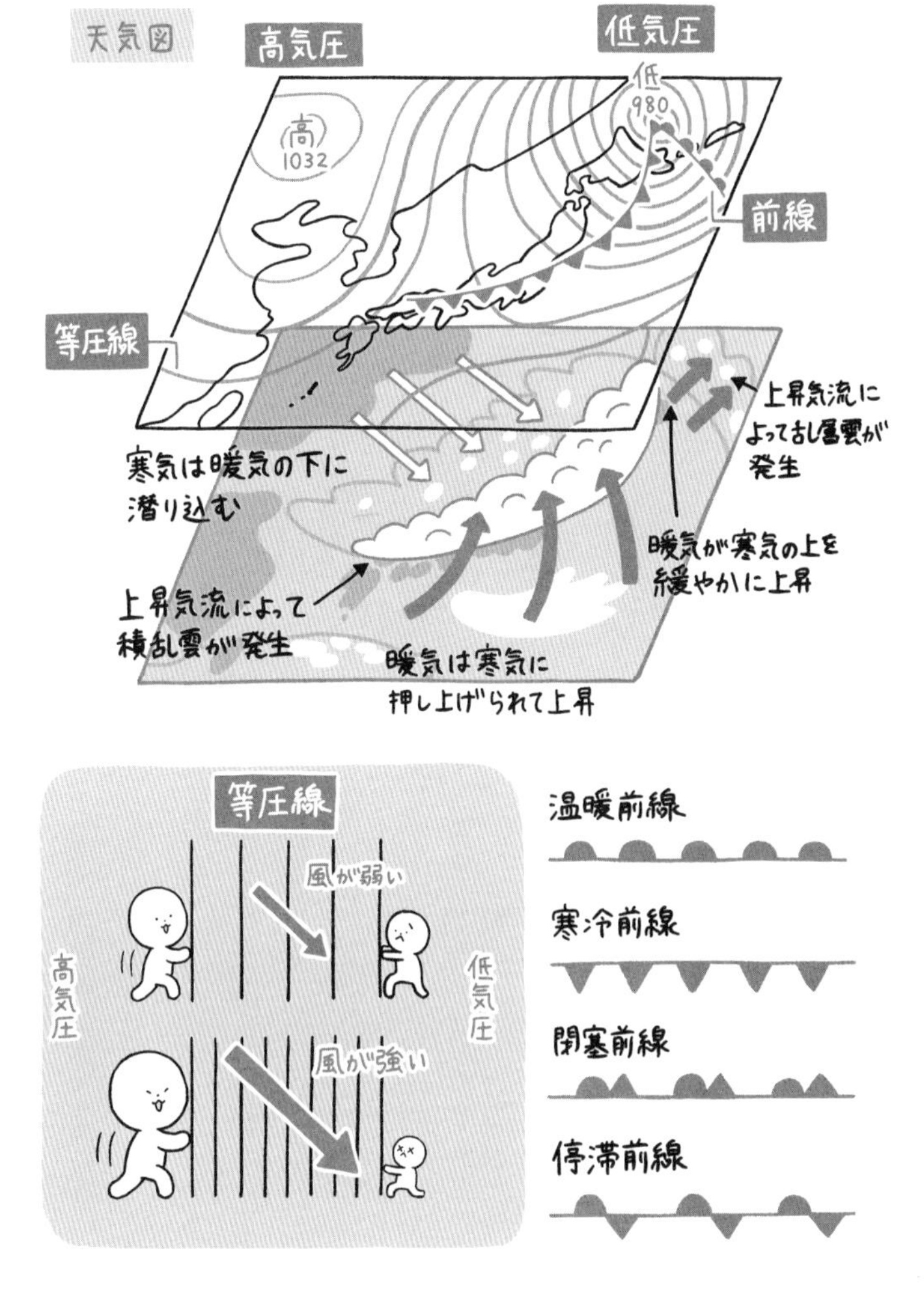
天気図
高気圧
低気圧
低
980
高
1032
前線
等圧線
上昇気流によって乱層雲が発生
寒気は暖気の下に潜り込む
暖気が寒気の上を緩やかに上昇
上昇気流によって積乱雲が発生
暖気は寒気に押し上げられて上昇
等圧線
風が弱い
高気圧
低気圧
風が強い
温暖前線
寒冷前線
閉塞前線
停滞前線

天気図の読み方

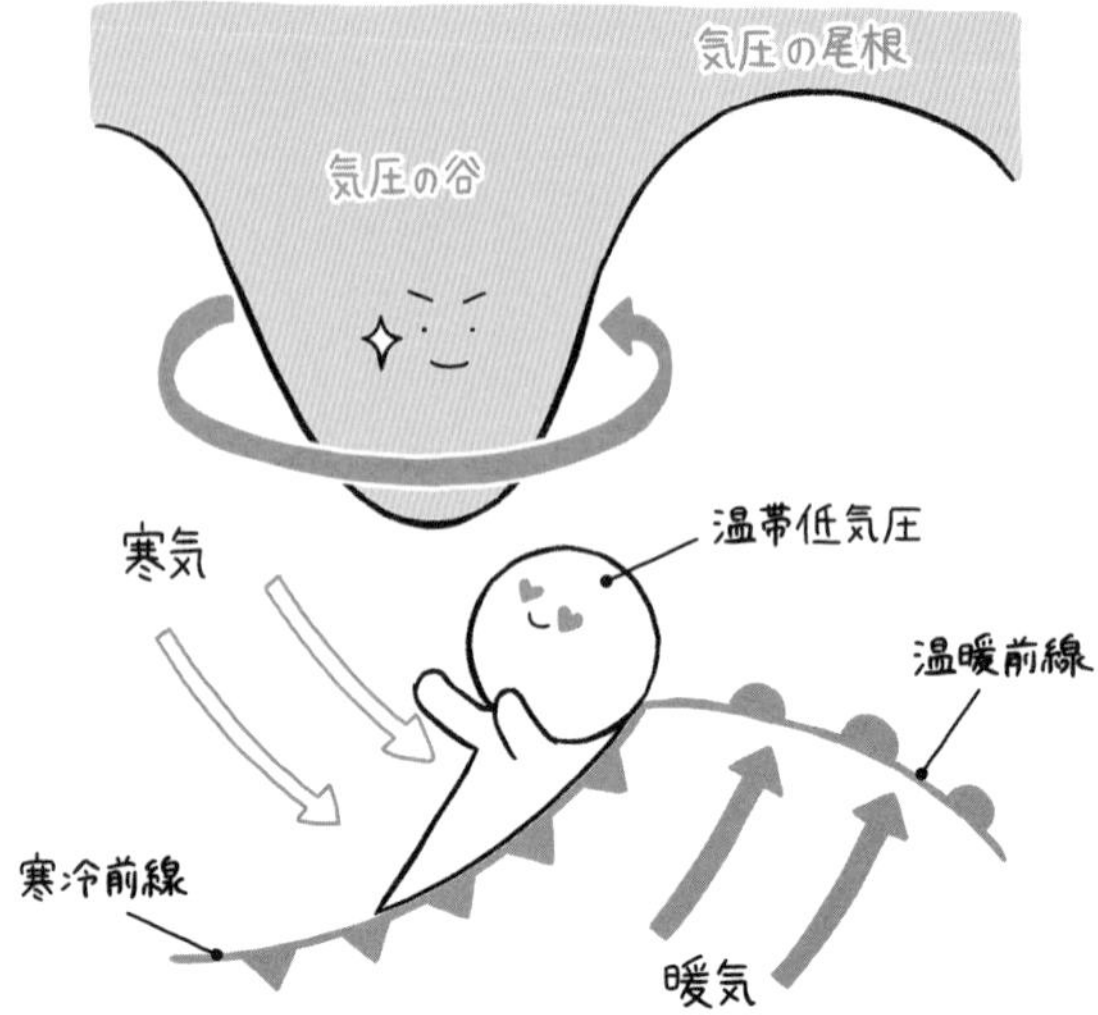

上空の気圧の谷と温帯低気圧

い部分を「ジェット気流」と呼びます。

偏西風は寒気と暖気の境目でもあり、いうなれば上空の前線です。偏西風が南向きに蛇行しているところでは、北から寒気が南下して上空の空気が冷えますし、北向きに蛇行しているところでは、南から暖気が北上して空気が温まります。

偏西風は気象状況に大きな影響を及ぼす風なのです。偏西風が南向きに曲がっているところを「気圧の谷」、北向きに曲がっているところを「気圧の尾根」と呼びます。

また、気圧の谷にあたるところは、周りの同じ高さの空に比べて気圧が低く、反時計回りの回転が生じます。地上付近で南北に温度差があると停滞前線ができますが、気圧の谷が近づいてくるとそれに伴う回転が地上付近にまで伝わります。

すると、地上付近の暖気と寒気も上空の回転の影響を受けて、停滞前線上に低気圧が生まれます。低気圧を中心に停滞前線は寒冷前線と温暖前線になり、それらを伴う温帯低気圧が発達するのです。

春や秋の天気は変わりやすい

季節によっても気圧配置は異なり、季節を代表する高気圧もあります。

これらの高気圧は寒気や暖気を伴っています。ある程度の広がりを持ち、似た性質を持った空気のまとまりのことを「気団」といい、気団の境目が「前線」です。同等の勢力の寒気と暖気がぶつかると、停滞前線ができ、暖気よりも寒気の勢力が強いと寒気が暖気の下に潜り込むように進む寒冷前線になります。暖気の勢力が強いと、暖気が寒気の上を這い上がり、温暖前線ができます。

冬はユーラシア大陸が冷え、空気が冷たくて重くなるため、「シベリア高気圧」ができます。そんなときに温帯低気圧が日本付近を通過して日本の東に低気圧が位置すると、「西高東低」の冬型の気圧配置になります。

その後、季節が進んで春になると、「移動性高気圧」と温帯低気圧が数日おきに上空の偏西風に乗ってやってくるようになります。春や秋の天気が変わりやすいのはそのためです。

五月から七月頃には、オホーツク海が周囲の海よりも冷たく、千島近海に冷たい高気圧、

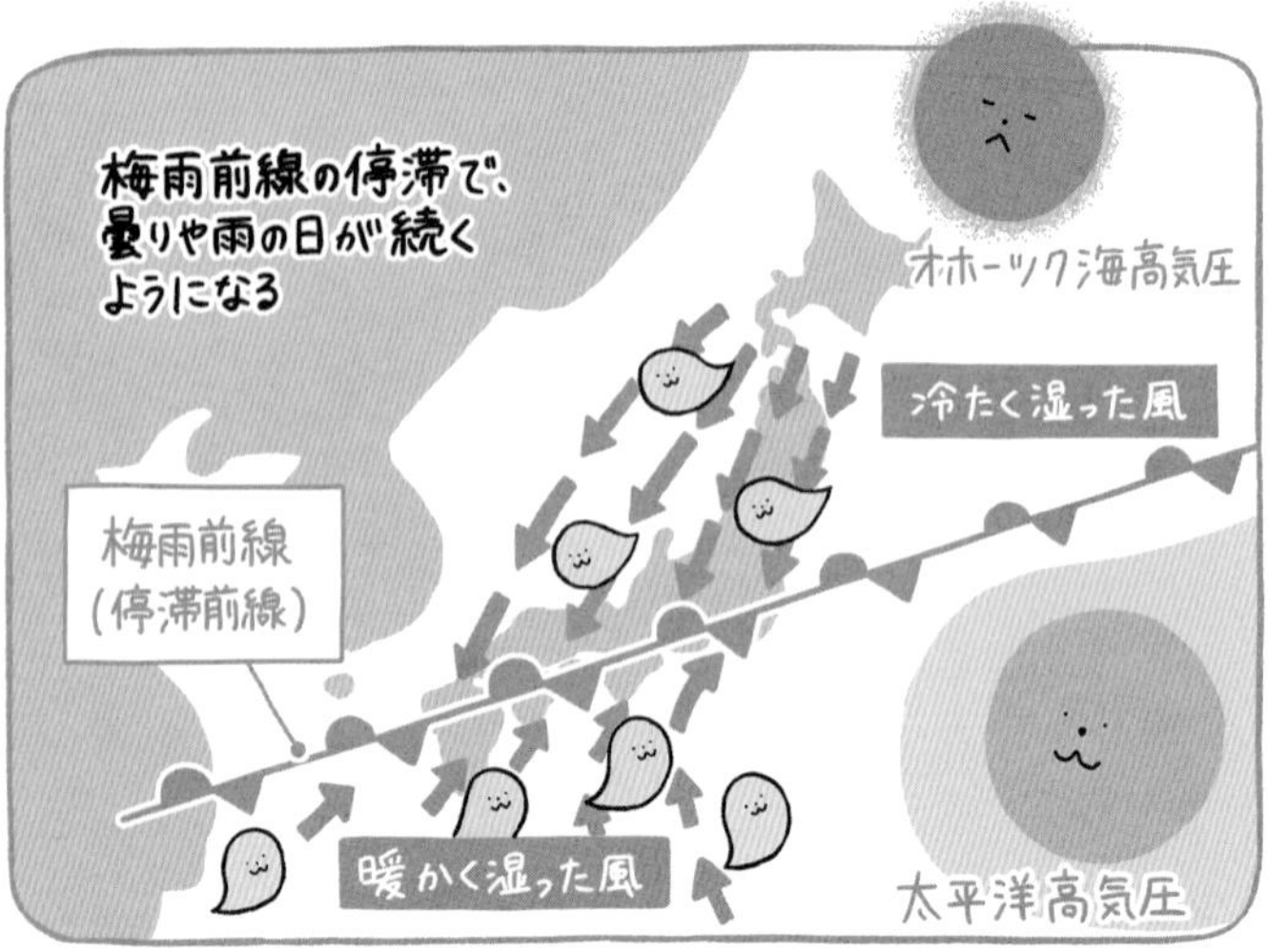

梅雨前線の仕組み

「オホーツク海高気圧」が発生します。

冷たい海の高気圧からは、冷たく湿った風が時計回りに吹き出します。すると、北海道や東北の太平洋側、関東で気温が低くなり、低い雲で曇天が続くことがあります。東北の太平洋側では「やませ」や「東風《こち》」と呼ばれる風が吹き、日照不足と低温で農作物に悪影響が出ます。

六月頃には、オホーツク海高気圧と「太平洋高気圧」の間で、冷たく湿った空気と、暖かく湿った空気がぶつかりあうことで「梅雨前線」が発生します。

広範囲で雨が降りやすくなったり、日照不足や低温になったりしますが、次第に太平洋高気圧の勢力が増してきて、前線を南から北へとどんどん押し上げるようになります。

東西に長く広がる梅雨前線の雲

「梅雨入り宣言」の真相

梅雨末期の七月上旬には前線が押し上げられ、西や南から暖かく湿った空気が合流しやすくなります。

夏にかけて気温が上がるために空気に含まれる水蒸気の量も増え、大雨が起こりやすくなります。このため、梅雨前線の停滞には注意が必要なのです。さらに、九州などでは線状降水帯が発生して豪雨がもたらされることもあります（二九九頁）。

なお、「梅雨入り宣言」「梅雨明け宣言」とメディアなどで表現されることがありますが、気象庁では観測に基づき発表しているだけで、「宣言」はしていません。梅雨入り・明けに関しては、まず速報値を出すものの、のちに振り返って分析して、九月一日に答えあわせという形で「確定値」を出しています。

梅雨はスケールの長い現象なので予測が難しく、速報値と確定値が大きくずれることがあります。たとえば、気象庁は「関東甲信地方が梅雨入りしたとみられる」と発表します。

つまり、その時点では「梅雨入りしました」と断言はできず、「梅雨入りしたとみられる」ということしかいえないのです。

夏に猛暑をもたらすもの

夏には太平洋高気圧が勢力を増します。太平洋高気圧に覆われると、日本全体が蒸し暑くなります。この夏の気圧配置は「南高北低」と呼ばれます。南が高気圧に覆われていて、偏西風は北に上がっているため、北を低気圧が通るようになるのです。

さらに、ユーラシア大陸から「チベット高気圧」が上空にやってきて背の高い高気圧に覆われると、空では上から下までずっと下降気流がある状況です。この下降気流の影響で、気温が上がるのです。

ここに「フェーン現象」が起こると、大変な高温になることがあります。フェーン現象には二種類あり、一つはドライフェーンで、上空の未飽和の空気が山の風下側の斜面を吹き降りる際、乾燥断熱減率（八八頁）で気温が上がるというものです。

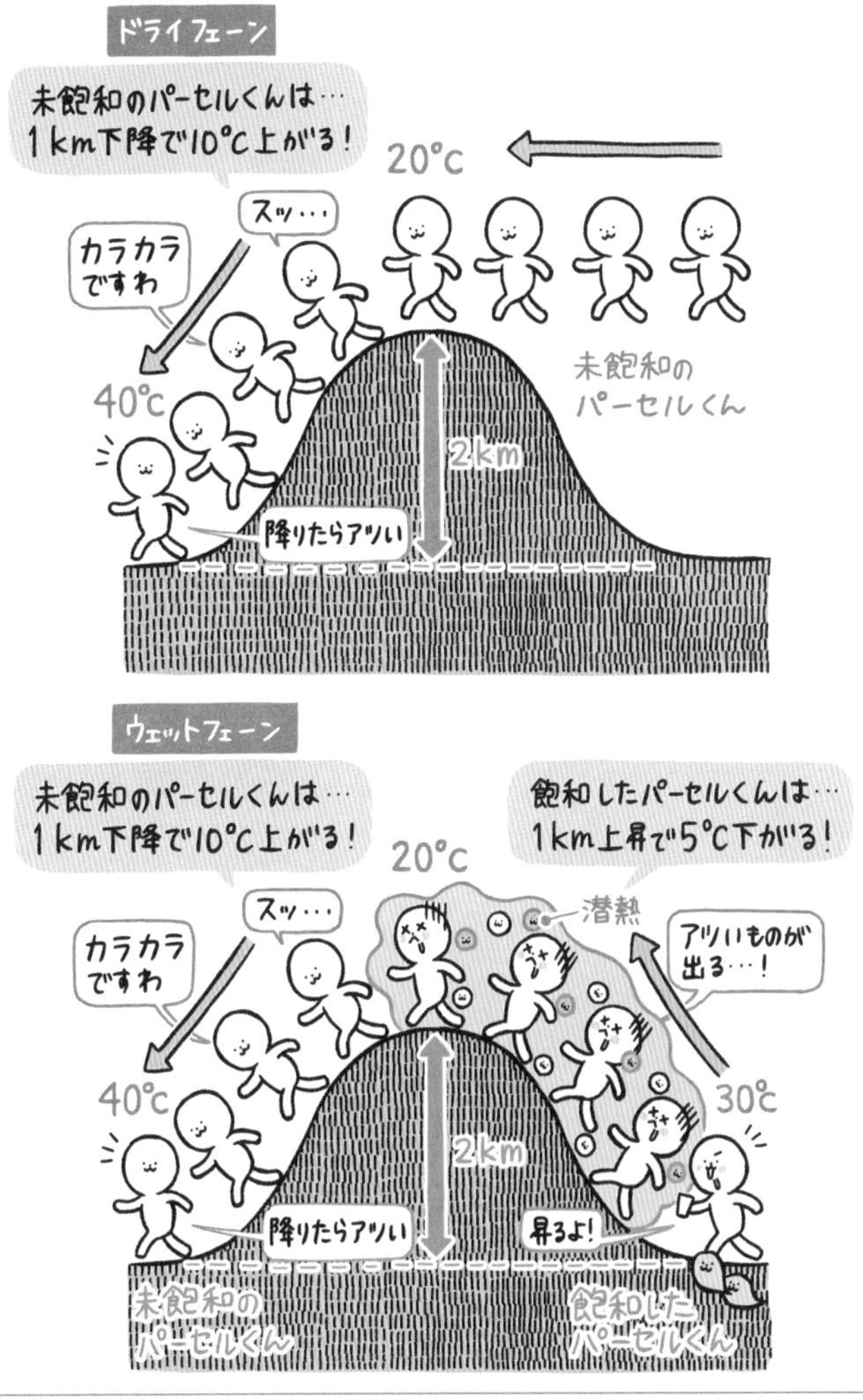
ドライフェーン
未飽和のパーセルくんは…
1km下降で10℃上がる!
20℃
スッ…
カラカラ
ですわ
40℃
未飽和の
パーセルくん
2km
降りたらアツい
ウェットフェーン
未飽和のパーセルくんは…
1km下降で10℃上がる!
飽和したパーセルくんは…
1km上昇で5℃下がる!
20℃
潜熱
スッ…
カラカラ
ですわ
アツいものが
出る…!
40℃
30℃
2km
降りたらアツい
昇るよ!
未飽和の
パーセルくん
飽和した
パーセルくん

フェーン現象の仕組み

そして、飽和した空気が山の風上側の斜面を昇るときに湿潤断熱減率（八八頁）で気温が下がり、山の風下斜面を吹き降りるときには乾燥断熱減率で気温が上がるというウェットフェーンもあります。台風接近時などのウェットフェーンが典型的なフェーン現象としてこれまで知られてきましたが、最近の研究ではドライフェーンのほうが多いということが指摘されています。

また、暑さには気温だけでなく、湿度と日射、輻射《ふくしゃ》（放射）も影響します。気象庁は環境省と一緒に、「熱中症警戒アラート」を発表して熱中症への警戒を促しています。

熱中症警戒アラートは、熱中症の危険度が極めて高いとき、気温に加えて湿度などの影響も加味した「暑さ指数（WBGT: Wet Bulb Globe Temperature）」が三三以上になることが予測されるときにだけ発表される情報です。室内にいても高齢者や子どもは熱中症になりやすいため、冷房を使用して暑さを避け、こまめな水分補給を促すなど、気を配りましょう。

どんなに屈強な人間でも、暑さには耐えられません。特に屋外で作業や行動をしているときなどに、暑さを根性論で我慢したり、我慢させたりは絶対にしないでください。

近年の猛暑（二〇二〇年、二〇一八年、二〇一〇年）では、熱中症による死亡者数が一五〇〇名を超えています。気候変動による気温上昇や高齢者人口の増加などが原因で死亡者数は増えており、「昔は大丈夫だったから今も大丈夫」は通用しません。暑さを正しくおそれて、適切な対策をしましょう。

日本海側の雪、太平洋側の雪

日本には日本海があるため、冬はかなり特殊な気象状況になります。日本海上に多くできる筋状の雲が、日本海側に大量の雪を降らせるのです。

冬に西高東低の冬型の気圧配置になると、日本付近では等圧線が縦縞《たてじま》模様になり、北西の季節風が吹くようになります。

日本海側に雪が多いのはなぜか

するとマイナス数十度にもなる寒気が、気圧傾度力によってユーラシア大陸から日本海上に吹き出します。日本海の海面水温は冬でも五〜一五度はあるため、寒気からしてみれば熱湯風呂状態です。平熱が三六度くらいの人間で例えると、六〇〜七〇度のお湯に触れるようなものです。冷たい空気が熱い水の上を進むと、海水から熱と水蒸気が供給され、暖かく湿った空気に変化します。これを「気団変質」と呼びます。

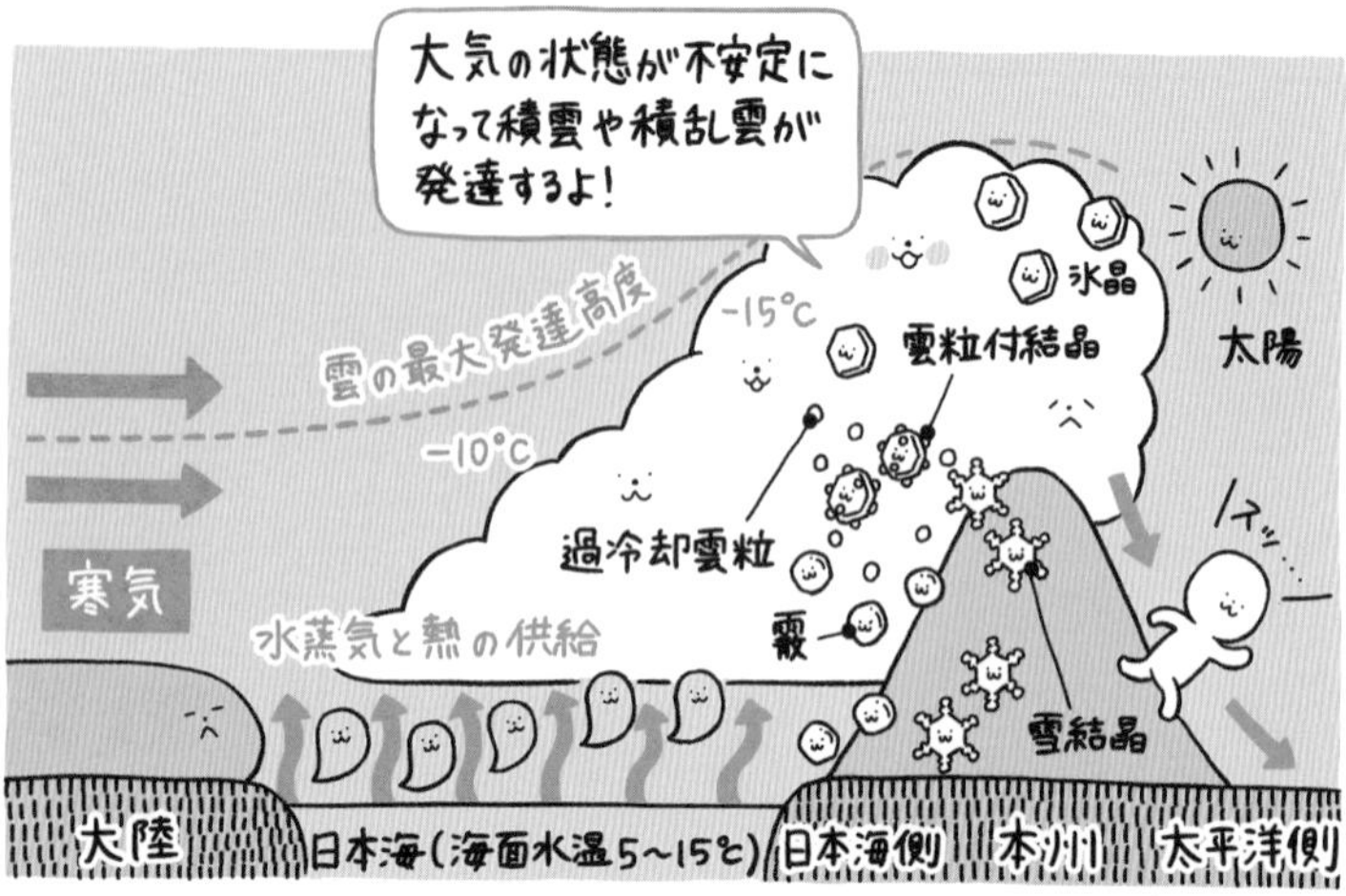

筋状雲の仕組み

冬の日本海上では、気団変質によって暖かく湿った空気が生まれる一方、上空は相変わらず冷たいため地上付近と上空での気温差が大きくなります。そのため大気の状態が不安定になり、積雲《せきうん》や積乱雲が発達しやすくなります。

熱対流《ねったいりゅう》が発生しているところに風が吹くと、「水平ロール対流」という上昇気流と下降気流の列ができ、この上昇気流域に積雲の列ができます。冬の日本海上ではこの仕組みで列をなす雲が至るところに生まれています。

この雲は「筋状雲《すじじょううん》」と呼ばれ、日本海側、特に山地を中心に大雪（山雪《やまゆき》）をもたらします。

日本海側の雪雲は脊梁《せきりょう》山脈を越えられず、関東を含む太平洋側にはあまり届きません。雪雲は山を越えようとする際に下降気流で消えてしまい、太平洋側には乾燥した空気が「からっ風《かぜ》」として吹くため、冬の太平洋側では乾燥した晴れが続きます。

「ＪＰＣＺ」による集中豪雪

冬の日本海側では、ときおり集中的に雪が降り、災害が発生することがあります。西高東低の冬型の気圧配置のとき、吹き出した寒気が朝鮮半島のつけ根あたりにそびえる長白《ちょうはく》山脈を迂回《うかい》するように二手に分かれて回り込み、日本海上で再びぶつかり、「ＪＰＣＺ（Japan sea Polar air mass Convergence Zone：日本海寒帯気団収束帯）」ができる場合です。

強い寒気の影響で大気の状態が不安定な中、風がぶつかりあうことで非常に強い上昇気流ができるので、積乱雲が発達します。発達した雪雲が帯状に列をなしているのがＪＰＣＺであり、ひとたびＪＰＣＺがかかると短時間に集中的な大雪がもたらされ、車の立ち往生などの原因となります。

ＪＰＣＺによる大雪は北陸から山陰で多く、特に海面水温のまだ高い十二月にしばしば大規模な立ち往生を引き起こしています。二〇二〇年十二月中旬には、ＪＰＣＺによる大雪が発生して除雪が追いつかなくなり、関越自動車道で二一〇〇台もの自動車が立ち往生しました。ＪＰＣＺは山地だけでなく平地にも大雪をもたらすのです（里雪《さとゆき》）。

ＪＰＣＺなどで短時間の大雪が起こり、その後も雪が続いて重大な影響が見込まれるとき、気象庁は「顕著な大雪に関する気象情報」を発表します。気象庁ウェブサイト「今後の雪」ではどこでどのくらいの降雪量になっているのか、六時間先までの降雪量の予測はどうなのかを確認できます。大雪の際には情報を活用してください。

爆弾低気圧、メイストーム、ポーラーロー

冬には大雪だけでなく吹雪にも気をつける必要があります。

雪を伴って強風が吹くと「風雪《ふうせつ》」、さらにそれが暴風となると「暴風雪《ぼうふうせつ》」と呼ばれるようになります。このような状況では、目の前が真っ白になって視界が極めて悪くなる「ホワイトアウト」が起こり、屋外にいると身動きが取れなくなります。さらに、積もった雪が吹き飛ばされてたまる「吹きだまり」ができ、車両の立ち往生の原因になることもあります。

このような暴風雪をもたらす典型的な現象が、いわゆる冬の「爆弾低気圧」です。気象庁では「急速に発達する低気圧」と表現しますが、学術的には「Bomb」と表記されることもあり、短時間で急激に中心気圧が低下する低気圧のことです。

多くの爆弾低気圧は温帯低気圧が急発達しているもので、春には「メイストーム」と呼ばれて広範囲で暴風が起こり、冬には北日本を中心に暴風雪をもたらします。

低気圧が発達すれば、そのぶん低気圧通過後の西高東低の冬型の気圧配置も強まるため、暴風雪の影響が長時間続くこともあります。二〇一三年三月、暴風雪により北海道で九名が亡くなる痛ましい事故がありましたが、これも爆弾低気圧が原因でした。

爆弾低気圧の発達は、南北の温度差や上空の気圧の谷の影響を受ける通常の温帯低気圧のメカニズムに加えて「雲自体が発達することで潜熱《せんねつ》を放出し、上空の大気を温めることで低気圧として成長すること」も重要な要素です。

また、日本海側での暴風雪は、「ポーラーロー（寒気団内小低気圧）」によってもたらされます。ポーラーローは「冬の台風」といわれることもあり、寒気の中で発生・発達して風が強まります。日本海からの熱や、雲からの潜熱で発達すると考えられています。

これらの渦《うず》による暴風雪で、停電が起こることがあります。

海から陸に向けて非常に強い風が吹くと、海塩を含む雪が電線に付着して絶縁したり、雪や氷が付着して電線が大きく揺れる「ギャロッピング現象」で電線同士がぶつかってショートしたりするのです。

冬の暴風雪による停電は復旧作業に時間がかかり、長期化する場合があるため、日頃から食料などの備蓄を心がけることが重要です。また、暴風雪が予想されるときは外に出ず、スマートフォンやノートパソコンの充電を満タンにしておくなどの対策が必要です。

南岸低気圧による太平洋側の雪

太平洋側の降雪は、日本海とは仕組みが違います。関東では本州の南岸を通る「南岸低気圧」によって雪が降ることがほとんどですが、この予測は非常に難しいのです。なぜなら、様々なプロセスが複雑に関わっているからです。

関東は基本的に平野で、西から北側に山があり、東から南側は海に囲まれているという特徴的な地形をしています。これはアメリカ東海岸、アパラチア山脈の東側の地形とよく似ていて、東海岸でも南海上を低気圧が通過するときに雪が降ります。

低気圧の発達度合いや位置、雲の広がり方、雲から何がどのくらい降るか、地表面の状態はどうなっているのか——これらの一つひとつが、関東で雨が降るのか、雪が降るのか、そもそも降らないのか、雪が降るとすればどのくらいの量になるのかに相互に関わっています。しかも、雪雲の物理特性を中心に、まだわかっていないことも多くあります。

関東の北に高気圧がある状態で低気圧が南に近づくと、東寄りの風が吹き、それが山にぶつかって南向きの北風に変化します。このようにして関東で低い空の冷たい風が強まることを「コールドエア・ダミング（Cold-Air Damming）」といいます。

南岸低気圧そのものが反時計回りの風なので、暖かくて湿った南東風がコールドエア・ダミングの冷たい北寄りの風にぶつかると、関東の南部や南海上で「沿岸前線」が発生し、これが雨と雪の境目になることがあります。

コールドエア・ダミングの強まりや沿岸前線の位置の予測も非常に難しいのです。雪や雨の降り方によっても、地上の空気の冷え方、高気圧の強まり方、北寄りの風の強さは変わります。

「経験則」の限界

南岸低気圧の進路と「関東で雨が降るか、雪が降るか」については、過去には「経験則」が予報に使われていました。「低気圧が八丈島の北側を通ると暖気が入るため、関東では雨が降る」「八丈島の南側を通ると暖気が入らず、寒気の中にいるので雪が降る」というものです。

しかし、二〇一四年二月に関東甲信に歴史的な大雪をもたらした低気圧は八丈島の北を通ったにもかかわらず、関東に上陸し、そのときでも大雪の持続していた地域がありました。経験則が当てはまっていなかったのです。

そこで、過去六十年ぶんほどのデータを調べたところ、低気圧の進路だけで関東で雪が降るか雨が降るかを判断はできないことが明らかになりました。この経験則が広まった当時の調査研究では、事例数が少なく、期間も限定的で偏っていました。

より詳しく調べたところ、そもそも日本全体、広い範囲で寒気の強いときに雪が降っていました。北からの寒気の流入が強ければ、当然、雪は降りやすくなるのです。

2014年2月15日に関東に上陸した南岸低気圧

とても強い寒気が流入していれば進路に関係なく問答無用で雪が降ります。しかし、難しいのは気温が微妙なときです。そのような場合、前述のように雲の広がりや雲の中で何が成長するか、コールドエア・ダミングや沿岸前線なども複雑に関係するので、予測が難しくなります。

二〇二三年一月にも、雨の予報だったのに実際には雪が降ったということがありました。現在の技術でも、正確な予測は難しいのが南岸低気圧による首都圏の降雪現象なのです。

大雪がどのように発生するのかなど、そもそもまだよくわかっていないことがあります。予報の確度をどのように上げていくのか、今後も気象研究者たちの奮闘が続きます。

「ゲリラ豪雨」と竜巻

「ゲリラ豪雨」という言葉の由来

にわか雨も夕立も「ゲリラ豪雨」も、現象としてはほぼ同じで、雄大積雲《ゆうだいせきうん》や積乱雲による局地的な強い雨です。「ゲリラ豪雨」という名称は二〇〇〇年代以降、民間の気象会社やメディアによって一般化しましたが、このような雨は昔からある現象です。

実は、「ゲリラ豪雨」は、一九六九年に気象庁の職員が最初に使った言葉です。レーダーによる観測が十分ではなく、大雨の実態がそもそもよくわかっていませんでした。その頃は「観測が困難な局地的な大雨」という意味合いで使われていましたが、レーダー観測の充実した現在では、「予測の難しい局地的な大雨」という意味に変化しています。また、最近では予測困難かどうかにかかわらず、突然の大雨が「ゲリラ豪雨」と呼ばれることが多いように感じます。

「ゲリラ豪雨」は正式な気象用語ではなく、気象庁では「局地的大雨」という呼び方をしています。都市部では浸水被害が出ることもあるため（都市型水害）、通り雨だから大したことはないと油断しないようにしたいものです。

積乱雲と航空機事故

積乱雲は突風の原因になります。この突風現象にも種類があり、主にはダウンバースト、ガストフロント、竜巻に分けられます。

成熟期の積乱雲の中では降水粒子のローディング（四八頁）などにより下降気流が強まって、爆発的に吹き降りる気流、「ダウンバースト」による突風が起こることがあります。

かつてはその突風で飛行機の墜落事故が多発していました。

しかし、アメリカで積乱雲の研究をしていた藤田哲也が、事故にはダウンバーストが関係していることを突き止めたのです。

その結果、「気象ドップラーレーダー」が導入され、積乱雲の中の渦や突風を監視できるようになり、航空機の事故が劇的に減ったのです。

ダウンバーストは横方向の広がりで呼び分けられています。広がり（直径）が四キロメートル未満だとマイクロバースト、四キロメートル以上だとマクロバーストといいます。マイクロ

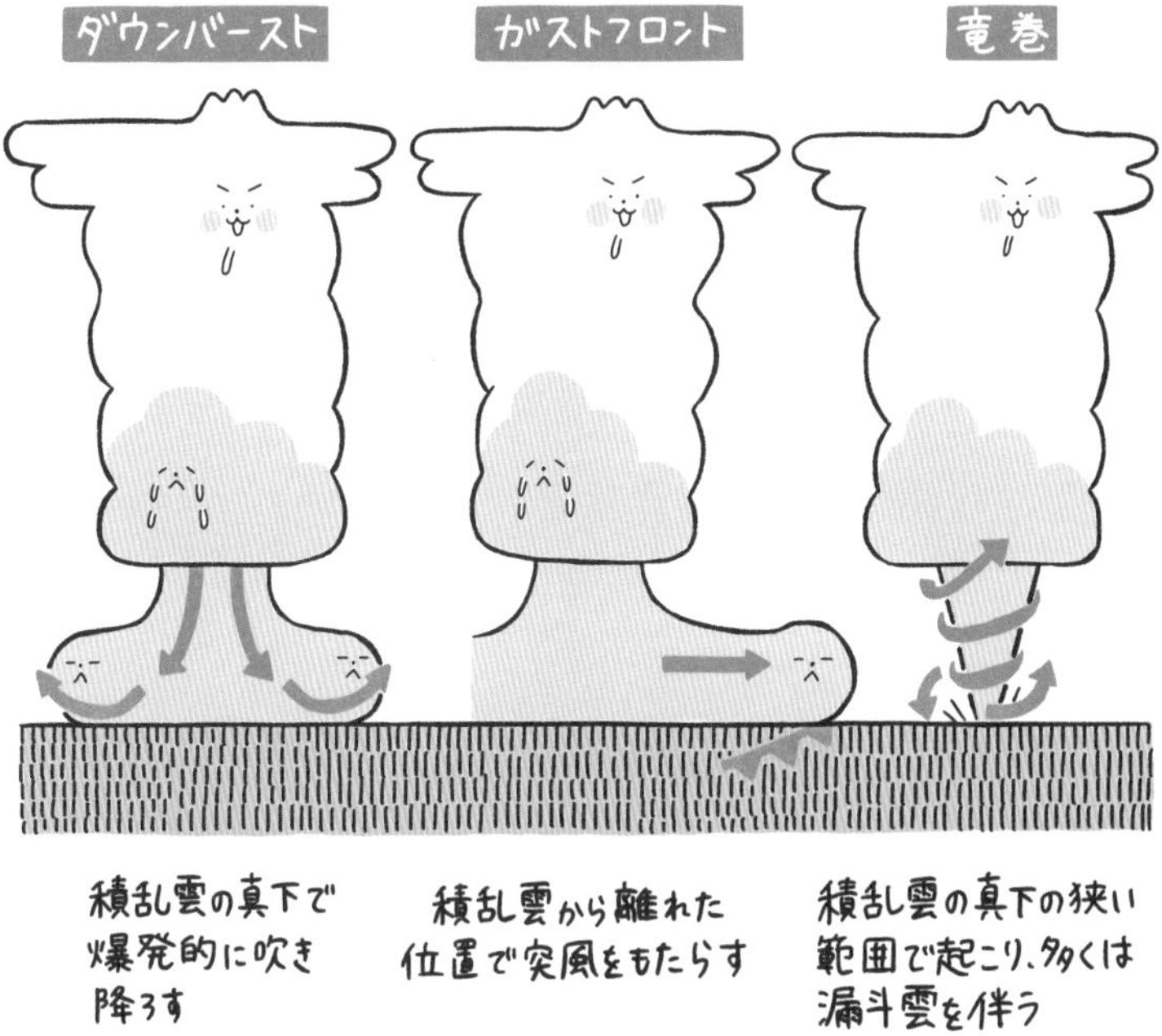
ダウンバースト
ガストフロント
竜巻
積乱雲の真下で爆発的に吹き降ろす
積乱雲から離れた位置で突風をもたらす
積乱雲の真下の狭い範囲で起こり、多くは漏斗雲を伴う

ダウンバースト、ガストフロント、竜巻

藤田哲也

バーストは小さいから弱いというわけではなく、むしろ通常はマクロバーストよりもマイクロバーストのほうが風速は大きく、強いことがわかっています。

また、積乱雲から吹き出した冷気による「ガストフロント」でも突風が起こります（四八頁）。よく「急に冷たい風が吹いてきたら天気の急変に注意」といわれますが、これはその後ろに冷気をもたらした積乱雲本体が迫ってきているという意味です。ただし、ガストフロント通過時に突風が起こるため、手遅れになる場合もあります。空模様やレーダーの情報から積乱雲の位置や動きを確認し、早めに安全な場所へ避難しましょう。

マルチセルとスーパーセル

竜巻は少し特殊な積乱雲の下で発生します。

積乱雲の中にある上昇気流と下降気流の対を「セル」と呼びます。風がそもそも弱いか、空の上と下で風向や風速のずれの小さいときに発達するのは、上昇気流一つ、下降気流一つの「単一セル」の積乱雲です。

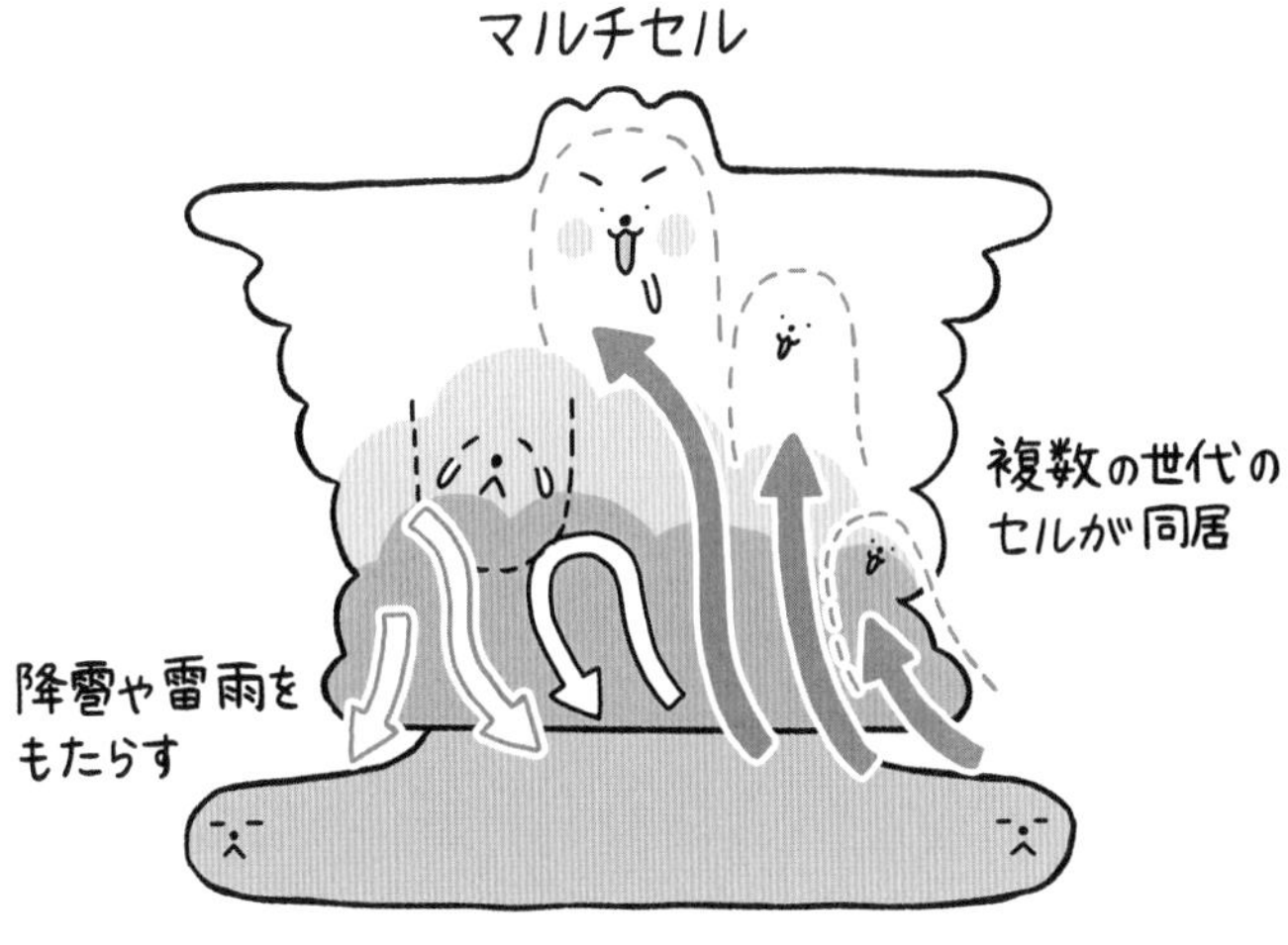
マルチセル
複数の世代のセルが同居
降雪や雷雨をもたらす

マルチセルの仕組み

風が上下でずれている場合、複数世代のセルが混在する「マルチセル」や、巨大積乱雲「スーパーセル」に発達することがあり、これらが竜巻をもたらします。

上空の偏西風が強まる春や秋には、上と下の風がずれやすくなり、マルチセルやスーパーセルが発達して大雨や降雹《こうひょう》、竜巻の原因になります。寿命が三十分から一時間ほどの単一セルの積乱雲に対し、一つの積乱雲の中に「発達期のセル」と「成熟期のセル」、「衰弱期のセル」が同居し、世代交代を行うマルチセルは数時間持続して、雹を降らせたり、浸水を起こしたりするほどの大雨をもたらします。

単一セルが一人暮らしだとすると、マルチセルは多世代型の実家のようなイメージです。世代の違う家族が同居しているため、全体として長く生きられるのです。

マルチセルのときよりも風が上と下で大きくずれているときには、スーパーセルが発生することがあります。このとき、上昇気流と下降気流の位置がはっきり分かれるため、自滅せずに長時間持続してしまうのです。

スーパーセルは巨大な一人暮らしという感じです。前方と後方に下降気流ができてそれぞれガストフロントを作り、その中心で強い竜巻が起こることがあります。

マルチセルやスーパーセルは上空の風に乗って移動します。マルチセルは移動速度が遅く、落雷、降雹や、局地的な大雨による都市型水害をもたらしますが、スーパーセルは結構速く動くため、大雨よりも強い竜巻や大きな雹による被害をもたらします。

関東では竜巻が多い

スーパーセルかどうかは、雲の中に直径数キロメートル程度の小さな低気圧「メソサイクロン」の構造がある程度維持されているかどうかで判断されます。

メソサイクロンはスーパーセルの中の、中層や下層に現れます。中層のメソサイクロンについては、上と下で風がずれることで水平渦（水平方向を軸とする渦）が発生して、それがスーパーセルの上昇気流で立ち上がると反時計回りの渦となり、小さな低気圧になると考えられています。

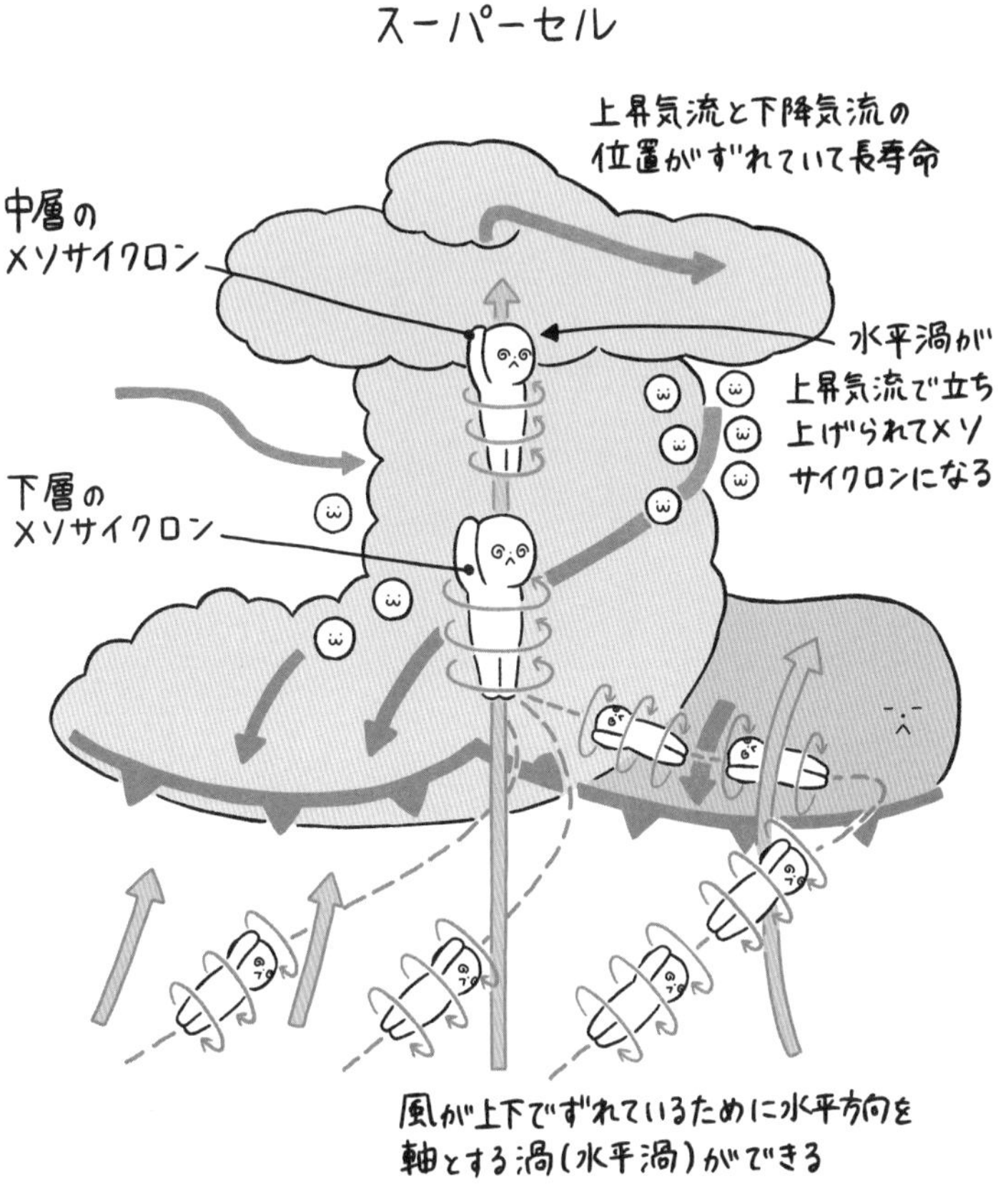

スーパーセル内のメソサイクロンの仕組み

スーパーセル

強い竜巻は、下層のメソサイクロンの下で起きますが、その仕組みは十分にはわかっておらず、現在も研究の途上です。

スーパーセルはアメリカの中西部で多く発生していますが、実は日本でもときどき発生します。二〇一二年五月六日、茨城県つくば市で発生した国内最強級の竜巻は、典型的なスーパーセルによるものでした。

アメリカ中西部では、地上に南風が入りやすく、西側にロッキー山脈があるため、竜巻がよく起こります。一方で関東地方でも、スケールは異なるものの低い空で南風が入りやすく、西側の山を越えてくる南西風、上空に偏西風の西風が吹きやすいため、風が上下でずれやすいのです。

関東地方は竜巻の発生件数も多く、地理的にスーパーセルが発生しやすいのです。

豪雨と台風はなぜ起こるのか

線状降水帯と集中豪雨

豪雨の原因にはいくつかあります。

一つは「線状降水帯」です。西日本の太平洋側や九州で発生しやすく、特に梅雨末期などに水害を引き起こす現象です。風上で次々と積乱雲が発生・発達し、風に乗って流されるとともに、風上ではさらに新しい積乱雲が生まれ続けるのです。

線状降水帯は、発達した積乱雲が列をなし、組織化した積乱雲のまとまりによって、数時間にわたってほぼ同じ場所を通過または停滞することで作り出されます。線状に伸びる強い降水を伴う雨域のことです。

通常の積乱雲がもたらす雨量は数十ミリメートル程度ですが、線状降水帯では狭い範囲に強い雨が何時間も降り続きます。その結果、総雨量が一〇〇ミリメートルから数百ミリメートルにもなる「集中豪雨」が引き起こされてしまいます。

日本で発生する集中豪雨の約七割が線状降水帯によるものと考えられており、重大な水害をもたらしますが、その仕組みは十分にわかっていないため、監視・予測のための研究開発が急ピッチで進められています。

二〇二一年からは、気象庁はレーダー観測などをもとに線状降水帯をリアルタイムで監視するようになりました。線状降水帯によって「大雨災害発生の危険度が急激に高まっている」場合には、「顕著な大雨に関する気象情報」を発表して警戒を促しています。

多量の水蒸気が豪雨の鍵

線状降水帯が狭い範囲に豪雨をもたらす一方で、二〇一八年七月の「西日本豪雨」のように、広い範囲で大雨が続き、豪雨に至るケースもあります。これは梅雨前線に極めて多量の水蒸気の流入が持続し、広い範囲で雨が降り続いたのが原因です。

また、台風の接近に伴って豪雨が発生することもあります。二〇一九年十月の「令和元年東日本台風（台風第一九号）」は、接近前から東日本に多量の水蒸気が流入し、大雨になりました。このとき、台風が温帯低気圧に変化する過程で、台風の北側に天気図上では表現されない前線のような構造が存在していました。この隠れた前線に台風周辺の非常に湿った空気が流入し続け、台風接近前から雨が強まっていたのです。

東日本台風では、地形も降水量に大きな影響を与えました。湿った空気が山地に流入すると斜面で持ち上げられて雲が発生し、上空の雲から下にある雲に雨が降ることで降水が強まるというシーダー・フィーダーメカニズムが働いたのです。

一般的に、台風接近時には、山地の斜面による持ち上げで、紀伊半島などの太平洋側の地域での南東斜面で総雨量が極めて多くなることがあります。これは、台風本体の雨雲がかかるときのシーダー・フィーダーメカニズムのほかに、台風接近前から山地の斜面での持ち上げで積乱雲が発達することも影響しています。

梅雨前線のような停滞前線と台風は、組みあわさると危険です。二〇〇〇年九月の「東海豪雨」は、停滞前線である秋雨前線が日本付近にあり、遠くに台風がある状況で発生しました。台風由来の非常に湿った空気が太平洋高気圧の縁に沿って北上して停滞前線に流入し、大雨が発生したのです。

これらの大雨は、主な原因である前線や台風のスケールが大きいため、現在の技術でもある程度は予測できます。しかし、積乱雲単体や線状降水帯のようなスケールの小さな現象の予測は、非常に難しいのが現状です。まず実態解明をした上で、どうすれば予測できるか、その方法を検討しているところです。

私たちが「台風」と呼ぶ低気圧は、発生場所によって名前が変わります。北西太平洋や南シナ海では台風、インド洋ではサイクロン、北大西洋ではハリケーンと呼ばれています。

台風発生のしくみ

アジアには一四の国と地域で構成される「台風委員会」という政府間組織があり、アジアと極東地域における台風被害への対策と実施について協力して行われています。

二〇〇〇年以降は、台風の国際的な名称として「アジア名」を定めています。台風の発生順に、各国で提案された合計一四〇個のあらかじめ用意された名前を順番に使っているのです。日本からは一〇個、「ウサギ」「コンパス」など星座由来の名前が使われています。

さて、台風は、どうやって発生するのでしょうか。

赤道より少し北に、風の集まる「熱帯収束帯」があります。ここでは、太平洋高気圧からの北東風の貿易風と、赤道を超えて南から吹く南東風の貿易風がぶつかっています。熱帯収束帯上で発生した積乱雲が群れのように集まると、「クラウドクラスター」が発生します。

積乱雲は発達すると内部で凝結が起こり、潜熱を放出して空気を温めます。そのため、クラウドクラスターがあるところでは地上気圧が下がり、渦を巻いて発達して熱帯低気圧になることがあります。

そして、熱帯低気圧の中心付近の最大風速（十分間平均風速の最大値）が一七・二メートル毎秒

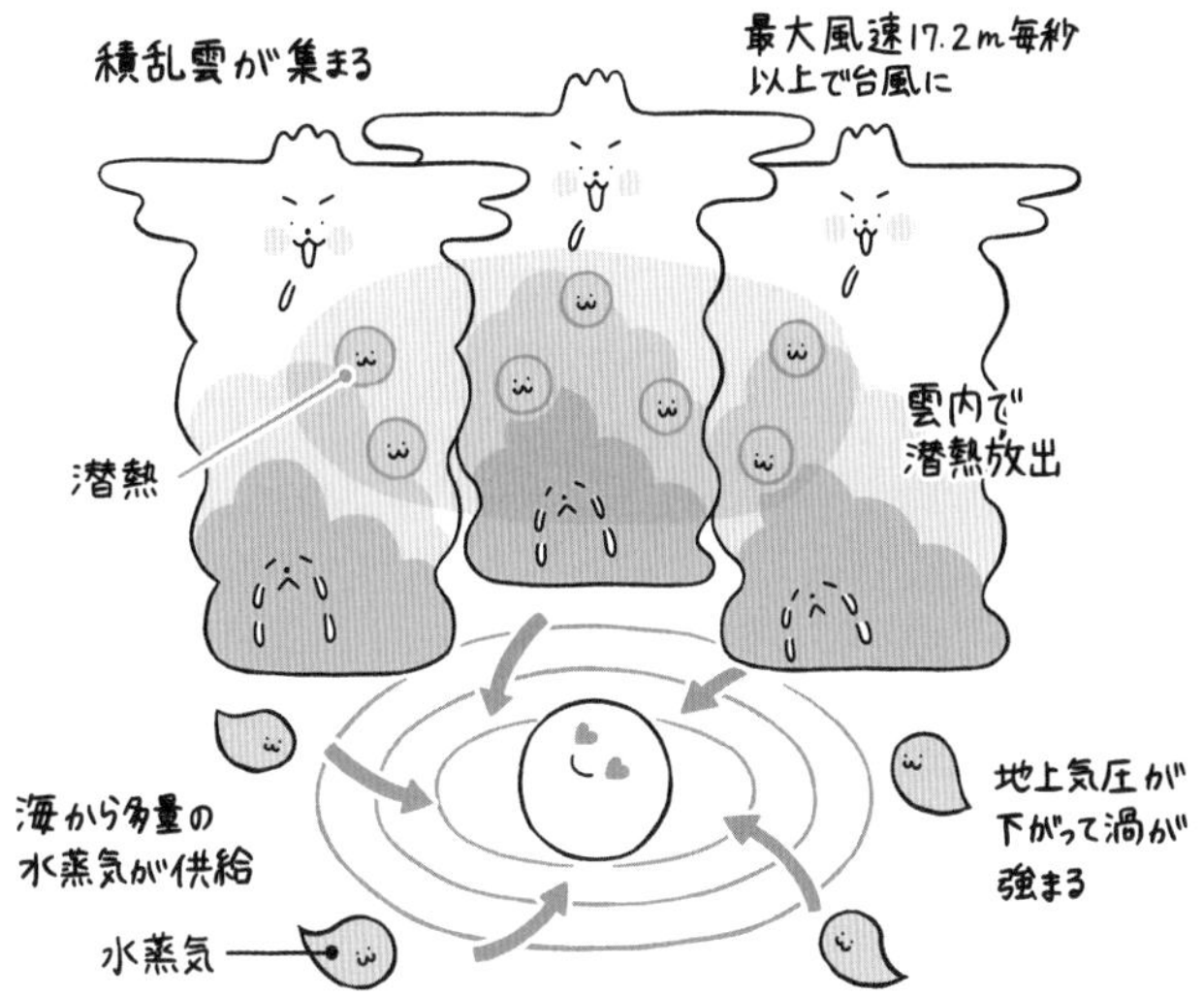
積乱雲が集まる
最大風速17.2m毎秒
以上で台風に
潜熱
雲内で
潜熱放出
海から多量の
水蒸気が供給
地上気圧が
下がって渦が
強まる
水蒸気

台風の発生

以上になると、「台風」と呼ばれるようになります。

台風の発生に重要なのが、海水温です。水深六〇メートルまでの海水温が二六度以上であることが、台風発生条件の一つです。

台風の発達は、海からの熱の供給と、台風を作っている積乱雲からの潜熱の放出をエネルギー源としています。

台風の風が強まると、海水をかき混ぜるため、台風通過後の海域は海面付近の水温が下がります。海水温が下がることで台風の勢力が衰弱することもあります。台風の発達や衰退には、海水温が非常に重要です。

台風は発達すると、中心に「眼」の構造ができます。台風内部では、内向きには「気圧傾度力」、外向きには「遠心力」がかかっているのですが、中心付近でその二つがほぼ釣りあい、それより内側に風が入り込めない状態になります。するとその内側は風が穏やかで雲ができにくい台風の「眼」になるのです。

台風はなぜ日本にやってくるのか

台風は、実は年中発生しています。

日本への接近・上陸の大半は夏から秋で、その原因は太平洋高気圧です。春や冬にも発生していますが、南の海上で吹く東風（偏東風）に流されるため、日本まではやってこないのです。

一方、夏には太平洋高気圧の勢力が強まることで時計回りの流れができ、それに乗って台風は北上します。秋には北上してきた台風が日本付近の上空を吹いている偏西風に乗ってカーブし、日本に沿って北東に進む進路をとるようになります。

これが、台風が日本に接近する理由です。

また、上空に寒気を伴った低気圧（寒冷渦《かんれいうず》）があると、通常西から接近する台風が東からやってくることがあります。このような場合、通常の台風では大雨とならない地域でも大雨が発生するため、気をつける必要があります。

台風で警戒すべきこと

台風による災害は、大雨による水害だけではありません。

まず高波です。台風は「波にはじまり波に終わる」といわれます。主に強風によって波が高くなる「風浪《ふうろう》」と、風浪が遠くまで伝わることによる「うねり」の二つが、台風によって引き起こされます。「うねり」は台風が接近する数日前からやってきて、高波の影響は台風通過後も残ります。

竜巻も、特に台風の進行方向の右前方で発生しやすいことがわかっています。二〇一九年の「令和元年東日本台風（台風第一九号）」では、大雨になる前にミニスーパーセル（背の低いスーパーセル）による竜巻が千葉県市原市で起こりました。

台風の中心に近い、台風の進行方向の右側では、特に風が強まります。台風は反時計回りの流れを伴っており、中心に近いほど風が強いという特徴を持っています。また、台風は基本的に周囲の風に流されます。そのため、進行方向の右側では、台風自身の反時計回りの風と、台風を流している風が重なるため、特に強風になりやすいのです。

実際に、二〇一九年九月の「令和元年房総半島台風（台風第一五号）」では、強い勢力の台風が東京湾を北東に進み、その中心に近く、進路の右側にあたる房総半島で暴風による甚大な被害が発生しました。

さらに、台風で警戒したいのが「高潮」です。二〇一八年の台風第二一号では、暴風による

「吹き寄せ効果」と気圧が下がることによる「吸い上げ効果」の二つが重なって大阪湾沿岸で高潮が起きました。関西国際空港がちょうど台風の中心のすぐ近く、進路の右側にあたっていたため、高潮に高波も加わった結果、空港は大変な被害になったのです。

これらのことから、「台風の進路に対してどこに自分がいるのか」を見極めた上での対策が重要です。

温帯低気圧になっても安心できない

「台風が温帯低気圧になったからもう安心」——誤解されることが多いのですが、台風が温帯低気圧になったからといって弱まるわけではなく、全く安心できません。

台風は海からの水蒸気などをエネルギーにして発達します。そのため、上陸するとエネルギー源を失って弱まります。

一方で、台風が日本付近まで北上してくると、北にある寒気に近づきます。すると、寒気と台風の暖気がぶつかり、台風が前線の構造を持つようになるのです。これが、いわゆる台風の温帯低気圧化です。

温帯低気圧は南北に温度差があり、上空で気圧の谷が西から近づくときに発達します。台風と温帯低気圧の違いは、あくまでその構造だけであり、中心気圧などで基準があるわけではありません。

台風
・中心付近で風が強い
・移動が遅い
・周りはだいたい暖かい
温帯低気圧
・広い範囲で風が強い
・移動が速い
・寒気と暖気の間にいる

台風と温帯低気圧の違い

温帯低気圧は広い範囲で風が強まり、発達に必要なエネルギー源も台風とは異なるので、実際に台風が温帯低気圧になってからのほうが低気圧として発達したケースもあるのです。

そのため、台風が温帯低気圧になったあとでも、暴風や高潮などによる被害が発生することがあります。

気象庁発表の「台風情報」は、現状では温帯低気圧化すると情報が更新されなくなってしまうのですが、温帯低気圧でも注意・警戒すべきことは「気象情報」で伝えられています。

嵐が完全に過ぎ去るまでは、最新の気象情報を確認し、安全を確保してお過ごしください。

気候変動と異常気象

気象と気候——短期的な現象も含む「気象」に対して、長期間にわたる地球規模の平均的な状態を考える際に使われる言葉が「気候」です。

気象と気候の違い

気象も気候も、あらゆる現象の大元は「太陽からの光」です。太陽光が地球に入るから気温が変化するのであり、気温が変化することで気圧が変化し、気圧が変化することで風が吹き、雲ができます。

太陽光は、その全てが地表に届くわけではありません。雲や地面に当たって反射し、外に出ていくものもあります。太陽から地球に届くエネルギーを一〇〇パーセントとすると、そのうち三〇パーセントが雲や雪で反射して、宇宙に戻っていきます。残りの七〇パーセントを受け取り、地球からは赤外線の地球放射を空に放っていますが、このとき重要になるのが「温室効

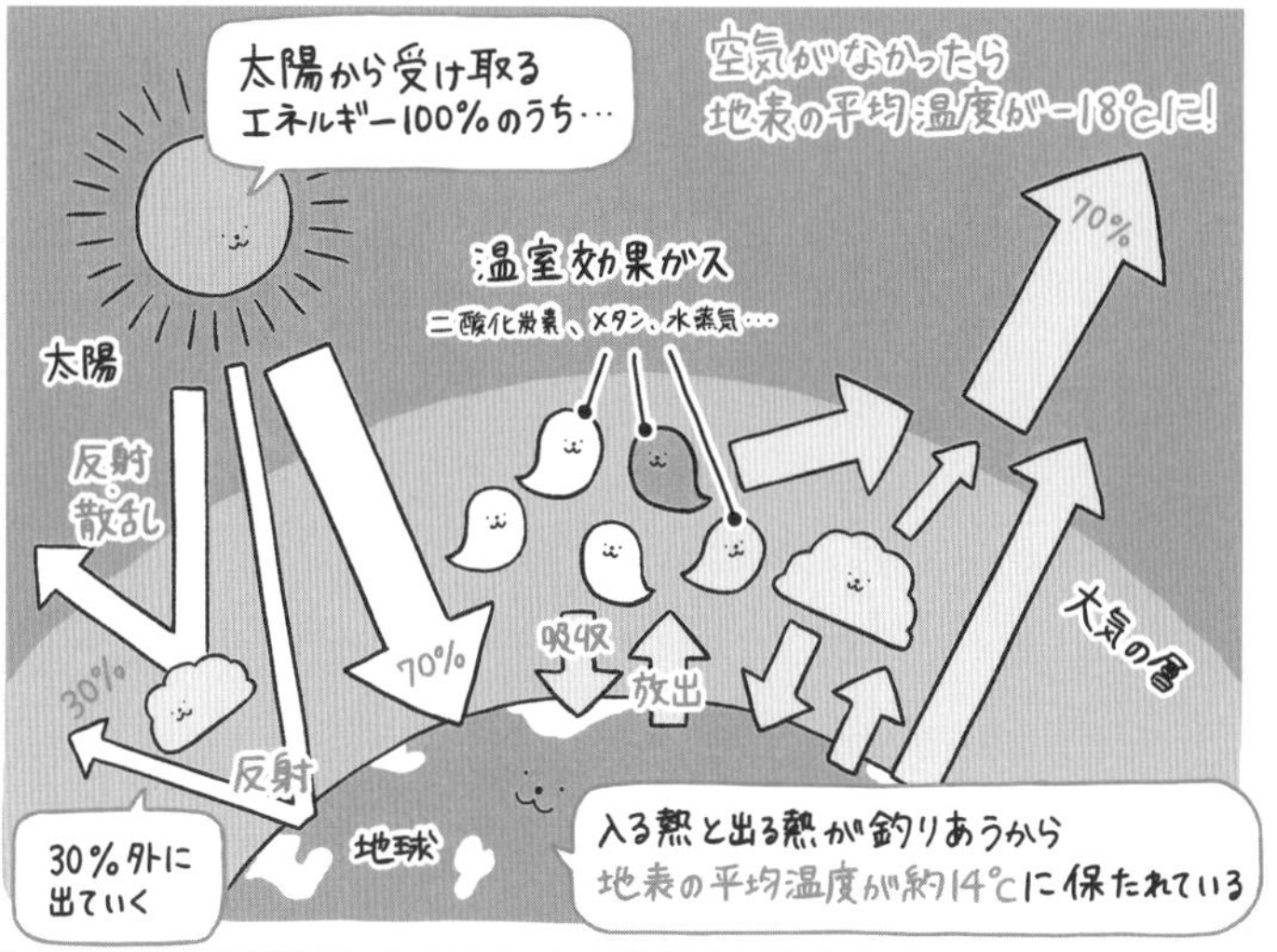

地球の温度が保たれる仕組み

果ガス」です。

二酸化炭素やメタン、水蒸気などの温室効果ガスがあると、地球放射が吸収されて再放出されて地上に戻ります。地球の表面から出ていく地球放射と、温室効果ガスが吸収して放射する熱をあわせると太陽から受け取った熱と同じになる、つまり宇宙から入るエネルギーと地球から出ていくエネルギーが釣りあう状態になるわけです。

そのため、地球全体の表面の温度は平均約一四度に保たれています。温室効果ガスが全くない場合には、地球の表面温度はマイナス一八度程度になるといわれており、温室効果ガスは、地球の多くの生物にとって不可欠なものです。

バランスの取れている地球の大気が、何らかの要因で一時的にバランスを崩すことがあります。火山の噴火による微粒子の増加、海洋の変化、太陽活動の変化、人類の活動の影響などで起こる変動が「気候変動」です。

気候変動とは何か

火山の大規模噴火による火山灰や二酸化硫黄の噴出の勢いはすさまじく、対流圏の上、成層圏まで届くことがあります。

成層圏の大気は安定していて空気が上下に流れにくいため、微粒子がなかなか落ちてこられませんし、二酸化硫黄が上空で水と化学反応を起こし硫酸塩になると、数年にわたって成層圏に残ることもあります。「エアロゾル（大気中の微粒子）」は太陽からの光を散乱するため、地上に達する太陽放射が減り、地球の平均気温を一時的に下げる原因になります。

一九九一年六月のフィリピン・ピナツボ火山の大噴火では、地球全体の平均気温が約〇・五度も低下し、日本でも冷害が起こって米不足になりました。

ちなみに、火山の大噴火で気温の低下が続くのは一〜二年程度です。大噴火したからといって、地球温暖化が止まるわけではありません。

遠くの海も気候を変える

海洋の変動も気候に影響します。その代表が、エルニーニョ現象、ラニーニャ現象です。

エルニーニョ現象とは、太平洋赤道域の日付変更線付近から南米沿岸にかけて、海面水温が平年より高い状態が一年程度続く現象です。もともとは、ペルーやエクアドルでクリスマス頃に海面水温が高くなり、カタクチイワシが捕れなくなると漁師が嘆いたことから、神の子イエス・キリストを指す「エルニーニョ」と呼ばれるようになったそうです。

エルニーニョにはスペイン語で男の子という意味もあります。反対に、海面水温が平年より低くなる「ラニーニャ現象」のラニーニャは女の子という意味です。これらの海面水温の変化は、世界中の天候に影響を及ぼします。

エルニーニョ現象やラニーニャ現象はなぜ起こるのでしょうか。

南米沿岸の赤道付近では通常、東風の貿易風が吹いているため、深い海の冷たい水が上昇します（湧昇《ゆうしょう》）。しかし、貿易風が弱いときには、冷水がなかなか湧昇してこられず、暖水のままになってしまい、エルニーニョ現象が起こるのです。逆に東風が強い状態だと、冷水が多く湧き上がり、ラニーニャ現象が起こります。

風が海を変え、海が大気を変えています。エルニーニョ現象のときは、日本付近は「冷夏」になりやすい傾向があります。インドネシア周辺など西部熱帯域の温かい海水が東のほうに移

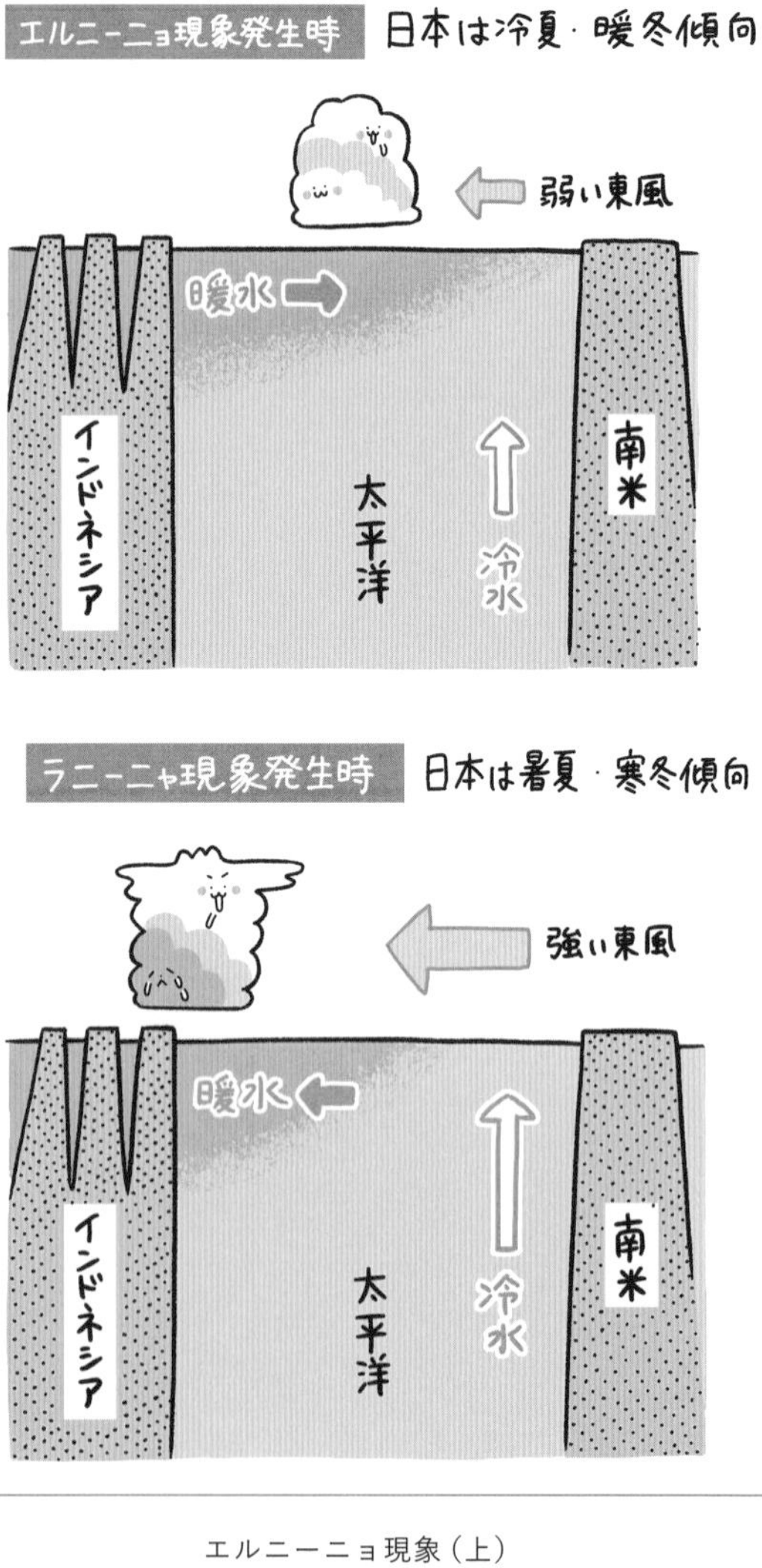

エルニーニョ現象（上）
ラニーニャ現象（下）

動すると海面水温が下がり、積乱雲もできにくくなります。積乱雲の活動が弱まると、太平洋高気圧が北まで張り出せなくなり、夏の日本付近の気温は上がりにくくなるのです。

一方、ラニーニャ現象が発生しているときの日本の夏は、西部熱帯域の海面水温が高くなるため、積乱雲の発生・発達が活発になり、太平洋高気圧が北まで張り出して高温になる傾向があります。

なお、エルニーニョ現象発生時の冬は「暖冬《だんとう》」になるといわれます。低気圧の活動が活発になるため、関東では雪が増えるという統計研究がありますが、西高東低の冬型の気圧配置自体は弱まる傾向があるのです。

また、ラニーニャ現象発生時の冬は、日本付近の西高東低の気圧配置が強まって寒気が流入しやすくなり、「寒冬《かんとう》」になりやすいといわれています。

異常気象と地球温暖化

「異常気象」は、エルニーニョ・ラニーニャ現象に比べてもう少し短いスパンの現象です。過去に経験した現象から大きく外れた稀《まれ》で極端な現象として、大雨や暴風といった数時間程度の短期の現象から、数ヶ月続く干ばつや冷夏、暖冬、災害などが含まれます。気象庁は、異常気象を「ある地域や期間で三十年に一回以下の頻度で発生する現象」と定義しています。

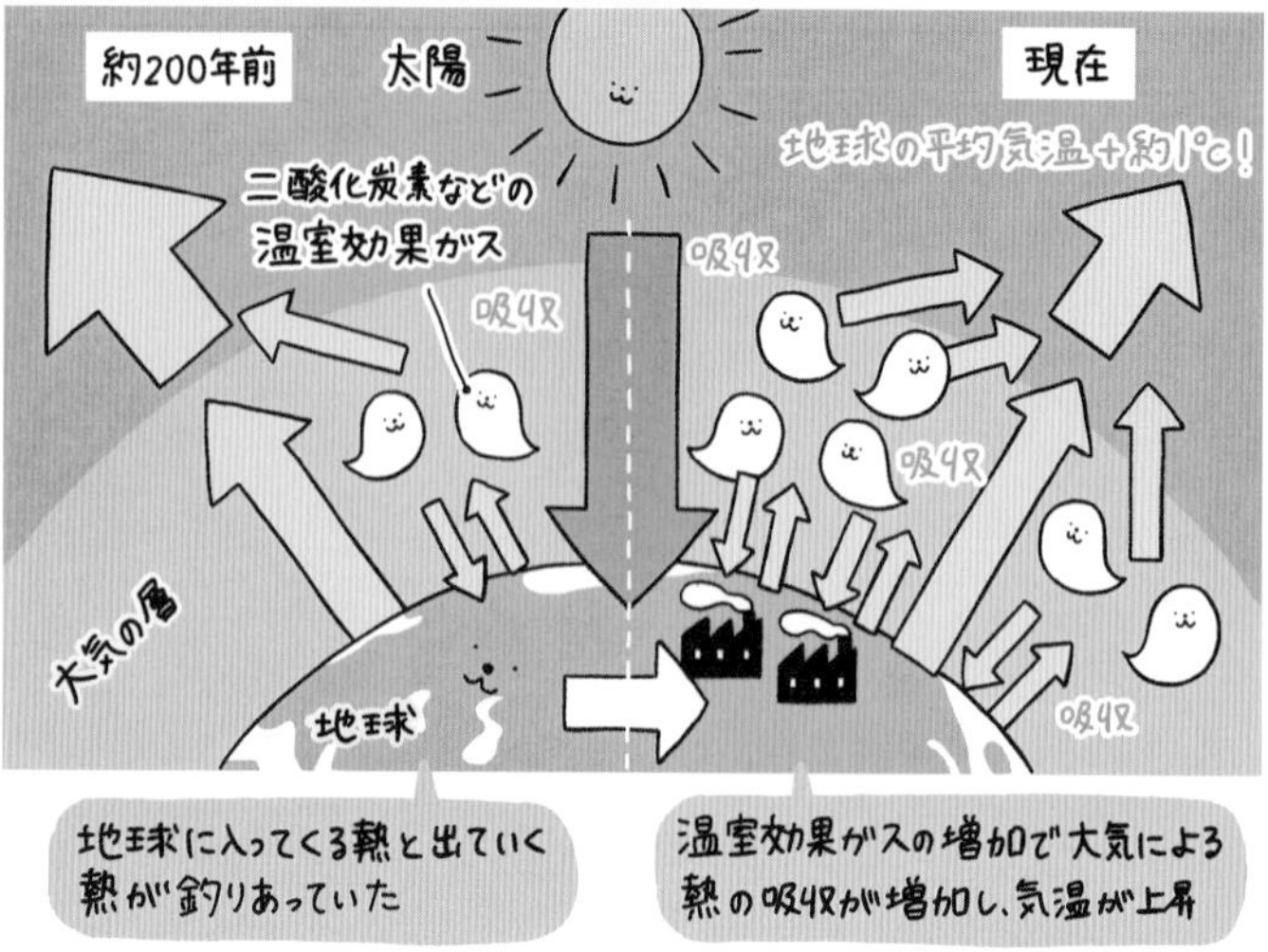

地球温暖化の仕組み

近年、世界中で熱波、高温、大雨、洪水など、様々な異常気象が発生しています。その背景にある要因として、地球温暖化があると考えられています。

過去千四百年の間で現在の地球はもっとも温かくなっています。温室効果ガスは地球にとって必要ですが、産業革命が起こった十八世紀以降、工場からの排ガスや人類の活動によって二酸化炭素の排出量が増えた結果、太陽放射と地球放射のバランスが崩れ、出ていくはずのエネルギーが地球に戻ってくるようになってしまいました。

その影響で気温や海水温が上昇しています。特に気温は十九世紀後半からの上昇が大きく、百年前と比べてすでに約一度上昇しています。

たった「一度」と思われるかもしれませ

んが、これにより大きな影響が現れはじめています。わかりやすい影響が「猛暑日の増加」です。猛暑日はその日の最高気温が三五度以上の日のことで、日本では過去百年で最初と最近の三十年間を比べると三・五倍ほど日数が増えています。

大雨についても、一時間に八〇ミリメートル以上の猛烈な雨の観測回数は、四十年の統計期間の中でも、最初と最近の十年を比べると約一・八倍に増えています。都市化の影響もあるとはいえ、背景要因として地球温暖化が指摘されています。さらに、集中豪雨の発生頻度は過去四十五年間で約二倍、梅雨時期だけに限ると約四倍になっています。

地球温暖化で寿司ネタが消える？

シミュレーションによると、二十一世紀末の世界の平均気温が産業革命前と比べて四度上昇すると、様々な分野で重大な影響が現れるといわれています。

まず、「スーパー台風」と呼ばれる猛烈な勢力の台風の割合が増え、日本付近にやってくる台風の勢力も強くなると予想されています。台風の移動速度も遅くなり、影響が長期化することが懸念されています。

気温が上がることで、平均的には降雪量は減りますが、短期的に強い寒気が流入することで、ＪＰＣＺによる「どか雪」が増えるという予測もあります。普段の雪が減るだけに備えが緩くなり、大雪による被害が深刻になるおそれがあるのです。

二一〇〇年には全国で夏の最高気温が四〇度を超える日の増加や、熱中症による死亡者が年間一万五〇〇〇人になるといったシミュレーションもあります。

動植物にも影響があります。すでに桜の開花時期は全国で早まっていますが、二一〇〇年には「二月」がお花見シーズンになると予測されています。みかんや梨の生産が困難な地域が広がり、暖かい地域の蚊などの生物の生息範囲が広がることによって感染症のリスクが高まるともいわれます。

そして、二酸化炭素の増加は海水の酸性化を促進するため、海洋生物の生態にも大きく影響します。二一〇〇年にはマグロやイカ、カニなどの定番の寿司ネタが消えるかもしれません。

さらに、最悪の場合、二一〇〇年には海面が一メートル上昇するといわれています。そうなれば日本の砂浜の九割が消失するだけでなく、東京の大部分は浸水し、三四〇〇万人もの人々が影響を受けることになります。

個人でできること

すでにかなり進行している地球温暖化ですが、被害を最小限に軽減するためには、世界の平均気温の上昇を産業革命以前と比較して一・五度以内に抑えなくてはなりません。そのためには二酸化炭素など温室効果ガスの世界の排出量を二〇五〇年までに「実質ゼロ」にする必要があるのです。

二酸化炭素排出の大半は、企業活動によるもので、家庭からの排出量は一四パーセント程度です。とはいえ、個人の省エネなどの努力は無駄かといえば、決してそうではありません。個人の取組みは経済的な需要を生み出し、結果として企業の地球温暖化対策を促すからです。

個人でできる対策としてもっとも効果が高いのは、家庭の電力を再生可能エネルギーに変えることです。そのほか、テレワークや電気自動車（ＥＶ）の導入、地産の食材を選ぶ、衣類を長く着るといった取組みも大切です。

こうした日々の取組みに加え、重要なのが「声を上げる」ということです。いくら個人が一人で頑張っても効果は限定的です。国や企業、社会全体を変えるアクションにつなげることが必要です。

たとえば、メディアやインターネットなどで情報収集をし、イベントやセミナーに積極的に参加して仲間を作り、共に活動しつつ、自らの問題意識をもとにさらに活動を広げていくことができます。学校や職場における対策を議論して、それが決定権のある管理者に届けば、組織全体が変わることもあり得ます。まずは自分の興味のある分野から参加し、声を上げていっていただきたいです。

選挙も声を上げる貴重な機会です。地元の政治家が気候変動対策をどう考え、どのような取組みをしているかを調べ、積極的に意見を伝えるとともに、投票することの意思表明は、個人ができる重要な方法になります。

第6章

天気予報は
こんなにも
面白い

天気予報はなぜ外れるのか

私たちの暮らしには「天気予報」が欠かせません。傘を持つか、服装をどうするか、外出予定の判断など、日常的に使われています。

しかし、「これだけ科学が発達しているのになぜ天気予報は外れるのか?」と疑問に思う方もいるかもしれません。

予測が難しい理由

天気予報のベースとなる数値予報では、観測データをもとに仮想の三次元の大気を作り、それを出発点にして、運動方程式で将来の状態を予測しています。このシミュレーションの解像度に対して、現象が小さいと予測が難しくなります。たとえば水平方向の解像度が五キロメートルのモデルの場合、天気図に出てくる低気圧などは内部の構造も含めて表現できますが、一つひとつの積乱雲《せきらんうん》や、竜巻は小さすぎて表現できません。

積乱雲

また、計算の元になる初期値には誤差がつきものです。大気の運動には「初期値の小さな差が時間とともに増大する」というカオス（混沌《こんとん》）的な性質があり、ちょっとした誤差でも、時間が経つと無視できない大きさに成長します。

小さな揺らぎが時間の経過に伴って遠くに伝わるうちに、大きな振幅になる——この概念は、アメリカの気象学者エドワード・ローレンツ（一九一七—二〇〇八）が一九七二年に発表したものです。

彼は「ブラジルでの蝶の羽ばたきはテキサスで竜巻を引き起こすか」という演題で発表したため、この概念は「バタフライ・エフェクト」と呼ばれています。出発点が少しでもずれていると、正しく計算しても、様々な要因を引き起こして現実とは違った

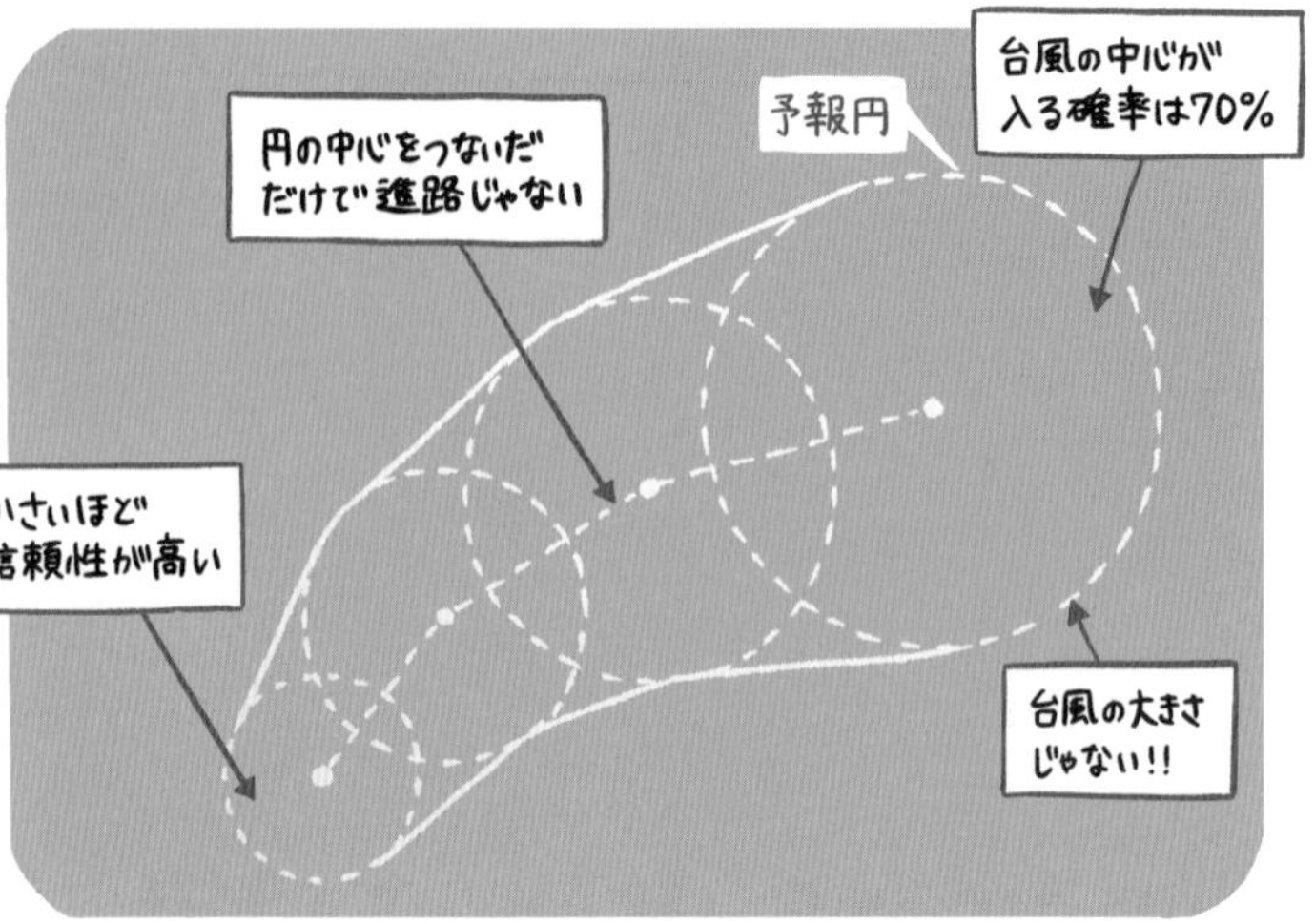

台風情報の予報円の見方

未来を導き出してしまうのです。

週間天気予報などの中期的な予報、季節予報などの長期的な予報、台風の予報、どの場合でもカオスの問題は避けて通れません。そこで、カオスの性質を逆に利用し、誤差をあらかじめ与えて、複数のシミュレーションを実行し、結果のばらつきからどのくらい天気が変わりやすいかを判断する「アンサンブル予報」が使われています。

台風情報に使われる予報円も、アンサンブル予報によるものです。予報円とは、「予報する時間に台風の中心がある確率が七〇パーセント」の円です。先になるほど円が大きくなりますが、台風そのものの規模が大きくなるという意味ではありません。誤解している人も多いのですが、予測の不確実性が時間とともに大きくなることを示しています。

気象庁のウェブサイトの週間天気予報には、A～Cの信頼度がついています。これもアンサンブル予報の結果を利用したものです。降水があるかないかの予報について、その適中率が明日の予報並みに高いのがAです。続いてB、Cの順で確度が下がります。

微粒子が雲を変える

天気予報が外れる理由として、私たちがまだ気象を十分に理解できていないということも挙げられます。そのうち、特に「雲」の研究は発展途上です。

ほとんどの雲は、大気中の微粒子、「エアロゾル」を核として発生しています。空が湿っている日に、煙突から出た煙がそのまま雲になることがあります。あれは、まさに煙突から出た煙が核として働き、雲を作っているところなのです。

エアロゾルが雲や降水に与える影響については、特に背の低い水滴だけでできた水雲《みずぐも》についてはある程度解明されつつあります。エアロゾルが少ない場合には、発生する雲粒《うんりゅう》の数が減るので、雲粒一つあたりが成長するために使える水蒸気の量が増えます。すると、雲粒がすぐに成長して雨になるため、雨量は増え、雲の寿命が短くなります。

逆にエアロゾルの多い空では、雲粒の数が増えるので、雲粒一つあたりの消費できる水蒸気量が減り、雲粒はなかなか成長できなくなります。その結果、雨量は減り、雲の寿命が長くな

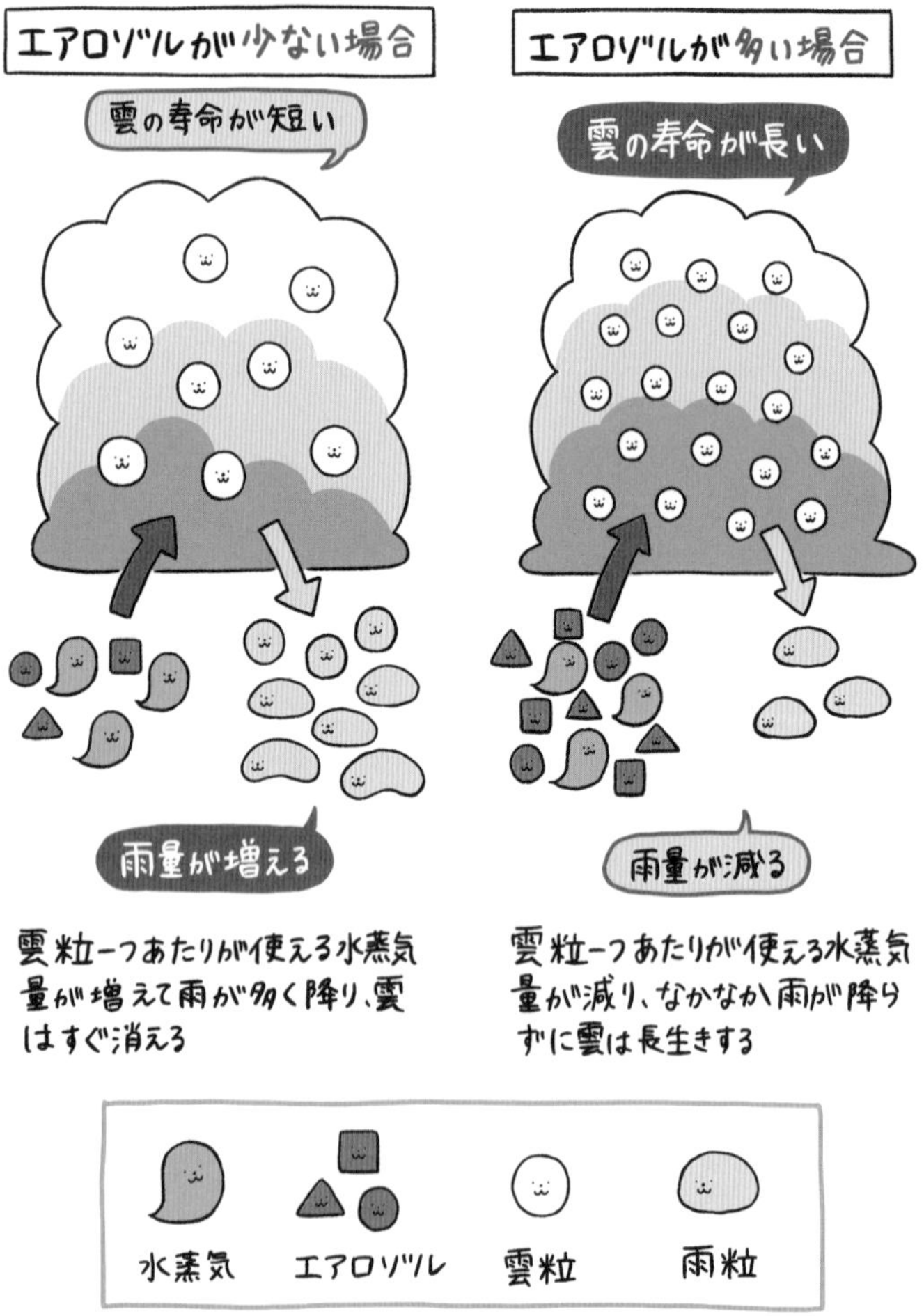

背の低い水雲に対するエアロゾルの影響

るのです。

このことは、地球温暖化の予測にとても重要です。雲は太陽からの放射を反射することで、基本的には地球の温度を下げる役割を持っています。雲の寿命や量が変われば、そのぶん太陽放射をどのくらい反射するかが変化するので、地球の温度にも影響するのです。

一方で、氷を含む背の高い雲、たとえば積乱雲に対するエアロゾルの影響は、まだよくわかっていません。エアロゾルが増えると雲がより発達し、そのぶん雲に供給される水蒸気量が増えるので、雨量が増えるという説があります。エアロゾルの数は人間活動によって変化し、大型トラックからの排ガスによって火曜日から木曜日に数が多く、その影響で「積乱雲が水曜日に発達しやすい」とする研究もあるほどです。

このように、「エアロゾルが増えれば雨量が増える」という説を実証する観測研究もあれば、逆に反証する観測研究もあります。なおかつ、大気の状態や上下方向の風のずれ、積乱雲の形態やまとまりによっても雲・降水への影響が異なるため、現在も議論が続いています。

さて、ここまでは「水」の雲粒を作るエアロゾルについての話です。「氷晶《ひょうしょう》」の核になるエアロゾルは、そもそもどんなもので、どこにどのくらいあって、どのように変動するのかすら、理解が不十分です。

以上のことから、地球温暖化の予測においてエアロゾルと雲・降水の関係は不確実性が大きいといわれており、さらには天気予報などの短期的な予測にも影響すると考えられています。

実際、現在気象庁で運用されている数値予報モデルでは、エアロゾルの影響をちゃんと扱っているわけではありません。将来的には、エアロゾルと雲・降水の関係の理解を深めるだけでなく、エアロゾルの組成や分布を扱う化学モデルと組みあわせて、より詳細なシミュレーションをする必要があるでしょう。

気象情報の未来

現在の天気予報では、観測データを基にしたもっとも精度の高い初期値から行う予測、「決定論的予測」を基本的に使用することで、シナリオが作成されています。多くの場合は最新の初期値、つまり予報時間の短い数値予報が精度は高く、その結果から作られた天気予報が発表されます。

ただ、決定論的予測であっても、予測が現実と離れてしまうことがあります。積乱雲や線状降水帯、南岸低気圧による関東の雪、台風が典型例です。

これらの現象の正確な予測は現在の技術では難しいので、決定論的予測がそもそも不確実であるということを前提に、人間が予報シナリオを作成する必要があるのです。

一方で、気象キャスターとして働く友人の話では、マスメディアの中には視聴者が「満足する」情報に、事実を誇張したり捻じ曲げたりして提供しようとするケースもあるそうです。不確実とわかっていても、メディアは特定のシナリオを言い切りたいのです。視聴者も言い切られることで安心したいという心理が働き、メディアは特定のシナリオを出してしまいます。果たして、このままでいいのでしょうか。

最近では、短期予報用の「メソアンサンブル」のデータが気象庁から提供されています。このようなデータを上手く使いこなせば、予報が難しく社会的影響の大きな南岸低気圧による降雪などの現象についても、もっと科学的に誠実な情報を出せるのではないでしょうか。

たとえば南岸低気圧による雪が関東に降るかどうかを「明日は東京で曇りの確率が三〇パーセント、雨の確率が一〇パーセント、雪の確率が六〇パーセント」とも表現できます。それだと、わかりにくいので困るという方もいるかもしれません。しかし、「予測が難しいこと」を正直に伝えるほうが、科学的には誠実ではないかと思うのです。

もちろん、マスメディアの目標の一つである視聴者の「満足」を考えれば、言い切りたいという思いを理解することはできます。ただし、その結果として、視聴者の科学リテラシーを蔑《ないがし》ろにしてしまっているのではないかと、私は危惧しています。

降水確率や台風の予報円も確率情報なので、工夫次第で上手く伝えられるかもしれません。

一般の人たちの気象情報を読み解く力が身につくように情報発信を繰り返していけば、メディアはさらに科学的に誠実な解説ができるようになるでしょう。まずは本書を読んでくださっている皆さんのように、基本的な気象の知識を身につけていただくことで、社会全体がよい方向に変わっていくのではないかと思います。

気象学と経済活動

気象学には今、様々な経済分野から注目が集まっています。気象庁が公開している多種多様な気象データを活用したビジネスの効率化・生産性の向上などを目指す組織「気象ビジネス推進コンソーシアム」も立ち上がり、すでに多くの分野で気象データが使われています。

アイスクリームの販売量

製造業や販売業では、気温や天気によってものの売れ方が変化します。最高気温が高い日はアイスクリームがよく売れるなど、飲料や季節食品、アパレルなどでは気象の影響が特に大きいのです。気象データを活用して事業予測を行い、販売機会のロスや食品ロスを防ぐ取組みはすでにかなり広く行われています。エネルギー分野では、太陽光発電の発電量は気象の影響を直接受けますし、電力需要や取引価格も、気温の影響を大きく受けます。

こうしたデータを使った予測サービスは、日本気象協会やウェザーニューズなどの民間気象会社も提供しています。

気象庁でも、企業におけるビジネス創出や課題解決ができるよう、気象データとビジネスデータを分析できる専門家「気象データアナリスト」を育成するために、「気象データアナリスト育成講座認定制度」を設けています。対象は「ビジネスで気象データの活用に興味・関心がある人」なので、誰でも受けられます。

再生可能エネルギーと気象条件

太陽光発電や風力発電などの再生可能エネルギーも、気象の影響を大きく受けます。二〇一一年の東日本大震災以降、再生可能エネルギーへの注目が高まり、気象学と連携することで運用改善を目指すという動きが大きくなっています。

日射量には雲などの天気自体が影響するため、太陽光発電には気象予測が不可欠です。また、太陽光パネルへの積雪の有無や、いつ融雪するかは発電量に影響する上に、大量の積雪は太陽光パネルの故障にもつながるため、降雪量の予測も重要です。

風力発電では、常に風のあるところや風の強まりやすいところに風車を設置しなければ意味がありません。地域に特有の風を上手く捕まえた、安定的な運用が必要です。地形が要因で発生する「おろし風《かぜ》」や「だし風《かぜ》」の活用もできそうですが、局地的な現象を予測するには細かなシミュレーションが必要で、まだ研究開発の途上です。

気象業務法により、台風予報や注意報・警報など防災に関わる情報を不特定多数に発表できるのは気象庁のみと定められています。人命に関わる防災関連の情報について、技術的な裏づけのないものが世の中に出回ると、社会に混乱を来《きた》すおそれがあるからです。

キーワードは「オープンデータ」

しかし、近年需要が高まっている洪水や土砂災害の予報については、高度に専門的な研究を行っている人が気象庁内に少なく、外部の研究機関の情報も活かす必要性が高まっています。最近では大学での最新研究をもとに、研究機関や民間企業が洪水や土砂災害の予報を評価し、一般向けに情報提供するための環境整備が進んでいます。

最新のシミュレーション技術を活用できるという意味で、民間事業者が参入する道筋ができたのは大きな進歩です。

アメリカなどではオープンデータの考え方に則して、研究用のデータを公開しています。日本においても、官民の区別にとらわれずに技術開発を進め、その成果を社会全体に還元することが今後ますます求められることでしょう。

「地震雲」を不安に思うあなたに

まず強調しておきたいのは「雲は地震の前兆にはならない」ということです。「地震雲」と呼ばれることの多い雲たちは、いたってありふれた雲です。

「地震雲」といわれることが多いのが「飛行機雲《ひこうきぐも》」です。

雲は地震の前兆になるのか

飛行機雲には空を真っ直ぐ落ちているように見えるものもあれば、空を真っ直ぐ上に昇っているように見えるもの、湿った空でそれらが成長して竜巻のような見た目をしているものもあります（一一八頁）。大気重力波《たいきじゅうりょくは》を可視化する波状雲《はじょううん》なども地震の前兆ではないかと誤解されやすい雲です。

さらには、真っ赤に焼けた空や、赤い月や太陽も怖がられることがあります。

これらの雲や空の現象は、大気で起きている現象であり、全て気象学で説明できます。地下

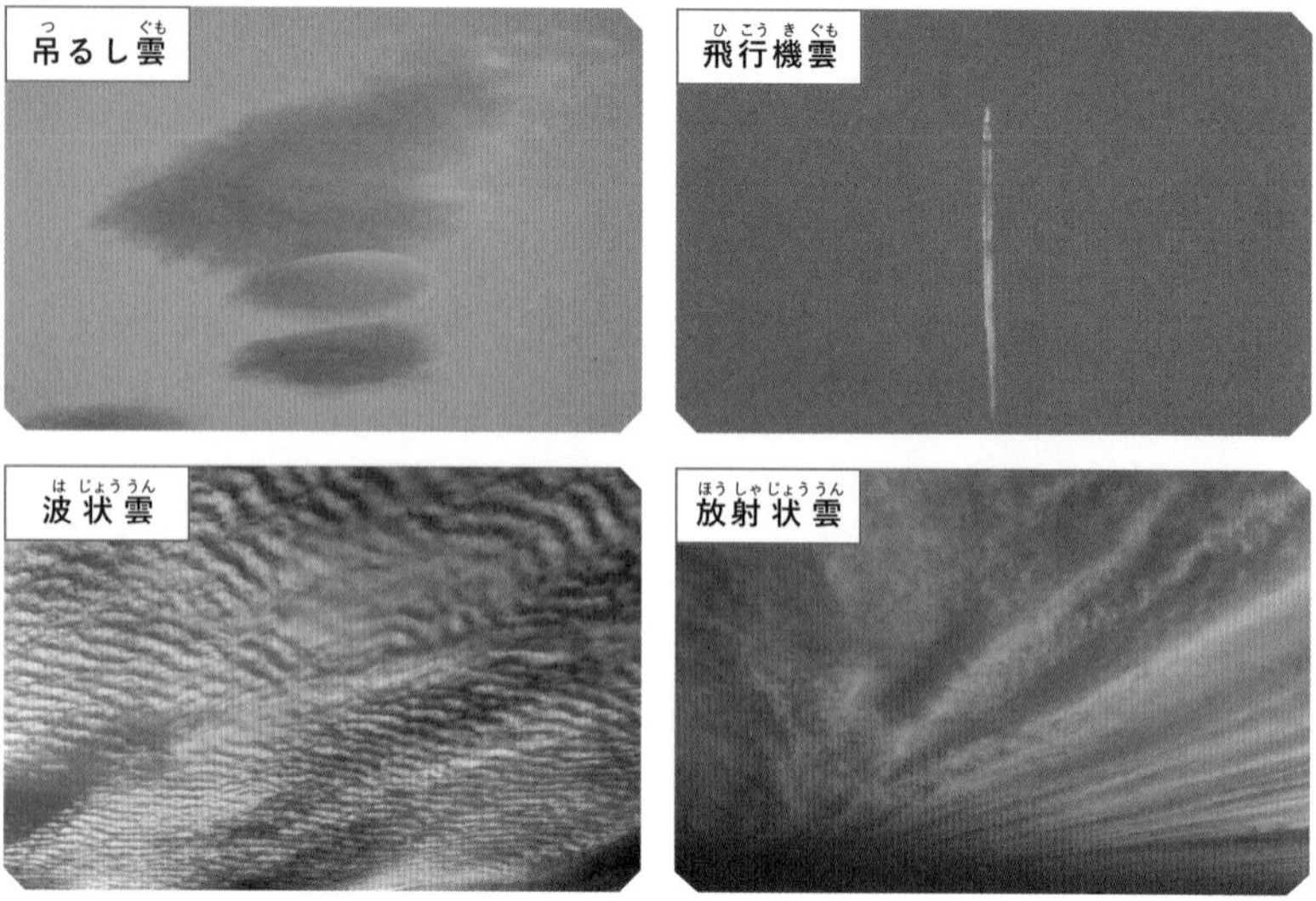

不安に思われがちな雲たち

の活動が上空の雲に影響を与えるかどうかは、わかっていません。

気象庁や日本地震学会では、「地震雲という存在は証明されていない」という言い方をしています。科学的に中立な立場に立てば、これは正しい回答です。ただ、存在しないことを科学的に証明するのは「悪魔の証明」といわれるように、非常に難しいのです。

一方で、気象学ですでに説明できている現象に、もし仮に地面の変化が何らかの影響を与えていたとしても、それを人間が雲の見た目から区別して認識するのはまず不可能です。

だから、雲は地震の前兆にはならないと断言できるのです。

「これは地震雲ですか」と写真を送ってきた人に雲の説明をすると、大きく二通りの反応があります。一つは安心したというもので、このような方は知らないだけで周りから「地震雲」の話を聞いて何となく不安に思っている、ということが多いようです。

もう一つは、雲の名前や仕組みを知ったとしても、不安が解消されないというものです。以前、このように思われている方に「どうして不安に思うのか」と聞いてみました。すると、社会情勢をはじめとした心配事で気分が落ち込んでいると、不安な気持ちを見慣れない雲に投影してしまうのではないか、と自己分析されたのです。対話を通して、「地震雲」の正体が見えてきたような気がしました。

地震が心配なら、まずは日頃から備えをすることが重要です。その上で、雲の変化が何を表しているのかを知るようにすると、防災意識をよりいっそう高めることになるでしょう。雲は天気の変化を知る目安にはなるのです。

雲を愛でよう

人間が見慣れないものやわからないものを怖いと思うのは、当然の感情です。雲を知ることで、一歩を踏み出し、いずれは楽しいと感じるようになると思います。そして、雲を楽しめるようになれば、不安な気持ちを雲に重ねてしまうこともなくなると思います。雲の面白さを伝え、一緒に楽しむことを広げていきたいものです。

疑似科学や陰謀論

大きな自然災害が起こると、必ずといっていいほど持ち上がるのが「陰謀論」です。何らかの陰謀によって人為的に引き起こされたのではないか、という噂が流れます。事実とかけ離れた非科学的な論理で不安や対立を煽《あお》る人が世の中にはいるのです。

研究によると、SNSでそうした投稿を行っているのはごく一部、全体の一パーセントほどだそうですが、拡散されて一般の人にも広まってしまうことがあるから厄介です。

現在の技術では、日時や場所、大きさを特定できるほど確度の高い「地震予知」は不可能であることがわかっています。「この日時にこの場所で地震が起こる」とデマを流して人々の不安を煽り、会員制のオンラインサロンなどでビジネスをしている人もいるようですから、注意してください。

天気予報については、気象庁は予測精度の確認のために、「捕捉率」ではなく「適中率」を使っています。捕捉率では実際に雨が降った場合だけを取り出して、雨予報が当たった割合としています。すると、雨が降ろうが晴れようが毎日雨予報を出していれば、捕捉率は一〇〇パーセントという、見かけ上だけ大きな数字になるのです。

適中率は雨が降るといって降ったときと、降らないといって降らなかった場合の両方を扱っているので、当たったか外れたかが明確になります。そのため、適中率のほうが天気予報など

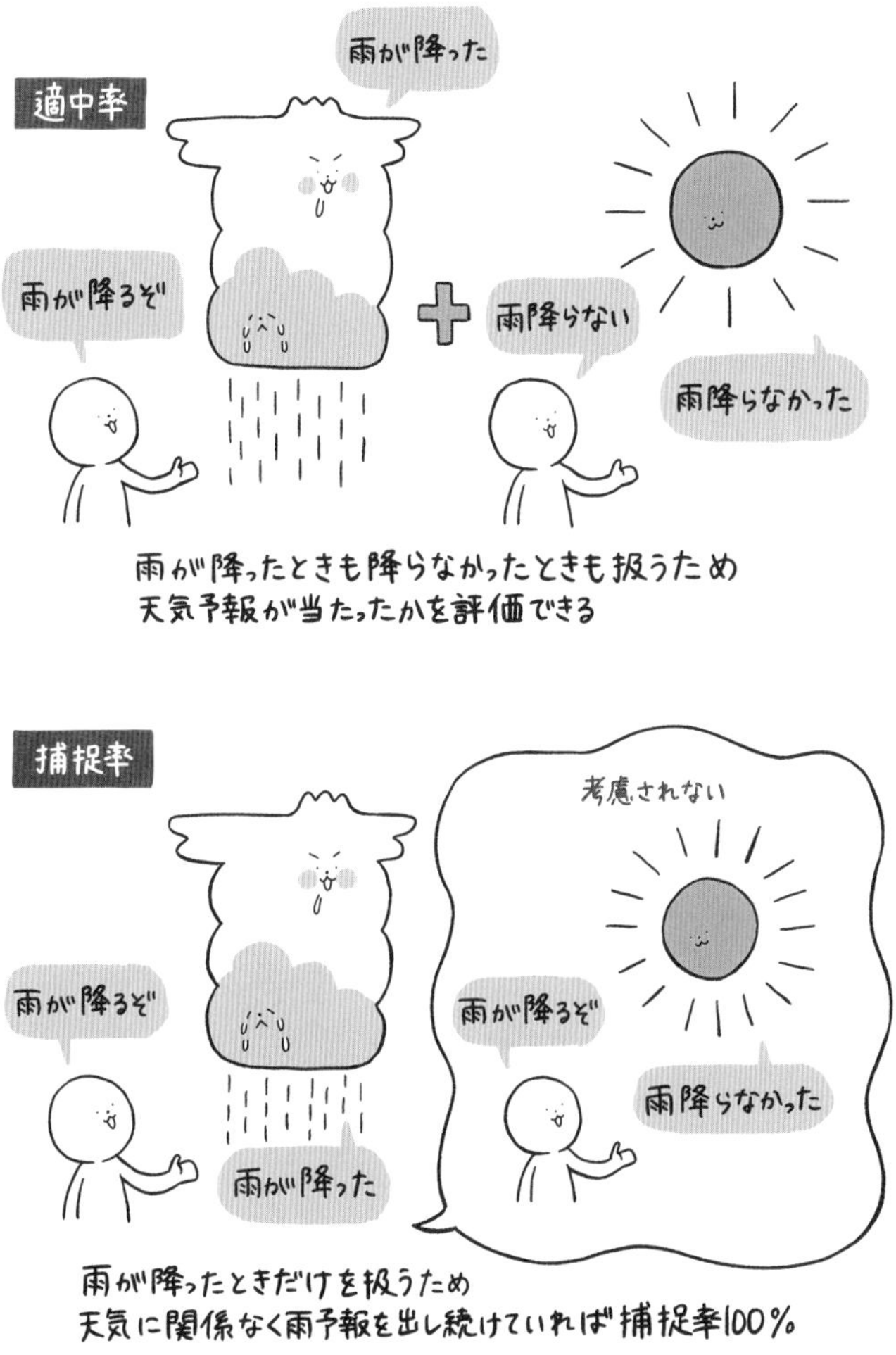
適中率
雨が降った
雨が降るぞ
雨降らない
雨降らなかった
雨が降ったときも降らなかったときも扱うため
天気予報が当たったかを評価できる
捕捉率
考慮されない
雨が降るぞ
雨が降るぞ
雨降らなかった
雨が降った
雨が降ったときだけを扱うため
天気に関係なく雨予報を出し続けていれば捕捉率100%

適中率と捕捉率

の評価方法として適切なのです。

気象庁における緊急地震速報の適中率は、二〇一九年度には九割を超えています。一方で日本では、マグニチュード4以下の地震は毎日のように起きていますから、「明日地震が起こる」といえばほぼ必ず当たります。インターネット上の地震予知は全てデマなので、真に受けず、日頃から地震への備えをするようにしましょう。

疑似科学や陰謀論を見分けるポイントは二つあります。

まずは、「公的機関から出ている情報であるかどうか」です。そして、「根拠となる科学データがあるかどうか」です。特定の単語のみで検索すると、間違った論説を肯定的に書いた記事が数多く表示されるため、怪しいと思った場合は、「疑似科学」「陰謀論」という言葉も一緒に検索してください。そうした手続きを積み重ねながら、科学的に正しい情報を探せるようになることが大切です。

レーダーで見えるもの

気象レーダーの情報はすでに多くの方が生活の中で使われていると思いますが、たまに不思議がられるような見え方になる場合があります。

一つは、広く雨や雪が降っているようなときに、降水分布に「切れ目」のようなものが入る場合です。二〇二二年十月に北朝鮮が弾道ミサイルを発射した際、北海道でこのようなエコーが見られたため、ミサイルが雨雲を消したりレーダーの電波を遮ったりしたのではないかと心配する声が多くありました。この正体は、レーダーの電波が山や高層建造物によって遮られた陰なのです。

レーダーは近くに障害物があると、それよりも先を見ることができません。そのために切れ目のような空白帯ができることがあるのです。有名なのは千葉県柏市にある東京レーダーで、付近の高層建造物の影響でレーダーの設置場所から東北東に向かって二本の空白帯ができることがあります。

また、寒い時期に広く雨が降っていると、ドーナツ状にエコーが強まって見える場合があります。これは「ブライトバンド」と呼ばれ、気温が零度の高さ（融解層）で融けはじめた雪が電波を強く返すことが原因で、レーダーの設置場所を中心に円状にエコーが強まります。円状に雨が強まっているわけではありません。

レーダーは、上を向く角度を変え、水平方向に三六〇度回転することを繰り返して、レーダーから見える空全体の雨や雪を観測しています。降水分布はほぼ同じ高さのエコーを合成しているので、ブライトバンドの円が小さいと融解層が地上に近いことを読み取ることができます。このため、地上で雨が雪に変わるかの目安としても利用されるのです。

これらのエコーの特徴も、「陰謀論」のように扱われてしまう場合がありますが、なぜそう見えるのかを知っていれば安心ですね。

「観天望気」は人類の知恵

空を見て天気を予想する

「観天望気《かんてんぼうき》」とは、「空や雲の観察を通して天気の変化を予想すること」です。現在のような天気予報がなかった時代から、農業や漁業など、気象状況の影響を直接受ける人たちの間で培われてきた知恵です。

広くは、生物の行動の観察も含まれますが、科学的根拠はほとんどなく、原因と結果が逆になっていたり、間違っていたりするものが多いのです。

一方で、大気の状態を直接反映する雲や空にまつわる観天望気には、信用できるものが多くあります。

空の観天望気の代表が、「ハロ（暈《かさ》）」です。「太陽や月の周りに光の輪がかかると雨」と昔からいわれていますが、これには根拠があり、前線や低気圧が西にあるとき、上空に偏西風の

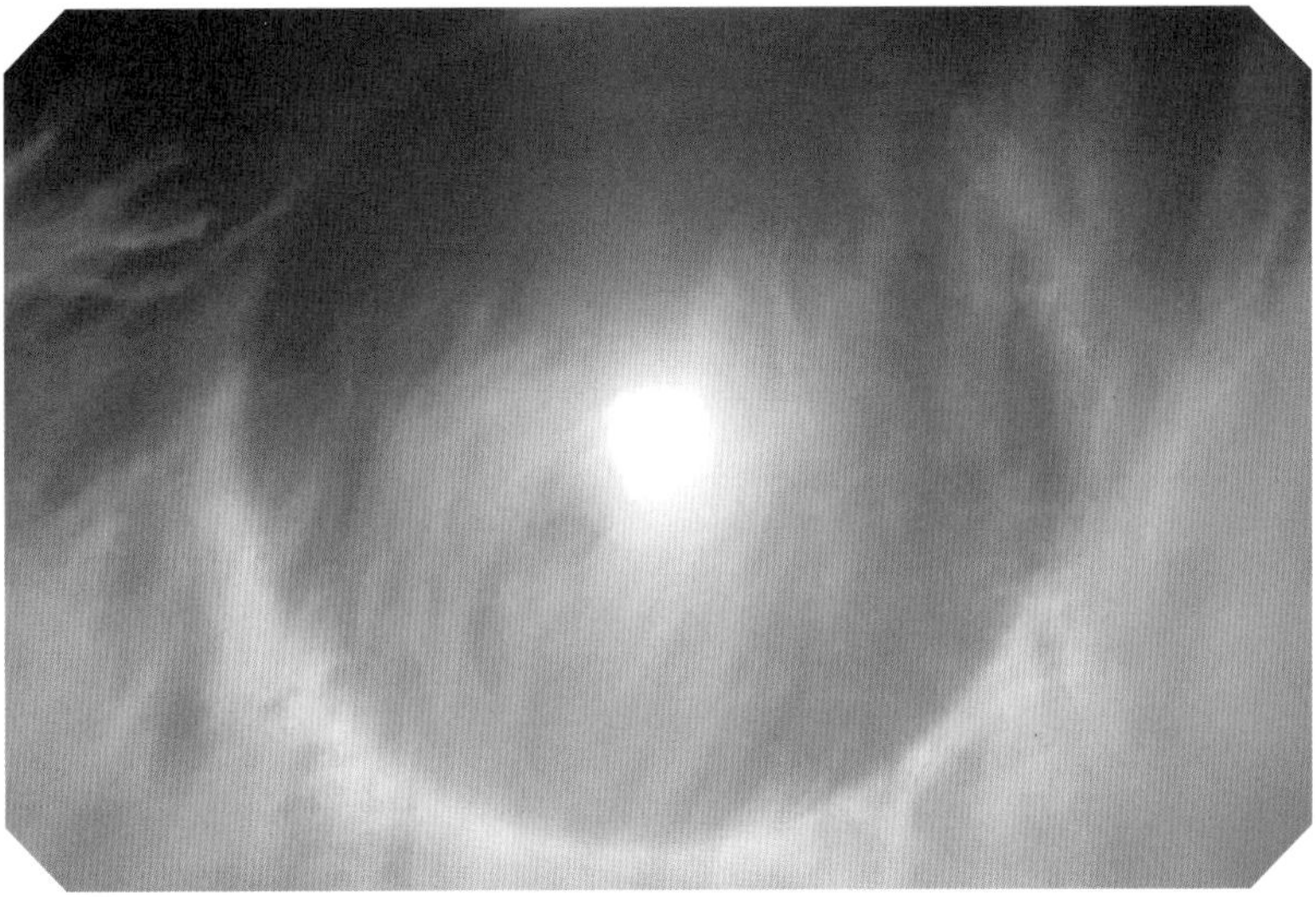

ハロ

吹く日本付近は西から天気が変わっていくのです。

上空からまず空気が湿りはじめ、巻雲《けんうん》や巻層雲《けんそううん》が広がるようになると、巻層雲に伴って太陽の周りに光の輪「ハロ」がかかります。その後、だんだん雲が厚くなってハロも見えなくなると、やがて雨が降るのです。

ハロが出ると必ず天気が崩れるわけではありませんが、ハロが見えてから雲が厚くなってきたら、西から天気が崩れる可能性が高いといえます。天気予報で「西から天気が下り坂です」といわれたら空を見上げてください。巻層雲が広がる空でハロに出会う可能性が高まります。

富士山の笠雲《かさぐも》と吊《つ》るし雲《ぐも》も天気が崩れる目安になります（一一二頁）。富士山以外の地域でもレンズ状の雲が現れるときは、上空が湿っていて風が強く、西から天気が下り坂になる場合があります。飛行機雲も長く空に残るときには上空が湿っているため、天気が崩れる目安になる場合があります（一〇五頁）。

一方、「朝焼けは雨」「夕焼けは晴れ」という観天望気もありますが、あまり信頼できません。日本では低気圧は西からやってくることが多く「朝焼けが見えるのは東の空が晴れているということだから、西から雨が降る」という論理のようです。しかし、西の空が晴れている場合もあり、朝焼けが見えたからといって必ずしも西から天気が崩れるとは限りません。「夕焼けは晴れ」は同様に「夕焼けが見えると西の空が晴れているため翌日も晴れる」という論理のようです。しかし、高い空に雲が出ているために夕焼けが起こり、その後、雲が厚くなって雨になる場合もあるのです。

積乱雲の観天望気

ぜひ実践していただきたいのが、積乱雲の観天望気です。積乱雲はピンポイントでの予測が難しいため、天気の急変を察知する観天望気が有効です。

まずは雄大積雲《ゆうだいせきうん》の頭に現れる、なめらかな帽子のような「頭巾雲《ずきんぐも》」です。発達中の雄大積雲の上昇気流が、上空の湿った空気の層を持ち上げ、層全体が凝結《ぎょうけつ》して生まれます。この雲は大気の状態が不安定であることを表しています。

頭巾雲

積乱雲の上部が横に広がった「かなとこ雲《ぐも》」からも大気の状態が不安定なことが読み取れ、天気の急変の可能性を察知できます。

かなとこ雲が上空の風に流され、上の部分が濃い筋雲《すじぐも》になることがあります。青空の一方向から濃い巻雲が広がってきたら、その先には限界まで発達した積乱雲がある可能性があります。

さらに、広がってきた雲の底に、ボコボコしたコブ状の「乳房雲《ちぶさぐも》」が現れることもあります。積乱雲の進行方向に現れることがあるため、乳房雲が頭上に現れたときには、落雷や突風の前兆と考え、注意してください。

こうした特徴の雲を見かけたら、スマートフォンなどでレーダーの情報をチェック

乳房雲

し、どこで強い雨が降っていて、どのように雨雲が動いているかを確認する癖をつけておくと安心です。

いざ積乱雲が接近してくると、雷鳴《らいめい》が聞こえるようになります。雷鳴が聞こえている場所では落雷の危険性があります。

積乱雲とともに、まるで壁のような「棚《たな》雲《ぐも》」が迫ってくることもあり、この雲のすぐ後ろには積乱雲があります。

また、積乱雲の下で降っている雨が柱のように見える「雨柱《あめばしら》（雨脚《あまあし》）」が見える場合もあります。

これらの現象は、いずれもすぐ近くに積乱雲があり、今まさに天気が急変しようとしている証拠です。速やかに安全な建物内などに避難をしてください。

棚雲（上）
雨柱（下）

気象情報を「使い倒す」

今どこで雨が降っていて、雨雲がどちらの方向に動いているか――これらを示した雨の情報は、気象庁ウェブサイトの「雨雲の動き（ナウキャスト）」に加え、様々な気象会社のサイトやアプリなどで手軽に見られます。

「今どこに雨雲があるか」を俯瞰

レーダーによる情報の利点は、リアルタイムで見られるところです。わずか数分前のデータが反映されていますから「今どこに雨雲があるか」を俯瞰《ふかん》できるのです。雨雲だけでなく、雷や竜巻の発生確度などの情報も入手できます。

積乱雲がどこにあり、どう動いているかがわかれば、自分のいる場所にいつ頃きそうかをある程度把握できるため、突然の雨で困ることが少なくなります。

また、レーダーの情報で自分の真上を夕立や通り雨が通り過ぎるタイミングを見計らって太

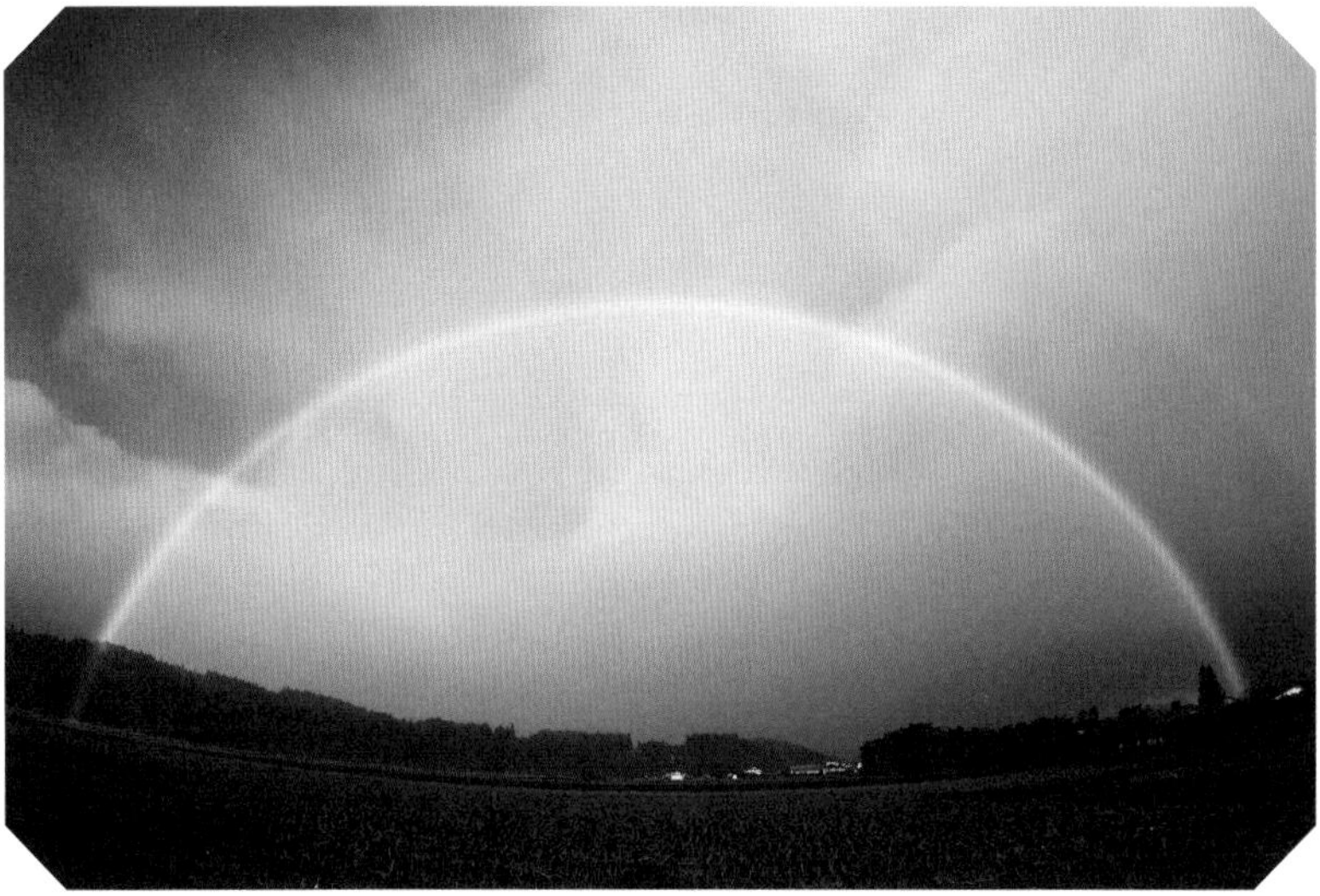

積乱雲と虹

陽と反対側の空を見れば、虹に出会いやすくなります。危険を回避するだけでなく、美しい気象も狙えるようになります。

雨の予測に使える二つの情報

「雨雲の動き」は、瞬間的な降水の強さ（降水強度）を見るもので、今降っている雨が一時間続いた場合に降水量が何ミリメートルになるかを示しています。

それに対して気象庁ウェブサイトの「今後の雨（降水短時間予報）」は、「一時間で何ミリメートルの雨が降ったか／降るか」という一時間積算の降水量の解析と予測を示しています。

「雨雲の動き」はそのときの雨の強さを表

すのに対し、「今後の雨」では、十分間などの短時間で強く降っても、一時間のトータルの降水量が少ないことがよくあります。

たとえば、移動する積乱雲で瞬間的に土砂降りの雨になるとき、「雨雲の動き」では降水強度が非常に大きくても、積算した「今後の雨」で見ると大した降水量になっていない、という状況です。こうした特性を踏まえてデータを見れば、どのような雨になるかを想像しやすくなります。

また、「今後の雨」では、十五時間先までの降水量予測が見られるため、朝出かける前に、行き先でいつ頃に雨が降りそうかを確認するのに有効です。屋外で活動しているときには、空模様を気にかけつつ「雨雲の動き」のレーダー情報を見て、今どこで雨が降っているかを参考にすれば、より確実に雨を避けることができるでしょう。

土砂災害・洪水災害対策に必須のツール

大雨警報が発表されるような日には、状況の確認のために土砂・浸水・洪水災害の危険度が高まっている地域を示す「危険度分布（キキクル）」が有益です。分布図上、紫色で示される「警戒レベル4相当」は、避難指示発令の目安とされている危険度です。

気象状況の急激な変化で、自治体からの避難指示や緊急安全確保の呼びかけが間にあわないこともあるため、大雨が続くときには「危険度分布」をこまめにチェックし、赤（警戒）や紫（危険）が出はじめたら、早めの避難の判断と行動を心がけてください。

土砂災害のほか、浸水被害、河川の増水や氾濫《はんらん》に特化した分布図もあり、約十分間隔で更新されるため、今どこで何がどのくらい危険になっているのかを総合的に把握できます。

手順としては、「危険度分布」で自分の居住地域のどこが危ないかを確認します。そして、「今後の雨」でこれまでに「どこ」で「どれくらい」の雨が降っているか、今後も降り続くのかなどを把握したら、避難するかどうかの判断をして、行動に移す――このような流れが理想です。ただ、これには事前の準備が必要です。

まずは普段から、自分にあった避難を考えておくことが大切です。住んでいる土地の水害などの危険性や、自宅の備蓄、家族構成、ペットがいるかなどにより、どのような避難が最適かは変わります。その上で、状況判断のツールとして「危険度分布」や「今後の雨」などのリアルタイムの情報を活用してください。

自分にあった避難を考えるためのツールとして、水害などの危険性の高いエリアを確認できる「重ねるハザードマップ」（国土交通省）が有効です。ここでは、土砂災害の多くが発生している特別警戒区域が塗り分けられています。

このマップでは、避難生活を送る「指定避難所」や、本当に危険なときにとりあえず命を守るために逃げる場所である「指定緊急避難場所」も調べられます。自分の住む地域の水害リスクと、いざというときに逃げる場所は、ぜひチェックしてください。

そうはいっても、「逃げるほど危険なのか判断しづらい」という方は、気象庁の臨時記者会見を目安にしてください。気象庁が臨時の記者会見を開き、台風や大雨への警戒を促しはじめたら、本当に危ない状況です。特に国土交通省との共同会見が流れるときは、特別警報級の現象が見込まれるような、命に関わる危険が迫っていると考えてください。

「難を避ける」こと

近年、台風や大雨、大雪が予想される際に、鉄道会社や航空会社があらかじめ運休の計画を発表する「計画運休」が行われるようになりました。これは移動手段がなくなって帰宅できなくなる「帰宅難民」を減らすことに効果的です。

また、ここ数年のコロナ禍の影響もあり、一気に会議のオンライン化やリモートワークの環境が整いました。そのため、荒天で外出が危険な場合、自宅で仕事ができる方も増えたのです。電車などの計画運休でそもそも出勤できない状況なら、休むかリモートワークを選択することになろうと思いますが、車通勤でも荒天時に出勤するのは危険です。実際、「令和元年東日本台風」のときには、帰宅途中に車が浸水して亡くなった方がいます。

読者の皆さんには、「荒天のときは気軽に休むか、リモートワークに切り替える」というこ

令和元年東日本台風

とをおすすめします。気象情報や交通情報を確認して、危険な状況が過ぎてからの時差出勤も有効です。

特に企業などで管理責任のある立場の方は、ぜひ従業員の安全を最優先に考えて判断・指示をしていただきたいです。災害時には結局様々な仕事ができなくなるので、休みにしたほうが損失は小さくて済むことも多いのです。

危ないときは出勤しないのが当たり前、という文化ができれば、社会全体がより災害に強くなるのではないかと思います。そのために、ぜひ皆さん一人ひとりにも、気軽に「難を避ける」ことを実践していただきたいと思っています。

気象予報士と気象大学校

気象予報士といえば、テレビやラジオで天気の解説をする人、というイメージがあるかもしれません。気象予報士は、気象業務支援センターが実施する気象予報士試験に合格し、気象庁長官の登録を受けた人が持つ「国家資格」です。

気象予報士は国家資格

気象予報士制度は、気象庁の業務や民間で行う天気予報などについて定めた「気象業務法」によって一九九四年に導入されました。現在、一万一六九〇人（二〇二三年四月時点）が登録されています。もともと、人々の生命に関わる防災情報と密接な関係を持つ気象情報が一人歩きし、不適切に流されて社会に混乱を引き起こすことのないように、気象庁から提供される数値予報資料など高度な予測データを適切に利用できる技術者を確保するべく生まれた制度です。

つまり、一九九四年までは広く一般向けに天気予報を行うのは気象庁職員だけで、気象予報士は、民間が天気予報を行うために作られた資格というわけです。

一九九四年といえば、インターネットが一般的に普及しはじめた時期です。その後、インターネットでの情報公開が進み、現在では誰でも生の数値予報データを見られるようになってきました。そうした中で、生のデータの読み方を知らない人が不確実な情報をSNSで拡散してしまう危険性も出てきています。

X（Twitter）などのSNSで瞬時に情報が拡散される現代では、科学的根拠を持って気象データを解説できる専門家としても、気象予報士の資格は活きることでしょう。気象予報士の中には話題性を高めるために意図的に誇張表現をしたり、数値予報モデルの結果をはじめとする情報の信頼性や不確実性を考えずに過激なことをメディアやSNSで発信したりしてしまう人もいますが、多くの気象予報士はいかにわかりやすく、正確に伝えるかを葛藤しながら情報発信をしています。

気象の専門家というと、世間では気象予報士と認識されます。かくいう私も、雲研究者という肩書で活動しており、気象予報士ではないのですが、なぜか気象予報士と認識されることが多々あります。研究者は特定の分野において専門性の非常に高い知識を持っているという点で、広い知識を求められる気象予報士とは異なります。

気象予報士は予報をするというだけでなく、研究者の扱うような専門的な内容を、わかりやすく翻訳して伝えるということも担うことができます。この意味で、気象予報士はサイエンスコミュニケーターとしても活躍できるのです。

気象予報士の役割も「ただ予報すればいい」というわけではありません。科学的根拠を示しながら解説をすることが求められるようになってきています。

小学生でも気象予報士

気象予報士試験の受験に年齢制限はないため、中には小学生で合格した人もいます。合格率はおよそ五パーセントです。試験は学科（一般・専門）分野と実技分野があり、気象学の基礎や気象庁が発表する情報に関すること、気象業務法に関連した問題などがあります。実技では天気図を解析するなど記述式の設問もあります。

予報業務とは、指定した地域・場所についての天気を、科学的根拠により予想して発表することです。気象予報士の有資格者を擁する民間企業は、予報業務許可申請を気象庁長官に提出し、基準に適合していると認められれば天気予報を発表することができます。

ちなみに、テレビやラジオなどで天気予報の原稿を読むだけならば、気象予報士である必要はありません。一方でその天気予報の原稿は専門知識を持った気象予報士が作成する必要があります。

「気象予報士試験を受けたいけど、どうやって勉強すればいいのかわからない」という質問を受けることがあります。難しい印象を持たれる予報士試験ですが、中学校くらいの理系科目の知識があればだいたい対応できます。

気象学を志す人のバイブル

気象について詳しく学ぶには、いくつかの方法があります。

まずは、書籍で勉強することです。定番は『一般気象学』（小倉義光《おぐらよしみつ》著、東京大学出版会）です。一九八四年刊行の気象学を志す人のバイブルと評される本で、現在は第二版補訂版が出ていますが、数式が多くて難しい印象を受けるかもしれません。一人で読みこなすのはなかなか大変という声が多かったため、もう少し入門的な本があればと思って私が書いたのが『雲の中では何が起こっているのか』（ベレ出版）でした。

イラストを使って気象の物理現象をわかりやすく説明することに注力したのが好評で、予報士試験の受験生にも読まれているようです。基本的な考え方を知るには、本書も大いに役に立つと思います。

もう一つ、気象予報士の試験勉強に強くおすすめしたいのが、気象庁のウェブサイトです。強みは、気象・気候関連のデータがふんだんに公開されていること、そして最新の情報を得られるということです。知識・解説のページも充実しており、「気象の専門家向け資料集」では、天気図を含む、天気予報の現場で使われている生のデータをリアルタイムで参照することもできます。過去の災害時の情報や最新の予測技術など、教材として使えるものが満載です。地球温暖化を巡るデータや解説も充実していて、『日本の気候変動2020』などの報告書には、温暖化の現状や将来予測、仕組みがかなり詳しく解説されています。

無料なのに圧巻の教科書

圧巻は気象庁ウェブサイトの「気象の専門家向け資料集」にある技術資料や教科書です。最新の気象庁の取組みについての技術情報が解説されている資料が多く掲載されています。また、『総観気象学』（北畠尚子著、気象庁）は気象大学校の授業内容を元にした教科書で、基礎編・応用編・理論編と網羅されています。

さらに、『図解説　中小規模気象学』（加藤輝之著、気象庁）では積乱雲や大雨、竜巻などの理論などが詳しく解説されています。無料でPDFがダウンロードできて、自宅に居ながら気象大学校で受けられるような勉強ができてしまうのだから、すばらしい時代です。

気象予報士試験の対策スクールの講師をしている友人は、気象庁のウェブサイトからダウンロードした天気図などの資料を使って、予報の実習を行っているそうです。リアルタイムデータを使っての練習もできますし、公開情報で答えあわせもできます。

最近では試験対策用のスクールも多く、動画やオンライン講座を活用するのもよさそうです。

気象大学校の外観

様々な方法で勉強できる環境が整っています。

気象大学校はどんな大学か

気象庁の職員が予報をするのに、気象予報士の資格は必要ありません。私も持っていませんが、過去には現場で予報をしていました。というのも、私は気象大学校出身で、在学中に予報業務をするための専門教育を受けたからです。

気象大学校は、千葉県柏市にある気象庁の「施設等機関」で、防衛大学校や防衛医科大学校と同様に、気象庁の中核となる職員を養成する大学としての役割と、職員に専門知識を教授する研修施設としての役割の二つを果たしています。

研修部で予報業務研修を受けた職員には、予報士試験の一部が免除になる制度もあります。
気象庁の「施設等機関」にはほかに、現在私が所属している気象研究所や、高層気象台、気象衛星センターなどがあります。

気象大学校への入学志望者は、通常の大学のように入学試験を受けます。時期は少し早く、十月から十二月です。高校三年生から二十歳（高校卒業から二年以内）までの人が受験できます。卒業時に理学の学士が与えられることは、理学系の四年制大学と同様ですが、入学者は国家公務員として気象庁に採用された職員という扱いになるため、学生でありながら給料をもらうことになります。公務員のため、副業・アルバイトはできません。

私の同級生には、気象庁で行政官になった人や、気象研究所や気象庁内の各部署で研究や開発などに取組んでいる人がいます。一方で、気象大学校を中退して別の進路に転向する人もたまにいます。

まさかの校長先生

気象大学校が一般の大学と大きく違うのは、学生の少なさです。全学年の定員が六〇人、一学年につき十数人です。一方で専任教員は二五人と多く、卒業研究はほぼマンツーマンで指導を受けます。本気で気象を勉強したい人にとっては、非常に贅沢《ぜいたく》な環境です。

物理学や情報科学、気象関係の授業が非常に充実しています。気象庁の業務は、気象だけではなく地震、火山、津波、海洋の観測もあるため、地球科学全般を学ぶのです。防災行政論や防災社会学といった業務性の高い科目もあり、野外で観測の実習を行うこともあります。

私はもともと数学を使った身近な分野の研究がしたいと思っていました。高校の物理学の教師に進路相談したところ、気象予報士試験の対策本をもらいました。それが気象学との出会いです。

もっと勉強したいと思い『百万人の天気教室』（白木正規《しらきまさのり》著、成山堂書店）や前述の『一般気象学』を読むようになりました。その後、身近な分野ということで計量経済学の研究を志し経済学部に進みましたが、やりたい研究ができる研究室との出会いに恵まれず、気象大学校に入り直すことにしました。

大学校に入学して驚きました。愛読書『百万人の天気教室』の著者、白木正規先生が当時の校長だったのです。すぐに本を持って校長室に行き、サインをお願いしたら、マンツーマンでセミナーをやってくれることになりました。

また、「数学をやりたい」という思いから、気象力学が専門の金久博忠《かねひさひろただ》先生に師事しました。金久先生は、数値予報モデルでの研究が主流となってきている時代に、紙と鉛筆だけで数式を展開し、線形解を求めるという方法を貫いていました。そんな先生と一緒に温帯低気圧が発達する理論を卒業研究にまとめることができたのは、大変に貴重な経験でした。

若き日の筆者（左）とタイ人トレーナー（右）

研究と格闘技の意外な関係⁉

私は小学生の頃から剣道をやっていて、大学校に入っても続けようと道場を探したのですが近くに見つからず、下宿先から大学校までの道中にあったキックボクシングのジムに通いはじめました。

以来、キックボクシングにのめり込み、アマチュアの試合に頻繁に出場していました。毎日朝に走り込み、大学校での授業や研究を終えて夜はジムに入り浸るという生活でした。

しかし、とある試合で勝利したものの、試合後に猛烈に足が痛くなってしまい――試合中、膝がぶつかったときに半月板が割れていたのです。以来、長時間走り込むと膝が痛むようになり、減量の難しさを感じてキックボクシングから離れていました。幸運なことに、最近、近くにキックボクシングのジムができたため、再開して鍛え直しています。研究もキックボクシングも、自分との闘いです。論文を書くときも、サンドバッグに打ち込んでいるときも、結局向きあうのは自分自身です。

ほかにも、共通性があります。研究では観測などのデータをもとに、現象の特徴を分析し、そこからわかったことで論理構造を組み立てていきます。キックボクシングでは、自分の動きのクセを動画を撮って分析し、より合理的な動きができるように修正を重ねていきます。

これらのプロセスは、いずれも「研究」だと思うのです。この意味で、キックボクシングと研究もつながっているといえそうです。

気象を「仕事」にする

テレビやラジオで天気の解説をする以外にも、気象予報士の資格を活かした仕事は多くあります。

気象会社で天気予報を作るほかにも、自治体職員として防災現場の指揮を執る人、出版社で気象の専門書を作る編集者、アウトドアスポーツのインストラクター、登山者向けの山の気象情報を発信する専門家、航空機のパイロット、アプリの開発者、学校の理科教員などなど、幅広い分野で活躍している気象予報士がいます。

気象は様々なビジネスに影響を与えるため、気象の専門家としての知識を関連分野の仕事に活用する人もいます。最近では、大手の保険会社が社内の気象予報士を二〇二五年度までに大幅に増やすというニュースもありました。

気象データの分析能力を強化し、気候変動に伴う事業リスクについて精度の高いサービスを提供するとともに、大規模災害に備え、火災保険の補償範囲や保険料の設定にも活かそうというのです。

とりあえず資格を取りたかった、気象の知識を学びたかったという動機で取得したものの、持て余してしまう人も多いのでしょう。実際、予報士の有資格者へのアンケート調査によると、予報業務を行ういわゆる気象会社で働く人は一二パーセント、残りの八八パーセントはそれ以外のところで働いています。「資格は取ったけれどどう使えばいいかわからない」という相談を受けることもあります。

今後は、地域での防災活動や防災意識の啓発活動を行ったり、オンライン講座の講師派遣サービスに登録したりもできるでしょう。SNSなどで情報発信をすることで、知識を活かす機会を得るきっかけになる可能性もあります。現在の枠組みを超え、気象データを読み解く力を使った新しい仕事を開拓することもできると思います。

雲研究者、カラスと格闘する

観測と犬とカラスと

「雲を研究しています」と聞くと、白衣を着て美しい空を眺めていられるなんていいなあと思われるかもしれません。しかし、実際の日常は、なかなか泥臭いものです。たとえば、少し前まで私の頭を悩ませていたのは、カラスです。

気象に由来する災害が頻発する昨今、豪雨や豪雪、竜巻などの災害をもたらす雲の仕組みの解明と発生予測が急務となっています。そうした雲は局所的に発生して短時間で変動するため、高精度な予測が求められていますが、現時点では困難です。

精度の高い予測を実現するためには、大気の状態や雲の物理量を高頻度で観測しなくてはなりません。そこで私がはじめたのが、「地上マイクロ波放射計」による、大気と雲の観測です。

地上マイクロ波放射計

大気中の気体分子や水蒸気、雲を含む全ての物体は電磁波を放出しています（放射）。放射は物質によって感度の高い周波数が違うため、放射の強さを調べることで、その物質がどのくらい大気中に存在しているかを測ることができます。その放射の強さを受信して観測するのが放射計であり、マイクロ波と呼ばれる領域の放射の強さを観測するのが、マイクロ波放射計です。

　マイクロ波放射計自体は気象衛星にも搭載されており、大気や雲が調べられています。私が注目したのは地上設置型のマイクロ波放射計で、これを使用することで数値予報モデルが苦手としている大気下層の水蒸気や気温を正確かつ高頻度に解析できるようになるのです。

　このマイクロ波放射計、なんだか横を向

いた犬のように見えませんか？

そういわれて見ていると、だんだんと犬にしか見えなくなってくると思います。これは「パレイドリア現象」といって、たとえば雲が動物などよく見知ったものに見えるという心理現象で、一度何かに見えてしまうとそうとしか見られなくなってしまうそうです。あるときマイクロ波放射計が犬に似ているという話になり、それ以降は関係者も「犬」と呼ぶようになりました。

気象研究所の屋上にマイクロ波放射計を設置し、従来の計測器との比較観測をはじめた頃、問題が起こりました。マイクロ波を受ける部分を覆っているレドームというカバーにたびたび穴が開いたのです。レドームは微弱なマイクロ波を透過する特殊な柔らかい素材でできており、それをカラスがつついて穴を開けていたのです。

もうこうなっては、闘いしか道はありません。放射計はデリケートかつ非常に高額で、レドームに穴が開くと内部に雨水が入り、故障の原因になるのです。特につくばのカラスは凶暴で、カラス対策のために試行錯誤を繰り返し、最終的に放射計の周囲に釣り糸で網を張り、カラスが物理的に近づけないための細工を施しました。この対策方法を確立してからは、今のところカラスによる鳥害は起こっていません。

カラス対策はマイクロ波放射計以外の観測機器でも問題になっているようで、「つくばで無事ならば全国どこでも大丈夫」という共通認識が気象庁内でできつつあるようです。

観測現場は力仕事！

気象研究は、体力勝負でもあります。

特に野外観測の現場は、「白衣を着た知的研究者」のイメージとはかけ離れています。以前、野外観測をする際の準備として、マイクロ波放射計にピペットという実験器具で水滴を垂らし、実際に屋外でどれくらいエラーが出るかを実験したことがありました。

雲による放射の影響を受けないように、夏の晴れた日に同僚と二人で屋外の放射計に張りつき、ひたすらピペットで水滴を落として理論計算値との差を評価することを続けました。その結果、二人して具合が悪くなってきて、体力の重要性を再確認しました。

雪の観測も体力勝負です。私は主に降ってくる雪をサンプリングして結晶を観測する研究をしていますが、積もった雪の研究をしている人は積雪断面観測を行うため、別の大変さがあります。雪を垂直に深く掘り、雪の層を観察して、どの時期にどんな雪が降ったかを遡って調査します。雪崩《なだれ》の原因となる弱層の検知のためにも重要な観測ですが、重い雪を掘るのは体力的に相当きついのです。

私が共同研究をしている新潟県長岡市の雪氷《せっぴょう》防災研究センターの研究者たちは、雪の季節はほぼ毎日雪掘りと断面観察を行っているようで、彼らの研究紹介のイントロには必ず「雪の研究は力仕事です！」の決め台詞があります。雪はふわふわと空から落ちてきますが、積もった雪は思った以上に重いものなのです。

とはいえ、これらの観測研究は、大変さ以上に魅力があります。自分で観測したデータによって、その現象の本質の一側面を知ることができます。単に気象庁から提供されるデータを使うだけでは感じることのできない、愛着も湧きます。そんなデータを使って研究をできるのですから、観測は楽しいのです。

小学校でもプログラミングの授業が行われるようになり、プログラミング言語が身近になってきましたが、「フォートラン（Fortran）」という言語をご存じでしょうか。

古代言語で雲を解く

フォートランは一九五四年にＩＢＭのジョン・バッカス（一九二四―二〇〇七）が考案した、世界初の高水準プログラミング言語です。科学技術計算に向いており、かつては広く使われていました。

現在では「パイソン（Python）」などのスクリプト系の言語が主流で、フォートランはもはや「古代言語」といわれますが、気象の分野では今も現役で活躍しています。大規模な地球科学系のシミュレーションで使われるのはたいていがフォートラン、気象庁が天気予報に使っている数値予報モデルも、フォートランで書かれているのです。

というのも、フォートランには並列処理を非常に効率的にできるという特徴があり、スーパーコンピュータを使った大規模計算に向いているからです。フォートランで並列化をしないと大量の数値シミュレーション計算は不可能です。流体関係の研究や気象予報には、昔も今も古代言語が必要不可欠です。

気象のシミュレーションでもっとも時間がかかるのが「雲」です。

雲には非常に多くの物理があり、様々な種類の粒子を計算する必要があります。計算コストが非常に高いため、現在の天気予報では精度をなるべく保ったまま簡略化して、水の雲粒、氷晶、雨、雪、霰《あられ》とカテゴリーを分けて表現しています。

どんな環境でも

雲の研究は、思い返すと私が気象研究所に赴任する前、地方気象台にいた頃から取組んでいました。当時は予報の現場で夜勤もあり、空き時間に雲のデータ解析をして論文を書いていたのです。

当時、メソモデル（二二九頁）を地方気象台のパソコン環境で実行して調査研究を進めるという取組みが気象庁内で実施されていて、用意された環境でシミュレーションを行っていました。

しかし、その環境ではできないことが多く、私は、ちょっと性能のよいパソコン（当時）に直接システムを構築し、ある程度大規模な計算ができるようにしたのです。五〇メートル間隔

予報現場にいた頃の著者

という高解像度のシミュレーションで竜巻の渦《うず》を再現することに成功しましたが、五十分間先まで計算するのに約一週間もかかりました。それもよい思い出です。

モデルの環境構築は気象庁内のネットワークで公開し、全国各地の気象台にも普及するようになりました。そのほかにもモデルの数値実験に関係するツールの開発、気象ドップラーレーダーのデータ解析プログラムの開発や、新しい観測データを初期値に取り込むシステムを共有するなど、気象台にいた頃も予報をやりながらの研究開発は充実していました。

そこから学んだのは、「情熱があればどんな環境でもできることは多い」ということです。

私のように予報現場を経験している気象

研究者は多くはないかもしれません。現場は警報級の大雨のときなどは非常に慌ただしくなります。状況は常に変化し、観測データを解析しながらその都度警報や注意報を作成して発表します。県と共同で発表する情報は、電話で調整をしながら作っていました。警報を送信するボタンをクリックするときは、毎回緊張したのをよく覚えています。そんな現場での予報作業をよりよくするために、研究成果を現場に還元することを今でもいつも意識しています。

私の出身校である気象大学校は大学院がないので、気象研究所に異動してから論文博士という制度で学術の博士号を取得しました。そのときに弟子入りしたのが、三重大学の立花義裕《たちばなよしひろ》先生です。立花先生の講演を聞いたとき、「気象学を学んで楽しむことが防災につながる」という自分と近い思想を先生が持たれていることを知り、感銘を受けたのです。

立花先生の尊敬するところは、何事も楽しんでいるというところです。最近は一緒に船舶による海洋上の観測をすることもあるのですが、綿密に観測計画を立てて実行し、楽しみながら成果を出す――このような生き方をしたいと改めて思ったものです。

そんな立花先生にあるとき紹介された本が『ブルシット・ジョブの謎　クソどうでもいい仕事はなぜ増えるか』（酒井隆史《さかいたかし》著、講談社現代新書）です。ブルシッド・ジョブ（クソどうでもいい仕事）を認知することで、それらを避けるようにして、有限な時間を効率的に使うというものです。

情熱があればどんな環境でもある程度はやりたいことができると思いますが、やりたいこと

夏の銚子の霧

をしやすい環境もまた重要です。会議のための会議といったブルシット・ジョブをなるべく回避して、創造性・生産性のある仕事を楽しみたいですね。

経験則を科学する

「夕方に南西から層雲《そううん》が飛んでくると、濃霧になる」——私が銚子地方気象台に勤務していた頃、予報現場にこんな経験則がありました。当時、夏の夕方に観測をして、そのような状況のときには、たしかに高確率で明け方や朝に濃霧になっていたのです。

これは現場レベルで経験的にいわれていたことで、いくら過去の調査などの文献を調べても、なぜこのような経験則が成立するのかという科学的根拠が見つかりませんでした。しかも、このタイプの濃霧は数値予報モデルであまり表現できていませんでした。仕方がないので、研究テーマとして自分で調べることにしたのです。

まず、このタイプの霧の発生状況を調査したところ、銚子だけでなく千葉県南部の勝浦でも同時に濃霧が発生している事例が多くありました。さらに、銚子での層雲は結構な速さで飛んできていることから、勝浦の上空の風をウィンドプロファイラを使って調べてみると、夜間に低い空で風が強まっていたのです。

よくよく調べると、これは「夜間の下層ジェット（nocturnal low-level jet）」という現象で、層雲は低い空の一定の高さで風が強まる下層ジェットに乗って銚子の上空を南西から飛んできており、濃霧はこの下層ジェットが蓋《ふた》となってその下で発達していたのです。

ただ、これだけではそもそもの濃霧の発生要因がわかりません。ちょうど、勝浦に計測器の点検に行く機会があり、ついでに現地をいろいろと見て回っていたところ、千葉県の水産総合研究センターが目に留まりました。

急遽《きゅうきょ》センターを訪問したところ、ご厚意から海洋の研究者に直接話を聞く機会を得ました。実は、勝浦沖は夏に海面水温が局地的に低くなることがあり、それが濃霧に重要かもしれないと踏んでいたのです。ただ、仕組みがよくわからず、文献も見つからなかったため、深く突っ込んで調べていませんでした。

突然押し掛けたにもかかわらず対応してくれたセンターの海洋研究者によれば、この冷水域は、夏に南西風が持続的に強く吹くと、冷たい海水が湧昇《ゆうしょう》して形成されるということでした。これは、ラニーニャ現象と同じ仕組みです。

これで、全てがつながりました。

関東が太平洋高気圧の北東にあり、南西風が吹くような気圧配置で、勝浦沖で冷水域が発生します。すると、暖かく湿った空気が高気圧の流れに乗ってやってきて、この冷水域で冷やされて霧が発生します。さらに、この気圧配置で夜間に発生する下層ジェットの影響で、この霧が濃霧として発達し、これらの過程の初期に銚子にかけて層雲が南西から飛んでくる――「夕方に南西から層雲が飛んでくると、濃霧になる」という科学的根拠が理解できたのです。

さらに、勝浦沖の冷水域は局地的な現象のため、当時の数値予報モデルの初期値には組み込まれていませんでした。そこで、海面水温を現実的に細かく編集したシミュレーションをしてみたところ、濃霧を再現することに成功したのです。

この研究結果は、気象台の現場に還元し、濃霧注意報を発表する際の指標として採用してもらっています。このときの経験則を不思議に思ったときのドキドキ、そしてその科学的根拠を確かめられたときのワクワクは、予報現場から研究職に変わった今でも、忘れることができません。

未知の多い雲を理解し、「雲をつかむ」ために、できることはたくさんあります。

地方気象台にいた頃には、省庁間の枠を飛び越え、環境省のデータを解析して研究に使いました。気象庁のアメダスの観測データだけでは積乱雲の実態がつかめないと考え、もっと詳細なデータはないかと探したところ、環境省の大気汚染物質広域監視システム「そらまめくん」が都市部で高密度な気温・湿度・風の観測網を展開しており、そのデータが局地的な積乱雲の実態を把握するのに有効なことがわかったのです。

そらまめくんのデータを初期値に組み込んでシミュレーションすると、大雨の再現性が格段に上がるという結果が出たことで、その後、アメダスにも湿度計が導入されることになりました。新しい観測方法から現象の予測精度が上がったということで、気象庁全体の業務のアップデートにつながったのです。

地上マイクロ波放射計の活用についても研究開発を進めています。積乱雲のメカニズムを解明するべく、高頻度かつ高精度に大気を調べるための手法を開発したことで、マイクロ波放射計の有効性を示すことができました。

気象庁では線状降水帯の予測精度を高めるための研究開発に注力しており、私もその一環として、二〇二二年度中に西日本を中心とした一七地点にマイクロ波放射計を整備しました。観

「雲をつかむ」ために

癒される彩雲

測データはすでに気象庁内の予報現場で実況監視のために使われており、数値予報もよくなるという結果が出ています。

　新たな観測で、雲の実態がわかるようになり、予報精度の向上にもつながるのです。「雲をつかむ」ための研究は着実に進んでおり、これから先も続いていきます。

雲を撮って空でつながる

　雲研究者の朝は早いです。よく、「いつ寝ているのかわからない」といわれますが、ちゃんと寝ています。ただ、深夜や早朝のほうが電話やメール、会議が少なく、集中して解析や執筆の作業ができるため、空の暗い時間に活動することが多いのです。

そんな生活の中で、雲を撮ることだけは、ライフワークとして毎日欠かさないようにしています。

単純に雲が好きだからというのも大きな理由なのですが、ほかにもいくつか動機があります。気象状況によって雲は姿を変え、十種雲形《じっしゅうんけい》は同じでも細かい分類名は違う場合があります。雲の本を書く素材集めの側面としても雲を撮っています。また、研究に集中しすぎると、空を全く見なくなりがちです。それは精神衛生上よくないので、休憩としての側面もあります。

珍しい雲に出会えると、X（Twitter）などのＳＮＳで雲の名前つきで投稿するようにしています。ＳＮＳでの情報発信は、気象や雲のすばらしさ、楽しさを伝えたいという思いや、気象を知ることで防災にもつなげたいという思いが根幹にありますが、雲の写真に関しては実用的な理由もあるのです。

私がこれまで撮影した雲の写真をざっと数えてみたところ、どうやら四五万枚を超えているようです。膨大な数の写真の中から、特定の雲の写真を探し出すのは非常に骨が折れます。そこで、X（Twitter）などのＳＮＳで自分のＩＤと雲の名前で検索をすると、目当ての雲の写真や撮影日などがわかってしまうのです。

雲の写真を撮ることで、研究が進むこともあります。二〇一五年の夏、レーダーを見ていたらつくばにやってきそうな積乱雲があったので、研究所の屋上で待機していました。すると、やってきた積乱雲は実はスーパーセルで、メソサイクロンに伴う特徴的な雲が目の前に現れた

メソサイクロンに伴う雲

のです。このような雲の発生から衰退までを詳細に捉えた映像は国内では例がなく、すぐにレーダーなどによる解析を行い、論文を書いて発表しました。

実際、雲の映像はその実態を調べるために有効な観測データの一つです。ＳＮＳで寄せてもらった写真や動画の中には、ものすごくレアな現象の映像や、科学的に興味深い現象も多く見かけます。これもシチズンサイエンスの一つの形ですね。

実は、本書でも多くの方に素敵な空や雲の写真を提供していただいています。それらの写真を眺めていると、改めて、自然の美しさや多様性を感じます。

面白い雲を見かけたら、ぜひ写真や動画を撮って、私まで送りつけてください。

おわりに

空はなぜ青いのか。雲はなぜ空に浮かんでいるのか。
どうして大雨が起こるのか。未来の天気をどうやって予想するのか。

普段気にしなければ、これらを疑問に思わないかもしれません。ただ、「空が綺麗だな」「面白い雲がある」と、スマートフォンで空の写真を撮り、SNSに投稿する方は、多いのではないかと思います。本書は、そんな方に気象学をもっと楽しんで、空や雲とより上手くつきあうきっかけになってもらえたら、という思いで執筆をしました。

空や雲は身近なものですが、それを科学的に説明する「気象学」は、物理現象を数式で理論的に記述する必要があり、難しい印象を持たれがちです。そこで本書では、生活の中でよく見られるような身近な現象を例にして、空や雲の仕組みを説明するように心がけました。

本書の冒頭の美しい写真を改めてご覧ください。

雨上がりの夕空にかかる鮮やかな虹の架け橋、深紅に染まる盛大な朝焼け、夏の青い空に湧き立つような白い雲、何かよいことが起こりそうな虹色の雲――。

本書を読んでくださった皆さんには、読む前とは異なった風景に見えていることと思います。

まず、虹です。主虹《しゅこう》の内側には過剰虹《かじょうにじ》が見え、半円に近いので日の入り頃の夕立で発生した虹と想像できます。虹の麓《ふもと》付近には影の筋が対日点《たいじつてん》に向かって伸びる反薄明光線《はんはくめいこうせん》があることから、西側の空には雲が発達して薄明光線《はくめいこうせん》があることが想像できます。

深い朝焼け色に染まるのは、上層雲《じょうそううん》の巻雲《けんうん》です。背景の空が群青色のため、太陽がまだ地平線の下にいる薄明《はくめい》の時間に、レイリー散乱の効いた赤い光が雲に届いていることがわかります。

青空に湧き立つ雲は雄大積雲《ゆうだいせきうん》で、雲の底が「持ち上げ凝結《ぎょうけつ》高度」を可視化しています。青空には巻雲のほかに成長した飛行機雲《ひこうきぐも》があることから、高い空は湿っていることがわかります。

そして、虹色の雲、彩雲《さいうん》の写真では、大気重力波《たいきじゅうりょくは》の影響による波状巻積雲《はじょうけんせきうん》が太陽の近くで彩っています。隙間の青空にはもわっとした雲があることから、氷晶《ひょうしょう》が成長しつつあり、このあと過冷却雲粒《うんりゅう》でできた巻積雲は消えていくであろうことが想像できます。

十年ほど前までは、気象学の本といえば数式だらけのものか、簡単な説明だけの写真集くらいでした。そのとき、まるで「気象学は崇高《すうこう》な学問なのだから、数学もできないなら諦めよ」といわれているような壁を感じて、どうにかその壁をぶち壊したいと思ったものです。

そのような思いから一般書を何冊か執筆しましたが、「難しかった」という感想もいただきました。その後の私の著作はわかりやすさを重視して、『すごすぎる天気の図鑑』（KADOKAWA）シリーズで対象読者を小学生まで広げました。そこでも専門性は重視したものの、図鑑としてのわかりやすさを優先したために、一番書きたいと思っていた「体系的な気象学の理解」とは方向性が異なっています。

そこで執筆したのが本書です。美しい空の見つけ方、気象学の歴史、気象学者たちの奮闘や魅力的なエピソード、気象学がどのように発展してきたのか、そして、最新の研究はどこまで進んでいるのかを知ることで、より深く気象学を楽しめる本を目指しています。

気象学は誰にでも開かれた学問です。私たちは常に天気に生活を左右されており、その天気を司る気象学を学ぶということは、私たちの生活をより豊かにすることです。

美しい空や雲に出会えたり、災害から身を守れたりしますし、少しの知識があるだけでふと見上げた空の解像度が上がる――気象学にはそんな側面もあるのです。

空で起こる様々な現象を扱う気象学は発展途上であり、今後の研究で新たな発見もたくさんあると思います。空でもくもくと発達する積乱雲《せきらんうん》でさえも未知の塊であり、現在も研究が続けられていると思うと、なんだか冒険をしているようでワクワクしませんか？

コンピュータサイエンスの発展により、気象学は急速に進化をしています。その理論を構築し、計算結果の検証をするためにも、新たな観測技術も重要です。扱うデータが今後もさらに膨大なものになってくるため、情報科学との連携もますます求められます。

気象学は、災害から身を守るための防災情報を高度化し、地球温暖化や異常気象など地球規模での気候を正しく理解して政策を決定するため、今後も前進していきます。

本書が、そんな気象学の面白さに気づく入口になれたら、私としては大変嬉しく思います。

二〇二三年九月　荒木健太郎

◆ 〝いわゆる「水の結晶」の検証について〟油川英明(2012). 雪氷、74: 345-351.
◆ 〝嘉永元年(1848年)に庄内地方で見られた大気光象の記録〟綾塚祐二(2018). 天気、65:255-258.
◆ "Radar estimation of water content in cumulonimbus clouds" Abshaev, M. T., A. M. Abshaev, A. M. Malkarova, and Zh. Yu. Mizieva (2009). *Izv. Atmos. Ocean. Phys*, 45:731-736.
◆ 〝南岸低気圧に伴う関東平野の雪と雨の総観スケール環境場〟荒木健太郎(2019). 気象研究ノート、240:163-173.
◆ 〝シチズンサイエンスによる超高密度雪結晶観測「#関東雪結晶 プロジェクト」〟荒木健太郎(2018). 雪氷、80:115-129.
◆ 〝低気圧に伴う那須大雪時の表層雪崩発生に関わる降雪特性〟荒木健太郎(2018). 雪氷、80:131-147.
◆ "Characteristics of atmospheric environments of quasi-stationary convective bands in Kyushu, Japan during the July 2020 heavy rainfall event" Araki, K., T. Kato, Y. Hirockawa, and W. Mashiko (2021). *SOLA*, 17: 8-15.
◆ 〝エアロゾル・雲・降水相互作用の数値シミュレーション〟荒木健太郎、佐藤陽祐(2018). エアロゾル研究、33:152-161.
◆ "Midweek increase in U.S. summer rain and storm heights suggests air pollution invigorates rainstorms" Bell, T. L. *et al.* (2008). *J. Geophys. Res.*, doi:10.1029/2007JD008623.
◆ 〝地上マイクロ波放射計による大気熱力学場観測とその応用〟荒木健太郎(2023). 令和4年度予報技術研修テキスト(気象庁)、29:1-85.
◆ "Monitoring system for atmospheric water vapor with a ground-based multi-band radiometer: meteorological application of radio astronomy technologies" Nagasaki, T., K. Araki, H. Ishimoto, K. Kominami, and O. Tajima (2016). *J. Low Temp. Phys.*, 184:674-679.
◆ "The impact of 3-dimensional data assimilation using dense surface observations on a local heavy rainfall event" Araki, K., H. Seko, T. Kawabata, and K. Saito (2015). *CAS/JSC WGNE Research Activities in Atmospheric and Oceanic Modelling*, 45:1.07-1.08.
◆ 〝2011年4月25日に千葉県北西部で発生した竜巻の事例解析〟荒木健太郎(2012). 平成23年度東京管区調査研究会誌、44.
◆ 〝千葉県太平洋側での南南西風場における夏季夜間の海霧について〟荒木健太郎、菊池勝敏、手塚隆夫、野倉伸一、小柴厚(2011). 平成22年度東京管区調査研究会誌、43.
◆ 〝2015年8月12日につくば市で観測されたメソサイクロンに伴うWall Cloud〟荒木健太郎、益子渉、加藤輝之、南雲信宏(2015). 天気、62:953-957.

参考文献・ウェブサイト

書籍

- 『空のふしぎがすべてわかる！ すごすぎる天気の図鑑』（荒木健太郎著、KADOKAWA、2021）
- 『もっとすごすぎる天気の図鑑 空のふしぎがすべてわかる！』（荒木健太郎著、KADOKAWA、2022）
- 『すごすぎる天気の図鑑 雲の超図鑑』（荒木健太郎著、KADOKAWA、2023）
- 『雲の中では何が起こっているのか』（荒木健太郎著、ベレ出版、2014）
- 『雲を愛する技術』（荒木健太郎著、光文社新書、2017）
- 『世界でいちばん素敵な雲の教室』（荒木健太郎著、三才ブックス、2018）
- 『気象研究ノート 南岸低気圧による大雪 I：概観、II：マルチスケールの要因、III：雪氷災害と予測可能性』（荒木健太郎・中井専人編、日本気象学会、2019）
- 『図解 気象学入門 原理からわかる雲・雨・気温・風・天気図』（古川武彦・大木勇人著、講談社ブルーバックス、2011）
- 『新 百万人の天気教室（2訂版）』（白木正規著、成山堂書店、2022）
- 『一般気象学（第2版補訂版）』（小倉義光著、東京大学出版会、2016）
- 『総観気象学 基礎編・応用編・理論編』（気象庁監修、北畠尚子著、気象庁、2019［理論編は2022］）
- 『図解説 中小規模気象学』（気象庁監修、加藤輝之著、気象庁、2017）
- 『阿部正直博士没後50年記念 雲の博爵 伯は博を志す』（御殿場市教育委員会著、御殿場市教育委員会社会教育課、2016）
- 『気象学と気象予報の発達史』（堤之智著、丸善出版、2018）
- 『応用気象学シリーズ 光の気象学』（柴田清孝著、木村龍治編、朝倉書店、1999）
- 『Storm and Cloud Dynamics 2nd Ed.』（Cotton, W. R., *et al.*, Academic Press, 2010）
- 『Atmospheric Halos and the Search for Angle x (Special Publications)』（Tape and Moilanen, American Geophysical Union, 2006）

論文

- 〝富士山の雲形分類〟阿部正直（1939）．気象集誌、17:163-181.
- 〝富士山にかかる笠雲と吊し雲の統計的調査〟湯山生（1972）．気象庁研究時報、24:415-420.

読書案内

本書では気象学に関して幅広い話題を取り上げて、わかりやすさを重視して解説をしてきました。「気象学は面白い」――少しでもそんなふうに思っていただけた方に、ぜひおすすめしたい本やウェブサイトをご紹介します。

学べば学ぶほど面白くなるのが気象学です。ぜひ気象学の学びを通して、皆さんの人生をより豊かなものにしてください。

記事URL
https://note.com/diamondbooks/n/n0b174bf6d64a

写真提供

星井彩岐(巻頭付録・表:積乱雲、巻頭付録・裏:彩雲)、猪熊隆之(巻頭付録・裏:ブロッケン現象・下部タンジェントアーク、109頁:波頭雲)、川村にゃ子(巻頭付録・裏:虹・光環・環天頂アーク・上部ラテラルアーク・環水平アーク・下部ラテラルアーク、32頁:大気重力波を可視化する波状雲、108頁:太陽柱、110頁:馬蹄雲、116頁:飛行機雲・下段、147頁:赤虹、白虹、186頁:月暈・幻月、190頁:うねり雲、332頁:吊るし雲、345頁:積乱雲と虹)、佐々木恭子(30頁:公園の天使の梯子)、Ikumi Suzuki(34頁:ブロッケン現象)、寺田サキ(35頁:白虹、332頁:波状雲)、佐野ありさ(36頁:ハロ、幻日、幻日環、183頁:月の主な地名(写真))、寺本康彦(42頁:オーバーシュートする積乱雲とかなとこ雲、243頁:積乱雲)、玉泉幸久(63頁:伊勢湾の蜃気楼)、初谷敬子(113頁:富士山の吊るし雲(左)と笠雲(右))、関口奈美(122頁:瀑布雲)、まりも(130頁:ハート形に見える吊るし雲)、ふわはね(142頁:太陽高度が高いときの低い空の虹)、寺澤務(156頁:ハロとアーク)、海老沢左知子(158頁:環天頂アーク)、伊藤敏明(158頁:環水平アーク)、前崎久美子(160頁:彩雲のように見える環水平アーク)、佐久間祐樹・智央・好央(167頁:ブルーモーメント)、長峰聡(220頁:蒸気霧)、酒井清大(233頁:大気の状態が不安定な空の雷、321頁:積乱雲)、惣慶靖(342頁:乳房雲)、ほずみ(343頁:棚雲)、渡邊木版美術画舗/アフロ(163頁:『名所江戸百景』八景坂鎧掛松)、星野リゾート　トマム(222頁:雲海テラスの雲海)、アメリカ航空宇宙局(NASA)(45頁:カルマン渦列、133頁:黄砂の様子、279頁:東西に長く広がる梅雨前線の雲、349頁:令和元年東日本台風)、情報通信研究機構(NICT)(132頁:#人間性の回復、266頁:夏至の地球)、アメリカ海洋大気局(NOAA)(137頁:虹、142頁:太陽高度が低いときの半円に近い虹、290頁:2014年2月15日に関東に上陸した南岸低気圧)、気象庁(224頁:気象衛星「ひまわり」の画像)、Adobe stock(86頁:ロケット雲、99頁:「竜の巣」に似た巨大積乱雲の一部、209頁:雹、298頁:スーパーセル)、荒木健太郎(そのほか全て)

ウェブサイト

- 情報通信研究機構(NICT)「ひまわりリアルタイムWeb」(https://himawari8.nict.go.jp/ja/himawari8-image.htm)
- アメリカ航空宇宙局(NASA)「Worldview」(https://worldview.earthdata.nasa.gov/)
- 気象庁「気象の専門家向け資料集」(https://www.jma.go.jp/jma/kishou/know/expert/)
- 気象庁「雨雲の動き」(https://www.jma.go.jp/bosai/nowc/)
- 気象庁「今後の雨」(https://www.jma.go.jp/bosai/kaikotan/)
- 気象庁「キキクル(危険度分布)」(https://www.jma.go.jp/bosai/risk/#elements:land)
- 気象庁「今後の雪」(https://www.jma.go.jp/bosai/snow/)
- 気象庁「気候変動監視レポート2022」(https://www.data.jma.go.jp/cpdinfo/monitor/)
- 文部科学省・気象庁「日本の気候変動2020」(https://www.data.jma.go.jp/cpdinfo/ccj/)
- 気象庁気象研究所「#関東雪結晶 プロジェクト」(https://www.mri-jma.go.jp/Dep/typ/araki/snowcrystals.html)
- 気象庁気象研究所プレスリリース「集中豪雨の発生頻度がこの45年間で増加している～特に梅雨期で増加傾向が顕著～」(https://www.mri-jma.go.jp/Topics/R04/040520/press_040520.html)
- 気象庁プレスリリース「令和元年台風第19号に伴う大雨の要因について」(https://www.jma.go.jp/jma/kishou/know/yohokaisetu/T1919/mechanism.pdf)
- 筑波大学プレスリリース「太平洋側に雪をもたらす南岸低気圧はエル・ニーニョ時に増加 ～熱帯太平洋における海水温変動の影響を解明～」(https://www.tsukuba.ac.jp/journal/images/pdf/170601ueda-1.pdf)
- 筑波大学プレスリリース「フェーン現象は通説と異なるメカニズムで生じていることを解明」(https://www.tsukuba.ac.jp/journal/pdf/p202105171024.pdf)
- 国土交通省・国土地理院「ハザードマップポータルサイト」(https://disaportal.gsi.go.jp)
- FUKKO DESIGN note「防災アクションガイド」(https://bit.ly/3oH06Om)
- 世界気象機関(WMO)「International Cloud Atlas Manual on the Observation of Clouds and Other Meteors (WMO-No. 407)」(https://cloudatlas.wmo.int/en/home.html)

スペシャルサンクス

本書の制作にあたり、「先読みキャンペーン」に一七〇一名が参加され、大変多くの「雲友」の皆さんにお世話になりました（敬称略）。

本当にありがとうございました。

今後ともよろしくお願いいたします。


田畑博文、高松夕佳、鈴木千佳子、森優、宇田川由美子、神保幸恵、伊藤洋介、佐々木恭子、津田紗矢佳、太田絢子、寺田サキ、星井彩岐、猪熊隆之、川村にゃ子、Ikumi Suzuki、寺本康彦、玉泉幸久、初谷敬子、関口奈美、まりも、ふわはね、寺澤務、海老沢左知子、伊藤敏明、前崎久美子、佐久間祐樹・智央・好央、長峰聡、酒井清大、惣慶靖、ほずみ、佐々木千穂、渡辺巌、手塚英孝、佐野ありさ・江崎晶子、二村千津子、斉田季実治、綾塚祐二、井上創介、山下陽介、国友和也、林和彦、赤松直、木山秀哉、山本昇治、奥田純代、布施秀和、佐野栄治、鈴木智恵、柴本愛沙、小松雅人、新井菜央、丸山未久、大野大輔、谷侑乃輔・治寛・有紀子、長野聡、阿部雄稀、伊藤遥香、藤田侑泉・昂生、柿沼光太、野田紗蘭、加奈子・瑛壮、赤羽美空、井上啓大、ムキミ、真堂柾、岩田健暉、一村花音・慶、渡辺健介、髙橋美結、斉田有紗、海老沢凌我、てらさんず、Acloud、風月そあ、Madoka、久野敦矢、丸山桜季、佐藤真、nono、深澤亮、石川修平、今飯田捷真、渡邉あかり、そらのさかな、小川千奈、渡部太聞、小川泰生、あかねっくま、田中咲衣、まつもとみく、島野航輔、莉奈、あしたば、高原幸平、こだま、渡辺翔太、福田莉理、むぎゅ!、藤田一花、あのまろかりす、すずめ、PsPsPs、仲桐詩保美、安倍啓貴、ciel、きゃりこ、有田亮太、原口智子・一馬・結衣、西啓・京子・遥香、ひーなママ、岩崎泰久・くみ・はるひろ・ふみ、篠原千輝・真理、後藤一英・千晶・将冴・卓哉、森恵子・柚稀、西山敬・仁美・幸来・怜来、石田彩・碧生、阿部陽子・そうた、福田蕗子・恵子、わかな・ひな・まさふみ、小池みや子・誠一郎・美日・素日、山本星乃華・風宇香・航輝・涼加、とーる&とーこ(娘)&ふみ(娘)、及川伸一・周、中村のぞみ・若菜、須藤恵里・隆成・智衣子、佐伯希・遥、下地純敬・純子、溝下美弥子・実九、古田真一・静香・恵里、ゆな♪めぐ♪めい、中尾克志・小雪、りら・Marira、友紀＊成一＊良一、茗田麗子・真美・絵美、徒然草、秋元果園、神島理恵子、ためにしき、mizuho、HORUTAROまきゆか、おにちゃんの妻、イノセンメダカ、清白、丹羽広美、二階堂朋子、川邉昭治、miu、雪風巻、のの、きんとと雲、沖田雅子、Yoshiken、まめぞう、徳永由里子、見張綾美、大竹こはる、yoko-tan、蓼沼厚博、石毛圭子、加瀬明子、ひがしひとみ、ゆきだるまるま、川口由香里、kumasai、縣晴香、掛水隆史、竹谷理鯉、棚橋由美子、瓦蕎麦旨え、パラグライダーが好きなＣＫ、渡ひろこ、山口佳代、小倉愛弓、縁、平本興士、Hokulani、しいなりの、ふわはね、長井文、市原真貴子、鈴木寛之、オフトゥンニキ(:3[＿＿]、太田佳似、あきしゃん。、クミン、みぐねこ、堀口隆士、今野克洸、伊藤嘉高、kotoha、mou-sanpo、チェロりん、まなみさんがく、pugi pugi、岩崎憲朗、Keisuke Yasuda、彰子、レインボーアリス、Takuro、青木芳恵、astraia、沖園忠裕、ゆうき、星野有香、勝山恵子、Ito,Hiroshi &Aiko(JW)、@watagumo369、谷口めぐみ、安藤博則、都嵜祥人、田中学、遠藤健浩、ゆっか、まるまるかんかん、矢﨑玲、井上純、眞弓和江、やまなかれいこ、あいそらさくら、島脇健史、章江、すーさん、井戸井さやか、水口圭司、木津努、明惟久里、きむらちはる、中江文隆、伊藤裕美、上之原咲子、永野孝明、友歌、日暮千里、新直子、眞弓、kernel_san、久富悠生、小蕎愛弓、中山秀晃、川﨑圭子、元りん、藤原智子、moco妹子、しなもん、∮MMi∮、ゆずシャンプー、すえ、宗田志麻、はらだみぃ、坂元正子、工藤麻子、おがわぎゃーこ、植草広長、山西由香、芥田武士、大平小百合、Satomi, H.、あなとーら、鈴木真理子、元美、坂本安子、みや、ほしのそらみ、久富明子、チュリッピーの、長野のかめちゃん、あきべぇ、森順美、白ネコメノウ、萱谷智洋、ひがしだゆか、武隈俊次、ばびらす、おかなつみ、Daisybell、荒川知子、有吉ゆかり、hidewon、折本治美、buccin、はれの、和田章子、ＳＯＮＯ小河園子、水野こころ、中村美佳、レラ、構内yocchel、ちなつき、秋野空、ちびまぎ、増井かなえ、kimiko.s、山戸眞理子、金森哲郎、橋爪美貴子、高橋克実、瀧下恵巳子、工藤周一、氏家美智代、スギさん、うぐいすさんと他７４１人、ひょう、村上優菜、ねっち、チャン香織、Runalia、中井美有紀、小川絢子、紫村孝嗣、たいよー、竹内健二、住吉区民センタースタッフ一同、くぷちゃん、山田めぐみ、▶ hideaki △、ax_nanba、中西智子、木村さとみ、安田由香、アストロクマ、空蝉、櫻井ゆき、許斐知華、比企、コペパンcicao、こむらさき、Masumi.I、なおねずみ、ゆもとさちみ、真夏の積乱雲、井内弥恵子、阿部英雄、佳(よっしー)、中川裕美、深見尚子、渋市清美、橋本真弓、熊谷智代、金村直俊、土井修二、miki*、すねちゃん、ゆいがかりな、禮(逢)、佐藤彰洋、KIMIKO WADA、ゆめみあすか、矢掛町川面公民館、ゆうづつ、堀田真由美、かわだなおみ、つきみ、ひかるパパ、高梨かおり、FourIzumo、森本由実子、JU DE、ふじさわさとこ、Kayo(DearPrincess)、ねこうらはらみ、大内山弘美、沖豊和・美智、奥山進、Yoriko NISHIZAWA、佐藤登美男、keco、ことり、佐藤美穂子、斎藤悦子、岩松公徳、ぷぅある、新田真一、北野湧斗、淵上晴美、やすかんあい、ASATO、田中洋子、TORY、りき丸さに丸、種村美保子、ロロン２０２６、増田亮介、にわか雪、岡留健二、まいこ、ゆゆ、matatakuyah、宍戸由佳、芳賀美和、ハナ、神田静江、フェッセンデン、関根朋美、下田啓司、原田紗希、長坂利昭、Ran, Mira and Kinue、渡邉傑、橋本典和、久保田美恵、福田佳緒里、橋本(もち)、古田五月、平城ツバメ、らー、むっちゃんかっちゃん、山口健太郎、木村真左子、はち。、内田龍夫、君島理恵、齊藤具子、gogoジャビゴ、梶尾奈月、nico、山中陽子、千葉悟、永瀬敏章、内田衣子、江口有、野島孝之、田宮裕子、グリーンティ、防災士・小野あやこ、H.KAWAHARA、シリウス、尾俊洋、石井歩(キャンディゆう茶ぽん)、林昭華、harewaka工房、高島克子、海老原満恵、小林〝アマビエ〟秀行、大澤晶、23-24、torokotoro、IKU、古川浩康、パルジュン、久松紀子、前田舞、秋野潔、福井和子、島村佳世子、wakka、松室木綿子、盛内美香、山本充裕、あくろまーと、山崎秀樹、Kosei Inaba、早坂敦子、水上睡蓮、めるてぃ、のだしぶき、もんなとりえ坂田佳子、佐藤公彦、田中(響)剛、zakku親子、うみ191W00014、安達正志、山下咲織、山崎真紀子、瑠架、加藤聡子、小川典良、行川恭子、ひらかわあきお、ピエロコ、milk1145、新村友里、ココカレエミイロ、永華、西川貴久、chino.、ごきげん♪、ろころら、中岡聡、さちえ、紙田正美、sapphire、eロボ板羽昌之、山口美樹、さえ、ee69046、福田巧、日向ぽぽんた、宮本美代子、そらすきー、朝倉明、ゆうす、じぇんぬ、かずお、boso-ware、Mistral、そらら、稲倉未来、神尾広子、sorayume88、ふくしまともみ、荻嶋美夕紀、筑紫浩子、安部貴之、kappy、ミニドラえもん、はるさくら、野末枝里、叢雲、harmony018、吉田友香、田島功、moneypenny、りしゃる★、りこ、小川晃弘、まさみ嘉悦LUPIN、菊地真美、新井勝也、池上榮、ブラックSS、櫻井さくら、奥山哲史、山村友昭、midori、父ちゃん、おさんぽんだ、とらもなな、まるちゃん、本間百合子、石田すみれ、KAYOKO、池本克己、深尾みちよ、あきぴえろ、blue.green、和田光明、はっぴーかえる、尾崎幸克、むうとまま、郡みのり、Midori Motoki、@tktktw、望雲舎、Kumi、goro-michelle、もふもふさん、熊見羊祐、なかがわかな、Yuma Kuroki、高山み、shirolove、そらまめ、MaRu、河野香、小林俊夫、尾崎容子、midoaki17、浅井孔徳、齋藤菜保美、SATOMI BABA、外内賢、萩原恵子、まりちゅ、みんみん、んだのぉ、かずみ、高木伸一、田上正美、レオン、片山俊樹、ひろたまさゆき、もぐ子。、おかみん、N-train、ゆぅ、廣田はとみ、ころぴー、ながらみ、池本克己、虹ノ音々、安原みち、DANYO、Fusa、WNAおつかれ、稲葉祐子、出野亜矢子、柿崎睦美、髙桑房子、浦島もも子、うちやまともひこ、ひさよっち、安井雅夫、ミウラチカ、ぱた、小谷真理子、KAYOCO、MINA、石神絵実、まなべ整骨院、花村マリード、鎌田義春、寺岡健太郎、齊藤丈洋、泉谷俊之、江本宗隆、鳥居瑞樹、貝原美樹、whitesand、大津洋、平松早苗、空飛ぶペンギン、河原智、izumi＊＊、すばっちょ、うばがいゆきお、ゆべし(笹の方)、東恵美、松本由美子、森川陽子、Michiko.N、湯木祥己、こうけんママ、drummer、髭。、滝澤春江、枝光さやか、秋田カエ蔵、anohinosora、koiママ、ごましおこんぶん石汁、村上美紀、赤尾彰子、turquoise、SolaniHane、落合雪江、石山浩恵、松岡香織、宮杉正則、菅野真美恵、福留舞、小野寺歓多、うしＨＫ、古屋美紀、ドンキチ、田口大、オオカミ、熊澤由紀、あさひゆき、田中小百合、荒木凪・雪・めぐみ、星野リゾート　トマム、Adobe stock、PANDASTUDIO.TV、てんコロ。、アメリカ航空宇宙局(ＮＡＳＡ)、情報通信研究機構(ＮＩＣＴ)、アメリカ海洋大気局(ＮＯＡＡ)、気象庁、気象研究所

荒木健太郎

あらき・けんたろう

雲研究者・気象庁気象研究所主任研究官・博士（学術）。1984年生まれ、茨城県出身。慶應義塾大学経済学部を経て気象庁気象大学校卒業。地方気象台で予報・観測業務に従事したあと、現職に至る。専門は雲科学・気象学。防災・減災のために、気象災害をもたらす雲の仕組みの研究に取組んでいる。

映画『天気の子』（新海誠監督）気象監修。『情熱大陸』『ドラえもん』など出演多数。著書に『すごすぎる天気の図鑑』『もっとすごすぎる天気の図鑑』『雲の超図鑑』（以上、KADOKAWA)、『世界でいちばん素敵な雲の教室』（三才ブックス)、『雲を愛する技術』(光文社新書)、『雲の中では何が起こっているのか』(ベレ出版）などがある。

X (Twitter)・Instagram・YouTube：@arakencloud

さ

※太字の数字は詳しく説明した頁です

索　引

ま

や

ら

わ

※太字の数字は詳しく説明した頁です

た

な

は

読《よ》み終《お》えた瞬間《しゅんかん》、
空《そら》が美《うつく》しく見《み》える気象《きしょう》のはなし

2023年9月26日　第1刷発行

著　　者　　荒木健太郎
発 行 所　　ダイヤモンド社
〒150-8409　東京都渋谷区神宮前6-12-17
https://www.diamond.co.jp/
電話／03・5778・7233（編集）　03・5778・7240（販売）
ブックデザイン　鈴木千佳子
イラスト　森優
ＤＴＰ　宇田川由美子
校　　正　神保幸恵
編集協力　佐々木恭子、津田紗矢佳、太田絢子、寺田サキ、高松夕佳
製作進行　ダイヤモンド・グラフィック社
印　　刷　ベクトル印刷
製　　本　ブックアート
宣伝担当　伊藤洋介
編集担当　田畑博文

©2023 Kentaro Araki
ISBN 978-4-478-10883-3
落丁・乱丁本はお手数ですが小社営業局宛にお送りください。
送料小社負担にてお取替えいたします。
但し、古書店で購入されたものについてはお取替えできません。
無断転載・複製を禁ず
Printed in Japan